Entwicklung eines Verfahrens zur dezentralen Analyse elektrischer Stromprofile mittels künstlicher neuronaler Netze für die zustandsorientierte, voraussagende Instandhaltung

Von der Fakultät für Ingenieurwissenschaften
der Universität Bayreuth
zur Erlangung der Würde eines
Doktor-Ingenieur (Dr.-Ing.)
genehmigte Dissertation

von

M.Sc. Thomas Küfner

aus

Bayreuth

Erstgutachter: Prof. Dr.-Ing. Frank Döpper
Zweitgutachter: Prof. Dr. Stefan Schönig
Tag der mündlichen Prüfung: 06.12.2021

Lehrstuhl Umweltgerechte Produktionstechnik
Universität Bayreuth
2021

PRODUKTION.BESSER.MACHEN.

Thomas Küfner

Entwicklung eines Verfahrens zur dezentralen Analyse elektrischer Stromprofile mittels künstlicher neuronaler Netze für die zustandsorientierte, voraussagende Instandhaltung

Herausgeber:
Prof. Dr.-Ing. Frank Döpper

Band 3

UNIVERSITÄT BAYREUTH

Bibliografische Information der Deutschen Nationalbibliothek
Die Deutsche Nationalbibliothek verzeichnet diese Publikation in der Deutschen Nationalbibliografie; detaillierte bibliografische Daten sind im Internet über https://portal.dnb.de abrufbar..

Thomas Küfner:

Entwicklung eines Verfahrens zur dezentralen Analyse elektrischer Stromprofile mittels künstlicher neuronaler Netze für die zustandsorientierte, voraussagende Instandhaltung

1. Auflage, 2022

Gedruckt auf holz- und säurefreiem Papier, 100% chlorfrei gebleicht.

Apprimus Verlag, Aachen, 2022
Wissenschaftsverlag des Instituts für Industriekommunikation und Fachmedien
an der RWTH Aachen
Steinbachstr. 25, 52074 Aachen
Internet: www.apprimus-verlag.de, E-Mail: info@apprimus-verlag.de

Printed in Germany

ISBN 978-3-98555-038-8

Vorwort

Die vorliegende Arbeit entstand neben meiner Tätigkeit als wissenschaftlicher Mitarbeiter und akademischer Rat auf Zeit am Lehrstuhl Umweltgerechte Produktionstechnik der Universität Bayreuth.

Herrn Prof. Dr.-Ing. Frank Döpper, Ordinarius des Lehrstuhls Umweltgerechte Produktionstechnik der Universität Bayreuth und Leiter der Fraunhofer-Projektgruppe Prozessinnovation des Fraunhofer-Instituts für Produktionstechnik und Automatisierung, danke ich für die wohlwollende Förderung und die wissenschaftliche Betreuung, die ich bei der Erstellung dieser Arbeit erfahren durfte. Herrn Prof. Dr. Stefan Schönig, Inhaber der Professur für Wirtschaftsinformatik insbesondere IoT-basierter Informationssysteme, danke ich für die Übernahme des Koreferats sowie die fachliche Unterstützung.

Darüber hinaus bedanke ich mich herzlich bei allen Mitarbeiterinnen und Mitarbeitern des Lehrstuhls Umweltgerechte Produktionstechnik und der Fraunhofer-Projektgruppe in Bayreuth sowie bei allen Studentinnen und Studenten, die zum Erfolg dieser Arbeit beigetragen haben. Besonderer Dank gilt hierbei den Kolleginnen und Kollegen der Arbeitsgruppe Intelligente Wertschöpfung.

Ebenfalls bedanken möchte ich mich bei den beteiligten Unternehmen und Fördermittelgebern, die mir die Entwicklung und Validierung des Verfahrens ermöglichten. Hervorheben möchte ich insbesondere die gute Zusammenarbeit mit Andreas Ermer, Geschäftsführer der Maxsyma GmbH & Co. KG sowie dem gesamten Team des Unternehmens.

Zudem möchte ich mich bei meinen Eltern und meinem Stiefvater bedanken, die meine akademische Ausbildung erst ermöglicht haben. Ohne ihr Vertrauen und ihre Unterstützung wäre ich nicht an diesem Punkt angelangt.

Besonderer Dank gilt meiner Ehefrau Teresa, die mir durch ihr ausdauerndes Verständnis den Freiraum und die Unterstützung gab, die für die Erstellung dieser Arbeit notwendig waren.

Bayreuth, im Juli 2021

„Prognosen sind schwierig,
besonders wenn sie die Zukunft betreffen."[1]

[1] Unterschiedlichen Personen zugeschrieben, u. a. K. Valentin, M. Twain, W. Churchill, K. Tucholsky und N. Bohr [SCH16, S. 1], [WAG16, S. 1]

Inhaltsverzeichnis

1 Einleitung

1.1 Ausgangssituation

„Daten sind der Rohstoff der Zukunft –
Daten sind ein Teil der realen Welt wie Kohle und Stahl."[2]

Diese Aussage von Angela Merkel aus dem Jahr 2015 spiegelt sich bereits fünf Jahre später deutlich an der Börse wider. Waren die fünf wertvollsten Unternehmen nach Marktkapitalisierung im Jahr 2010 noch ausschließlich aus dem Energie-, Handels- oder Finanzsektor [FOR10] so wird die Spitzengruppe zehn Jahre später, abgesehen von einer Erdölfördergesellschaft an erster Stelle, von den Technologie- und Internetkonzernen [MUR20] dominiert (vgl. Abbildung 1). Investoren vertrauen demnach zunehmend auf Unternehmen mit digitalen Geschäftsmodellen. Die Online-Märkte, etwa für Dienstleistungen aus den Bereichen Informationssuche, Soziale Medien, Handel, Reise, Musik- und Videodienste setzen längst auf diesen Trend [KOL16, S. 64]. Die digitale Transformation dieser Märkte ist in großen Teilen in der ersten Phase der Digitalisierung umgesetzt [KOL16, S. 67]. Die traditionellen Branchen in Deutschland, wie etwa der Maschinenbau und die Automobilindustrie, gehören zu den Märkten, die sich inmitten dieses Wandels befinden [KOL16, S. V].

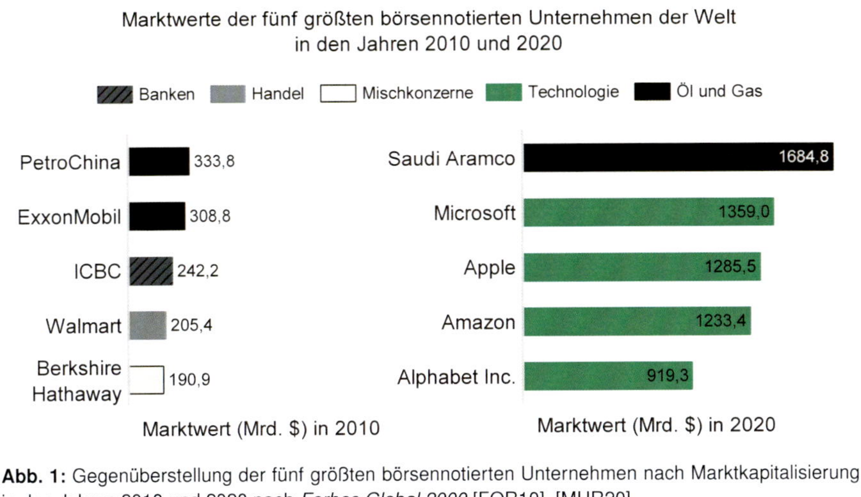

Abb. 1: Gegenüberstellung der fünf größten börsennotierten Unternehmen nach Marktkapitalisierung in den Jahren 2010 und 2020 nach *Forbes Global 2000* [FOR10], [MUR20]

Nach den drei wesentlichen industriellen Umbrüchen der vergangenen Jahrhunderte, begonnen mit der Einführung mechanischer Produktionsanlagen betrieben durch Wasser- und Dampfkraft gegen Ende des 18. Jahrhunderts, gefolgt von der Elektrifizierung und der damit einhergegangen Massenproduktion im frühen 19. Jahrhundert, sowie der zu Beginn der 1970er Jahre eingeführten Automatisierung mittels speicherprogrammierbarer Steuerungen, sind es heute die Digitalisierung und Vernetzung der Produktion, die einen weiteren Paradigmenwechsel – die sogenannte vierte industrielle Revolution – forcieren [KAG11, S. 2], [KAG13, S. 17].

[2] Angela Merkel am Digitalisierungskongress der CDU, 2015 [BRA19, S. 105]

Diese digitale Transformation gewinnt in Unternehmen stetig an Bedeutung [MÖL17, S. 16]. Daten nehmen dabei eine exponierte Stellung ein [MÖL17, S. 17] und werden in der zweiten Phase der Digitalisierung, der digitalen Transformation der klassischen Wirtschaftsbranchen, ein Schlüssel zum Erhalt bzw. zur Steigerung der Wettbewerbsfähigkeit sein [KOL16, S. 67-70, 73].

Die digitale Erhebung, Speicherung und Nutzung von Daten hat in den vergangenen 30 Jahren in alle Bereiche des menschlichen Lebens Einzug gehalten. Dabei haben Daten die Art und Weise verändert, wie wir unterhalten und gebildet werden, wie wir uns informieren und wie wir Menschen, Unternehmen und die Welt um uns herum wahrnehmen und erleben. In unserer schnell wachsenden digitalen Existenz sind Daten der Lebensnerv. Diese digitale Existenz definiert sich durch die Summe aller weltweit in einem Jahr erzeugten, gespeicherten und replizierten Daten und wird im Folgenden als globale Datensphäre bezeichnet. [REI17, S. 2]

Die fortschreitende Digitalisierung und die damit einhergehende zunehmende Vernetzung unserer Umwelt führte in den letzten Jahren zu einem exponentiellen Wachstum dieser globalen Datensphäre [BRÜ15, S. 14], [REI17, S. 23]. Laut einer Prognose der *International Data Corporation* (IDC) wird diese von 50,5 Zettabyte im Jahr 2020 auf ca. 175 Zettabyte im Jahr 2025 anwachsen [REI18, S. 6]. Einen wesentlichen Anteil an diesem Zuwachs werden Echtzeitdaten ausmachen. Einen Beitrag hierbei leisten die zunehmend automatisierten Anlagen in den vernetzten Fertigungshallen der intelligenten Fabriken, die bspw. für die Optimierung der Prozesssteuerung auf Echtzeitdaten angewiesen sind. [REI18, S. 13] Die Entwicklung der weltweit generierten Datenmenge sowie die jährlich erzeugten Echtzeitdaten innerhalb der globalen Datensphäre stellt Abbildung 2 dar.

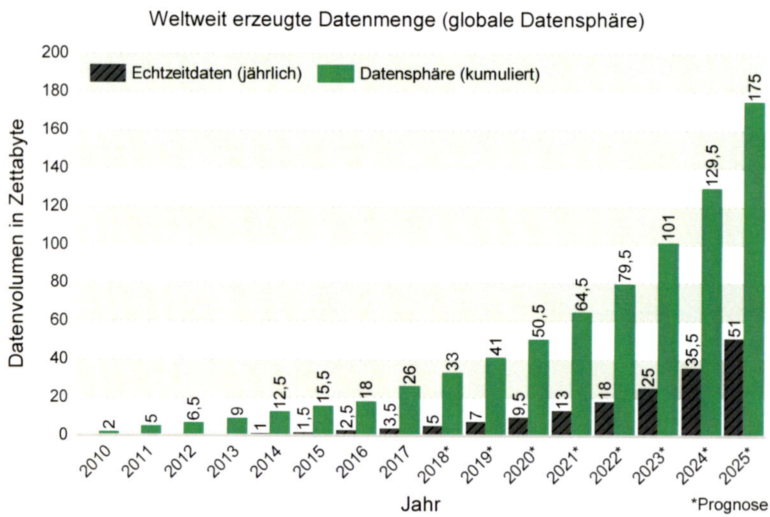

Abb. 2: Prognose zum weltweit erzeugten Datenvolumen sowie jährliche Menge generierter Echtzeitdaten in der globalen Datensphäre in den Jahren 2010 bis 2025* (jeweils in Zettabyte) nach [HOL18], [ODE18a], [REI18, S. 6, 13]

Die Treiber dieser rasanten Entwicklung sind vielfältig. Das weltweite Netz als Informations-

und Kommunikationsmedium ist heute omnipräsent [BRÜ15, S. 22]. Neben einer Intensivierung der Internetnutzung, v. a. aufgrund einer steigenden Anzahl mobiler Endgeräte wie Smartphones und der Zunahme damit nutzbarer Anwendungen, schreitet die Digitalisierung auch in den Bereichen Wohnen und Gebäudeautomation (Smart Home bzw. Smart Building), Verkehr und Infrastruktur (Smart Mobility), Energieversorgung (Smart Grid), Gesundheitswesen (Smart Health) sowie im Produktionsumfeld (Smart Factory) voran [BRÜ15, S. 50-51], [KAG13, S. 28]. Eine weitere Triebfeder dieser Entwicklung kommt mit der Verlagerung der Datenspeicherung und -verarbeitung von den traditionellen Rechenzentren in die Cloud-Systeme hinzu. Daten, die an beliebigen Endpunkten (Smartphones, PCs, industrielle Sensoren, vernetzte Fahrzeuge etc.) erzeugt werden, fließen in einem kontinuierlichen Datenstrom über periphere Systeme in die Cloud und anschließend wieder zu den Endpunkten zurück. Dieser Prozess treibt das Wachstum der Daten, insbesondere in der Cloud, zusätzlich an. [REI18, S. 4, 8]

Mussten Geräte in der Vergangenheit in der Regel autark betrieben werden, sind heute eine Vielzahl dieser an das weltweite Netz angebunden, können darüber Informationen austauschen und interagieren [BRÜ15, S. 51] sowie stetig neue Daten generieren. Durch die Vernetzung von Geräten, Komponenten oder Anlagen über eine Dateninfrastruktur wie dem Internet entstehen cyber-physische Systeme (CPS) [KAG13, S. 84]. Die physische und die virtuelle Welt verschmelzen durch diese zu einem Internet der Dinge (engl. internet of things, IoT) [KAG13, S. 85]. Bis 2025 werden laut Prognosen weltweit mehr als 150 Mrd. dieser Geräte miteinander verbunden sein, von denen die meisten Daten in Echtzeit erzeugen. Echtzeitdaten machten im Jahr 2017 ca. 15 % der globalen Datensphäre aus, im Jahr 2025 werden es fast 30 % sein (vgl. Abbildung 2). [REI18, S. 13] Aus der Verknüpfung von realen (physischen) Prozessen und Objekten aus mechanischen oder elektronischen Bestandteilen mit informationsverarbeitenden (virtuellen) Prozessen und Objekten aus softwaretechnischen Komponenten resultieren neue Informations- und Kommunikationswege und es ergeben sich innovative Möglichkeiten und Chancen. [BRÜ15, S. 58, 70], [GAN13b, S. 23], [GEI12, S. 22], [KAG13, S. 28] In produzierenden Unternehmen ermöglicht diese Entwicklung bspw. eine Optimierung der Fertigungsprozesse [URB12, S. 9] und somit eine durch die Vernetzung der Produktionssysteme gesteigerte Produktivität [KAG13, S. 69].

Die Smart Factory als essentieller Bestandteil des IoT wird die Planung und Steuerung von Produktionsprozessen grundlegend verändern. Vernetzte Produktionsprozesse sollen in dieser intelligenten Fabrik größtenteils autonom über die gesamte Wertschöpfungskette ablaufen. Mittels integrierter CPS können u. a. Informationen über Produkteigenschaften, Herstellungsverfahren oder Fehlertoleranzen erfasst und bei Bedarf bereitgestellt werden. [BRÜ15, S. 65] Zusätzliche konventionelle Sensorsysteme ermöglichen es, Produktionsprozesse und -systeme kontinuierlich zu überwachen und somit genaue Aussagen über die aktuelle Produktivität oder Qualität zu treffen sowie produktionsrelevantes Wissen aus den Signalen abzuleiten [BRÜ15, S. 51]. Auch deren Anzahl wird weiter zunehmen [KAG13, S. 95]. Zudem sind die Produktionssysteme vertikal mit betriebswirtschaftlichen Unternehmensprozessen vernetzt und horizontal an verteilte Wertschöpfungssysteme angebunden [KAG13, S. 5]. Dadurch können die vernetzten Produktionsprozesse und -systeme eigenständig im Verbund kommunizieren sowie interagieren und bei Störungen rechtzeitig die Betreiber benachrichtigen, selbständig Alternativsysteme beauftragen oder automatisch eine notwendige Instandhaltungsmaßnahme einleiten [BRÜ15, S. 65], [KAG13, S. 5, 23].

Neben vielfältigen Chancen, die sich aus der Nutzbarmachung von Daten für Unternehmen ergeben, werden diese jedoch auch vor technologische, organisatorische und strategische Herausforderungen gestellt [URB12, S. 15].[3] Im technologischen Segment ist bspw. die Bereitstellung geeigneter Daten- und Informationsinfrastrukturen zu nennen, um die notwendigen Speicherkapazitäten und Übertragungsgeschwindigkeiten bereitzustellen. Eine weitere Schwierigkeit stellt die Datenselektion und -speicherung dar, da der Datennutzen oftmals nicht unmittelbar ersichtlich ist. [BRÜ15, S. 51] Die Entwicklungen beeinflussen zudem maßgeblich das Anforderungsprofil an die Organisationsmodelle in den Unternehmen [BRÜ15, S. 189], es ist daher für die Unternehmensführung von strategischer Bedeutung, die Gestaltung intelligenter Wertschöpfungsnetze frühzeitig und umfassend zu betrachten [BRÜ15, S. 191].

Gemäß weiterer Prognosen der IDC werden nicht nur die absoluten Unternehmensdatenmengen weiter anwachsen, auch deren prozentualer Anteil an der globalen Datensphäre wird zunehmen. Betrug der Beitrag der Verbraucher an den erzeugten Daten im Jahr 2017 noch 47 %, so wird er im Jahr 2025 auf 36 % sinken. Unternehmen werden dann durch einen Zuwachs um elf Prozentpunkte einen Gesamtanteil von 64 % an der globalen Datensphäre haben (vgl. Abbildung 3). [ODE18b], [REI18, S. 12, 22]

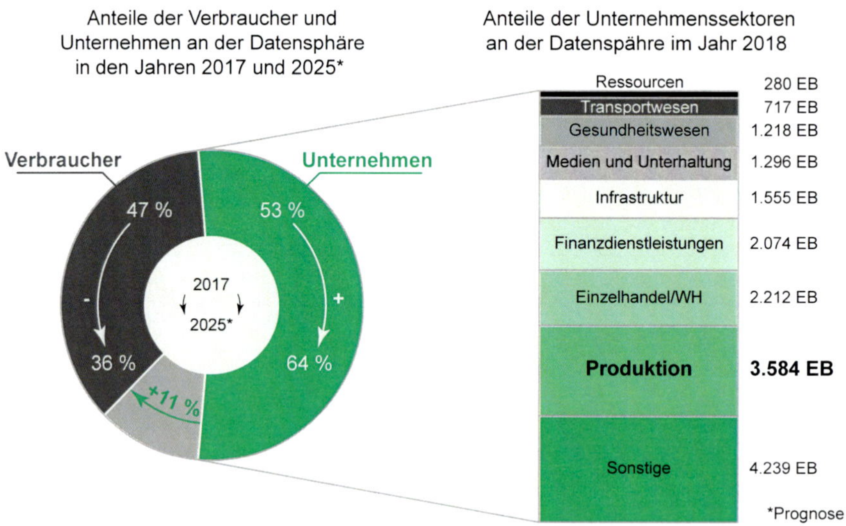

Abb. 3: Unterteilung der globalen Datensphäre in Verbraucher und Unternehmen in den Jahren 2017 und 2025* (links) sowie Anteile der Unternehmenssektoren im Jahr 2018 an dieser (rechts) nach [ODE18b], [REI18, S. 12, 22]

Eine nähere Betrachtung der Unternehmenssektoren in Abbildung 3 zeigt, dass der Bereich Produktion mit ca. 21 % im Jahr 2018 noch vor Finanzdienstleistungen und Einzelhandel die zweitgrößte Menge an Daten beiträgt und mit einer CAGR[4] von 30 % die zweitgrößte

[3]Einen ausführlichen Überblick zu den Chancen und Herausforderungen, die sich aus der Nutzung der zunehmenden Datenmengen ergeben, gibt der Leitfaden *Big Data im Praxiseinsatz* [URB12].
[4]engl. compound annual growth rate (dt. jährliche Wachstumsrate)

jährliche Wachstumsrate nach dem Gesundheitswesen (36 %) bei der Datengenerierung aufweist (CAGR 2018 bis 2025) [REI18, S. 12, 22].

1.2 Problemstellung und Handlungsbedarf

Problemstellung

Den zunehmenden Datenmengen steht die geringe wertschöpfende Nutzung dieser gegenüber. Die IDC bezifferte den Anteil an der globalen Datensphäre, der im Jahr 2012 analysiert und somit nutzbar gemacht wurde, auf nur 0,5 %. [BRÜ15, S. 51], [GAN12, S. 11] Dabei wurden insgesamt 23 % der Datensphäre in diesem Jahr als potenziell nützlich eingestuft [GAN12, S. 11]. Die Datensphäre umfasst dabei eine Vielzahl an Datenarten. Unstrukturierte Daten stellen die überwiegende Mehrheit der stetig hinzukommenden Daten dar [GAN12, S. 9]. In den meisten Fällen können daher kaum konkrete datenbasierte Aussagen gemacht werden, es sei denn, die Daten sind entsprechend charakterisiert oder gekennzeichnet [GAN12, S. 9]. Hieraus resultiert die Notwendigkeit von Metadaten, also übergeordneten Daten, die Informationen zu anderen Daten beinhalten oder diese beschreiben [MEI19b, S. 120]. Metadaten sind eines der am schnellsten wachsenden Teilsegmente der globalen Datensphäre, machen jedoch selbst nur einen kleinen Teil der Gesamtdatenmenge aus [GAN12, S. 9].

Aktuellere Untersuchungen verdeutlichen, dass sich die Kluft zwischen potenziell nützlichen, verfügbaren Daten und deren Nutzung, das sogenannte Big Data Gap [GAN12, S. 11] bis heute nicht wesentlich verändert hat. Eine von der *Universität Potsdam* und der *SAS Institute GmbH* in den Jahren 2012 bis 2015 durchgeführte explorative Studie zur Nutzung von Business Analytics in Unternehmen der DACH-Region[5] aus den Branchen Banken, Handel, Versicherungen, verarbeitendes Gewerbe sowie Life Sciences, an der sich 7.000 Unternehmen[6] beteiligen konnten, zeigt, dass das Datenpotenzial in der deutschsprachigen Wirtschaft kaum ausgeschöpft wird. Etwa 88 % und somit die deutliche Mehrheit der befragten Unternehmen gaben an, dass nur bis zu 50 % der verfügbaren Daten für weitere Auswertungen genutzt werden. Lediglich 12 % zogen mehr als die Hälfte der vorhandenen Daten für Analysen heran. [GRO13, S. 10] Sensor- und Maschinendaten wurden im Jahr 2012 laut der Studie von ca. 14 % der Unternehmen als Basis für die Entscheidungsunterstützung verwendet. Drei Jahre später nutzten schon über 33 % diese Datenquelle hierfür. [GRO15, S. 4] Die Wirtschaft hat den Stellenwert der Datenanalyse für den ökonomischen Erfolg erkannt und die datenbasierte Entscheidungsfindung nimmt branchenübergreifend zu. Das verarbeitende Gewerbe erzielt allerdings noch keine vergleichbaren Analyseerfolge wie die anderen untersuchten Bereiche und sieht sich insbesondere mit einer volatilen Datenqualität und -quantität konfrontiert, beginnt aber zunehmend weitere Datenquellen zu erschließen und prädiktive Ansätze zu diskutieren. [GRO15, S. 11]

Eine Studie der *Sopra Steria Group SA* unter Beteiligung des *Business Application Research Center (BARC)* aus dem Jahr 2018 mit 314 befragten Unternehmen aus der DACH-Region (73 % davon aus dem industriellen Sektor) kommt u. a. zu dem Schluss, dass gerade einmal 12 % der Entscheidungen in 310 Unternehmen basierend auf der Analyse interner und externer Daten getroffen werden [SEY18, S. 15, 59]. Als größte Herausforderung für die analysebasierte Nutzbarmachung von Daten wird in der Studie die unzureichende Daten-

[5] Deutschland, Austria (Österreich) und Confoederatio Helvetica (Schweiz)

[6] Nettorücklaufquote 0,6 %

qualität genannt. Eine analytik- und datenbasierte Entscheidungsunterstützung ist demnach auch heute noch unterrepräsentiert. [SEY18, S. 57, 59]

Deskriptive Methoden wie Berichte, Abfragen und Ad-hoc-Reporte stehen nach wie vor im Fokus der Unternehmen. Statistische Analysen werden häufig durchgeführt, Datenexploration, Optimierungsverfahren sowie Prognosen sind jedoch kaum etabliert und meist in den Bereichen der Forschung und Entwicklung sowie der Logistik im Einsatz. [GRO15, S. 11] Die Migration der Datenanalyse von einer postaktiven, deskriptiven Art hin zu einer automatisierten, proaktiven und vorhersagenden Gestalt ebnet den Weg in Unternehmen für die datenbasierte Entscheidungsunterstützung bzw. -findung. Dies schließt nicht nur Unternehmens- oder Produktionsprozesse ein, sondern auch Kultur und Struktur einer Organisation – Datenanalyse und -nutzung werden schließlich zu einem Wettbewerbsvorteil. [REI17, S. 24]

Die Akquise und Analyse produktionsbezogener Daten in großen Mengen, bspw. Sensordaten, können wesentlich zur Verbesserung von Wertschöpfungsprozessen beitragen und dabei helfen, Datenlücken zu schließen bzw. die Datenqualität zu steigern. Die Schaffung hierfür benötigter Daten- und Informationsinfrastrukturen zählt jedoch nicht zu den Kernkompetenzen produzierender Unternehmen. [GÖL17, S. 9]

Handlungsbedarf

Daten sind heute branchenübergreifend omnipräsent. Mit der fortschreitenden Digitalisierung ist die globale Datensphäre in den vergangenen Jahren exponentiell angewachsen. Anhand der großen Diskrepanz zwischen genutzten und ungenutzten Potenzialen, die sich aus den stetig zunehmenden Datenmengen ergeben, lassen sich vielversprechende wirtschaftliche Chancen für produzierende Unternehmen ableiten, bspw. zur Steigerung der Produktivität oder zur Schonung der Ressourcen. Die Hemmnisse bei der Hebung datenbasierter Potenziale sind jedoch nach wie vor vielfältig und groß. Chancen bleiben demnach vielfach ungenutzt und Potenziale werden verschwendet. Neben der Quantität spielt zudem die Qualität der verfügbaren Daten eine wesentliche Rolle. Oftmals sind die vorhandenen Daten unstrukturiert oder weisen Lücken auf. Teilweise existieren die benötigten Daten überhaupt nicht und müssen erst aufwändig erhoben werden. Die effiziente Verfügbarmachung relevanter Daten, deren zielorientierte und nutzbringende Analyse sowie die unmittelbare Bereitstellung des datenbasierten Wissens, wo es benötigt wird, sind dabei die zentralen Herausforderungen. Im verarbeitenden Gewerbe besteht hierzu ein dringender Handlungsbedarf, den es zu decken gilt.

Herausforderungen bei der Nutzung datenbasierten Wissens in der Produktion

- Exponentielle Zunahme der globalen Datensphäre,
- hohe Volatilität bei der Qualität und der Quantität der verfügbaren Daten,
- geringe wertschöpfende Nutzung verfügbarer, potenziell nützlicher Daten,
- zukünftig hohe Relevanz der Echtzeitdatenanalyse,
- nachträgliche deskriptive Analysemethoden nach wie vor im Fokus,
- hoher Aufwand bei der Integration verfügbarer Lösungen [WEI19] sowie
- kaum zentrale Datenanalysen bei großen Abtastfrequenzen (> 10 kHz) aufgrund der großen zu übertragenden Datenmengen [WEI19].

Abb. 4: Zusammenfassung des Handlungsbedarfs

Zusammengefasst werden die in Abbildung 4 aufgeführten aktuellen Herausforderungen bei der Nutzung datenbasierten Wissens in der Produktion im Rahmen dieser Arbeit thematisiert.

1.3 Zielstellung

Aus dem Handlungsbedarf, der in Abbildung 4 zu den aktuellen Herausforderungen bei der Nutzung datenbasierten Wissens in der Produktion zusammengefasst ist, ergeben sich die in Abbildung 5 aufgeführten übergeordneten Leitlinien dieser Arbeit. Anhand dieser allgemeinen Grundsätze wird im Folgenden die konkrete Zielstellung formuliert.

Übergeordnete Leitlinien dieser Arbeit

- Bedarfsorientierte Erzeugung und Speicherung relevanter Produktionsdaten,
- Kontinuität bei der Qualität und der Quantität der nutzbargemachten Daten,
- gesteigerte wertschöpfende Nutzung potenziell nützlicher Daten,
- Analyse und Bereitstellung datenbasierten Wissens in nahezu Echtzeit,
- unmittelbare prädiktive In-situ-Analysen im laufenden Betrieb,
- geringer Aufwand bei der Lösungsintegration sowie
- dezentrale Datenanalyse bei großen Abtastfrequenzen (> 10 kHz) zur Erzeugung substanzieller Merkmale.

Abb. 5: Aus dem Handlungsbedarf abgeleitete übergeordnete Leitlinien

Die vorliegende Arbeit widmet sich der dezentralen Erzeugung relevanten Produktionswissens aus Stromprofilen technischer Anlagen im Kontext der Instandhaltung und thematisiert dabei die Divergenz zwischen den stetig steigenden Datenmengen mit oftmals geringer Datenqualität und der damit einhergehenden Verschwendung von Potenzialen aufgrund der relativ niedrig bleibenden Datennutzung in produzierenden Unternehmen.

Ziel der Arbeit ist die Schaffung einer vertikalen Datenkontinuität für die dezentrale Bereitstellung von Wissen zur datenbasierten Entscheidungsunterstützung in der zustandsorientierten, voraussagenden Instandhaltung. Zu diesem Zweck soll ein Verfahren entwickelt werden, das die zentralen Herausforderungen bei der effizienten Nutzbarmachung von Daten adressiert. Das Verfahren befasst sich demnach mit drei aufeinander aufbauenden Kernfunktionen – der Erfassung von Sensorsignalen an der physischen Messstelle in der Anlage, der dezentralen Aufbereitung und nutzbringenden Analyse dieser Messdaten sowie der Bereitstellung der dabei erzeugten Erkenntnisse für die unmittelbare wertschöpfende Nutzung, z. B. bei der datenbasierten Entscheidungsfindung. Zur Realisierung des Verfahrens soll eine Sensor- und Auswerteeinrichtung entwickelt werden, die Stromsignale mit hoher Abtastfrequenz und Auflösung erfasst sowie dezentral und in nahezu Echtzeit aufbereitet und auswertet. Das in den Signalen vorhandene Wissen wird dabei lokal extrahiert und ausschließlich Erkenntnisse und somit auf ein Minimum reduzierte (schlanke) Daten werden an eine übergeordnete Instanz übergeben. Um dieses Ziel zu erreichen, werden Methoden der künstlichen Intelligenz, insbesondere maschinelle Lernverfahren eingesetzt. Diese Erkennen wiederkehrende Muster in Stromprofilen, erlernen Normalbedingungen und können somit etwaige Abweichungen in den Signalen zuverlässig detektieren. Gegenstand dieser Arbeit ist die zustandsorientierte, voraussagende Instandhaltung, bei der die unterschiedlichen Zustände einer Anlage bzw. eines Objekts diese Muster darstellen und anhand des Verfahrens und der Sensor- und Auswerteeinrichtung diagnostiziert werden sollen.

1.4 Aufbau der Arbeit

Auf Grundlage der Beschreibungen in Kapitel 1 zu Ausgangssituation, Problemstellung sowie der daraus abgeleiteten Zielstellung werden in Kapitel 2 die für das Verständnis der Inhalte der vorliegenden Arbeit notwendigen Grundlagen diskutiert und relevante Begriffe definiert. Die zentralen Bestandteile dieses Kapitels sind die datenbasierte Analytik in der Produktion, die zustandsorientierte, voraussagende Instandhaltung sowie die Eigenschaften des Niederspannungsnetzes als Informationsquelle für die Zustandsüberwachung. Dabei erfolgt eine Beschreibung der elementaren Zusammenhänge der in dieser Arbeit eingesetzten Methoden, insbesondere der künstlichen neuronalen Netze und das Forschungsthema wird weiter eingegrenzt.

Zu Beginn von Kapitel 3 wird anhand der Erläuterungen aus den vorherigen Kapiteln das Forschungsgebiet mit den in dieser Arbeit untersuchten Forschungsschwerpunkten definiert. Anschließend wird erörtert, welche Messgrößen im Bereich der Zustandserfassung etabliert sind, sodass darauf basierend die Besonderheiten der Stromprofile in diesem Kontext hervorgehoben werden können. Zudem wird untersucht, inwiefern der Einsatz künstlicher neuronaler Netze in Kombination mit eingebetteten Systemen in der Wissenschaft und der Praxis diskutiert werden bzw. verbreitet sind. Auf diesem Kenntnisstand aufbauend, erfolgt die Beschreibung aktueller Publikationen zum definierten Forschungsgebiet sowie eine ausführliche Abgrenzung der Forschungsschwerpunkte zu themenspezifischen Monographien. Aus der Zusammenfassung der Defizite bestehender Ansätze im Forschungsgebiet kann schließlich ein konkreter Handlungsbedarf für die Entwicklung des Lösungsverfahrens formuliert werden.

In Kapitel 4 wird aus diesem konkreten Handlungsbedarf das Verfahren abgeleitet, welches auf Basis der Forschungsschwerpunkte die aufgedeckten Defizite beheben soll. Im Fokus steht dabei die Reduzierung der Verschwendung durch die unmittelbare Nutzbarmachung datenbasierten Wissens. Hierzu wird ein Lösungsansatz formuliert, der die Umsetzung des entwickelten Lean-Data-Verfahrens, bestehend aus den drei aufeinander aufbauenden Kernoperationen Datenhomogenisierung, Datennutzbarmachung und Datenverwertung, beschreibt.

Für die Erprobung und die Evaluierung des Lean-Data-Verfahrens wird in Kapitel 5 ein prototypisches Versuchsmodell vorgestellt. Zunächst werden für dieses die technischen und wissenschaftlichen Anforderungen beschrieben, sodass darauf basierend ein Konzept für einen Prototyp abgeleitet werden kann. Dieser stellt eine konkrete technische Umsetzung des Lean-Data-Verfahren in Form einer Sensor- und Auswerteeinrichtung dar und transformiert die drei theoretischen Kernoperationen des Lösungsansatzes in drei physische Module: das Sensor-, das Vorverarbeitungs- und das Hauptverarbeitungsmodul. Das Versuchsmodell wird schließlich in Form einer elektronischen Platine gefertigt, programmiert und für die experimentelle Erprobung vorbereitet.

Anhand von drei Anwendungsszenarien wird das Versuchsmodell und damit das Lean-Data-Verfahren in Kapitel 6 praxisbezogen validiert. Basierend auf den Anwendungsfällen erfolgt eine Adaptierung sowie die sukzessive Entwicklung und Optimierung der Modelle der künstlichen neuronalen Netzwerke. Die drei unterschiedlichen Anwendungen dienen zudem der Erprobung der Generalisierbarbeit des Verfahrens. Die entwickelten Modelle sowie das vollständige Lean-Data-Verfahren, repräsentiert durch das Versuchsmodell, werden zudem hinsichtlich deren Leistungsfähigkeit qualitativ überprüft und bewertet. Dabei stehen sowohl die Eignung des Verfahrens zur Klassifizierung unterschiedlicher Anlagenzustände sowie die Fähigkeit zur Prognose verschiedener Verschleißszenarien und Abnutzungsvorräte anhand von Stromprofilen im Fokus.

In Kapitel 7 werden die Ergebnisse der Validierung des vorherigen Kapitels zusammengefasst und den Anforderungen gegenüberstellt. Dabei wird die Erfüllung der Anforderungen ganzheitlich beurteilt und das Lean-Data-Verfahren bewertet.

Schließlich erfolgt in Kapitel 8 die Zusammenfassung der vorliegenden Arbeit. Abbildung 6 gibt einen Überblick zur Struktur dieser Arbeit.

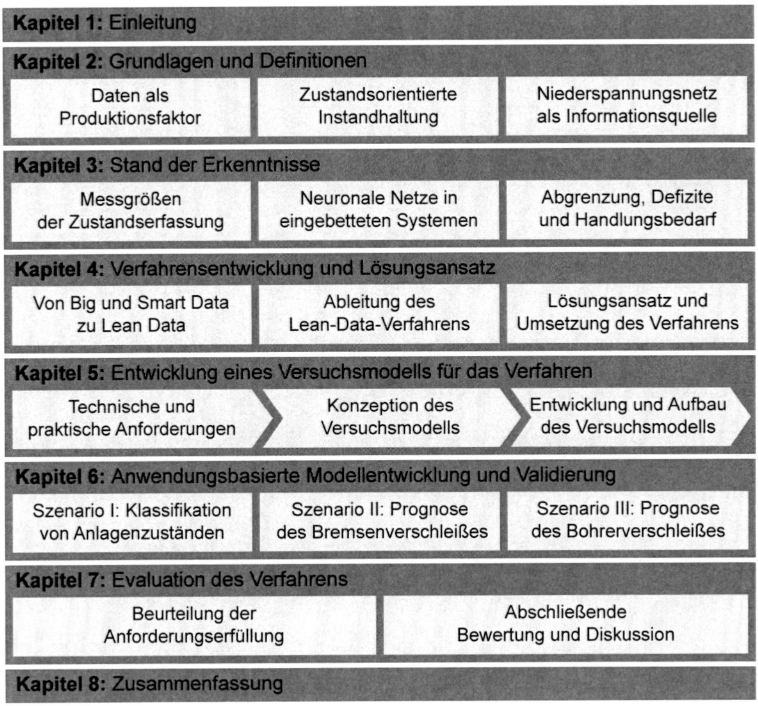

Abb. 6: Aufbau der Arbeit

2 Grundlagen und Definitionen

2.1 Daten als Produktionsfaktor

„The only Source of Knowledge is Experience".[7]

Durch die Kombination von Produktionsfaktoren werden z. B. in einem produzierenden Unternehmen Güter erzeugt [KEL18, S. 29]. Wissen aus Daten entwickelt sich zunehmend zu einem strategischen Wettbewerbsfaktor, der so wie die Produktionsfaktoren Mensch, Betriebsmittel und Material (Elementarfaktoren) sinnvoll genutzt werden muss, um mögliche Potenziale der Kostenreduzierung und des Wachstums gewinnbringend zu heben [KEL18, S. 29-30], [OHL02, S. 78]. Mit der fortschreitenden digitalen Transformation in der Industrie wächst zusammen mit der Menge vorhandener Daten auch deren Bedeutung als zusätzlicher Produktionsfaktor [BER19, S. 33], [TUR12, S. 2]. Insbesondere in der Hochtechnologieindustrie und speziell in der Softwarebranche dominieren wissensbasierte Prozesse – Daten als Produktionsfaktor haben hier bereits einen größeren Anteil an der Wertschöpfung als die drei Elementarfaktoren [OHL02, S. 79]. Daten bzw. daraus abgeleitete Informationen werden in Unternehmen heute zudem nicht nur als Wettbewerbsfaktor oder Ressource verstanden, sondern können auch Produkt oder Ware sein [KIN14, S. 73, 146, 166], [MEI19a, S. 48], [WEB17, S. 187]. Albert Einstein erklärte die Erfahrung als die einzige Quelle des Wissens [FRY13, S. 117] – diese stützt sich in der Wissenschaft auf Messung oder Experiment und basiert somit wiederum auf Daten [SPE99].

Die Begriffe Datum, Information und Wissen werden im wissenschaftlichen Kontext verschiedenartig eingesetzt und sollen daher im Folgenden für die Verwendung in dieser Arbeit beschrieben und voneinander abgegrenzt werden [WEB17, S. 187]. Des Weiteren werden die Konzepte Big Data und Smart Data erläutert sowie eine Übersicht zur datenbasierten Analytik in Unternehmen gegeben.

2.1.1 Einordnung der Begriffe Datum, Information und Wissen

Daten (Plural von Datum) entstehen aus einzelnen Zeichen eines Zeichenvorrats anhand definierter Syntaxregeln (vgl. Abbildung 7) [BOD06, S. 1]. Daten sind somit strukturierte Symbole ohne weitere Interpretation, z. B. beliebige Zeichenfolgen [NOR02, S. 38]. Wird den Daten eine Bedeutung (Semantik) zugeordnet, ergeben sich daraus Informationen [BOD06, S. 1]. Wissen entsteht schließlich durch die Vernetzung bzw. Verknüpfung von Informationen. Hierzu sind Kenntnisse über den Zusammenhang der Informationen zueinander notwendig. Um sinnvolle Entscheidungen auf der Basis von Daten treffen zu können, werden also zum einen Informationen über einen bestimmten Zustand eines zugrundeliegenden Betrachtungsgegenstandes benötigt, zum anderen sind das Wissen über Zusammenhänge oder Ursache-Wirkungsbeziehungen zwischen diesen Informationen notwendig. Die Informationsvernetzung ist daher in der Regel zweckorientiert (Pragmatik). [BOD06, S. 1-2] Der Zusammenhang zwischen Zeichen und Wissen lässt sich vereinfacht in folgender Gleichung nach [BOD06, S. 1-2] und [WEB17, S. 189] zusammenfassen:

$$\mathrm{Wissen} = \mathrm{Zeichen} + \mathrm{Struktur} + \mathrm{Kontext} + \mathrm{Zweckorientierung} \tag{2-1}$$

[7] Albert Einstein zugeschrieben, Jahr unbekannt [FRY13, S. 117]

Basierend auf dem hierbei erzeugten Wissen kann eine Entscheidung getroffen und eine Aktion initiiert werden [FUC10, S. 37]. In Abbildung 7 werden Zeichen, hier beispielhaft als Rohwerte eines beliebigen Sensors, dargestellt, in ein strukturiertes Format gebracht und somit in Daten überführt. Durch die Ergänzung der inhaltlichen Bedeutung dieser strukturierten Zeichenfolge ergibt sich eine Information. Im aufgeführten Beispiel ist dies der Sachverhalt, dass der Abnutzungsvorrat eines exemplarischen Teils mit der Nr. 8 bei 29 % liegt. Diese Information ist ohne die zweckorientierte Verknüpfung mit weiteren Informationen, wie etwa dem Grenzwert des Abnutzungsvorrats von Teil Nr. 8, der bei 30 % liegt, zunächst nicht von Relevanz. Werden diese Zusammenhänge jedoch geknüpft, kann aus dem daraus abgeleiteten Wissen eine Entscheidung getroffen und in diesem Beispiel als Aktion eine Instandhaltungsmaßnahme für Teil Nr. 8 eingeleitet werden.

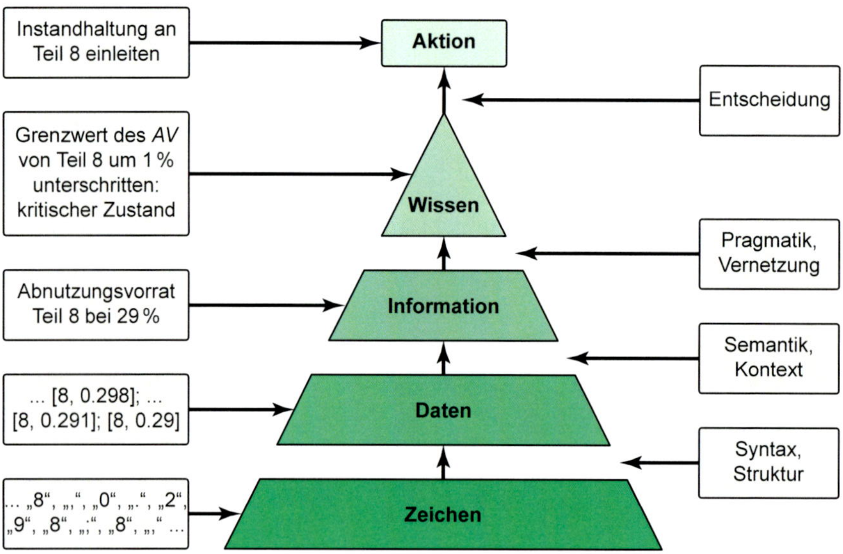

Abb. 7: Topologie der Wissenspyramide nach [AAM95, S. 198], [BOD06, S. 1], [FUC10, S. 37]

2.1.2 Big Data versus Smart Data

Big Data

Der Begriff Big Data wird den Bereichen Informatik und Statistik bzw. Ökonometrie zugeschrieben und wurde Mitte der 1990er Jahre erstmals von John Mashey erwähnt. Erste relevante akademische Referenzen sind einige Jahre später durch Weiss und Indurkhya (1998) in Informatik und Diebold (2000) in Statistik bzw. Ökonometrie zu verzeichnen. Das Konzept Big Data wurde zudem durch unveröffentlichte Erkenntnisse von Douglas Laney (2001) maßgeblich erweitert. [DIE03, S. 116], [DIE19, S. 4], [WEI98, S. 2] In dieser ursprünglichen Form bezog sich Big auf die Datenmenge [BER19, S. 33]. Im Jahr 2001 führte Doug Laney die Begriffe Volume (Menge), Velocity (Geschwindigkeit) und Variety (Vielfalt) ein, um das Datenmanagement in drei Dimensionen zu beschreiben [DOU01, S. 1]. Diese sogenannten drei „V“ wurden insbesondere unter Beteiligung des IT-Unternehmens *IBM* als Reaktion auf die vermehrt auftretenden Qualitäts- und Quellenprobleme im Kontext Big Data um die Dimension Veracity (Glaubwürdigkeit) erweitert [ZIK13, S. 13]. *IBM* diskutierte bereits Value, also den Wert der Daten als mögliche weitere Dimension [ZIK13, S. XVIII]. Heute sind diese fünf „V“ die etablierten Big-Data-Attribute [BER19, S. 33]. In der Literatur werden weitere Dimensionen genannt, die hier nicht thematisiert werden sollen (vgl. [PAT16]). Die fünf Big-Data-Attribute lassen sich zusammengefasst nach [URB12, S. 21], [KIN14, S. 35], [MEI18, S. 6-7], [PAT16, S. 17-21] und [PAP19, S. 5] wie folgt spezifizieren:

Volume:
Beschreibt die Menge der Daten. Big Data umfasst eine große Anzahl an Zeichen und ist im Tera- (10^{12} Bytes) bis Zettabytebereich (10^{21} Bytes) angesiedelt.

Variety:
Beschreibt die Varietät der Daten. Big Data liegt meist in einer großen Vielfalt vor, d. h. in strukturierter, semistrukturierter und unstrukturierter multimedialer Form (Textdaten, Bilddaten, Sensordaten, Audiodaten, Videodaten etc.) und stammt aus unterschiedlichen Quellen.

Velocity:
Beschreibt die Schnelllebigkeit der Daten. Big Data wird einerseits mit einer hohen Geschwindigkeit an unterschiedlichen Quellen generiert und soll andererseits, z. B. in Form von Datenströmen, in nahezu Echtzeit manipuliert und analysiert werden.

Veracity:
Beschreibt die Richtigkeit der Daten. Big Data weist meist eine inhomogen verteilte Vertrauens- bzw. Glaubwürdigkeit auf, wodurch Einschränkungen hinsichtlich der Nachvollzieh- und Begründbarkeit bei datenbasierten Entscheidungen bestehen.

Value:
Beschreibt den Wert der Daten für das Unternehmen. Big Data bietet die Methoden und die Datenbasis, um aus Zeichen Wissen und somit einen wirtschaftlichen Nutzen zu generieren. Bestimmte Zusammenhänge in großen Datenmengen sind nur durch Big-Data-Ansätze erkennbar. Je mehr Daten (Volume) vorhanden sind, desto genauer sind die daraus abgeleiteten Erkenntnisse und desto höher ist der Wert der Daten (Value) für ein Unternehmen [VER16, S. 41].

Nachdem für eine einheitliche Definition des Big-Data-Begriffs Marktteilnehmer verschiedener Bereiche umfangreich diskutiert haben, zeichnet sich heute ein allgemeiner Konsens in dessen genereller Charakterisierung ab. Demnach beschreibt das Konzept Big Data v. a. ein technologisches Phänomen, das im Bereich Datenanalyse und -management angesiedelt ist und eine tragende Rolle bei der Weiterentwicklung von Geschäftsprozessen in allen Unternehmensfunktionen und Branchen einnimmt. [URB12, S. 20] Als Big Data werden also sowohl die hochdimensionalen Datenbasen als auch alle damit verbundenen Technologien bezeichnet [LUE20, S. 45].

Eine allgemeingültige Definition des Big-Data-Begriffs existiert derzeit nicht [DUM13, S. 1], die etablierten Beschreibungen berufen sich jedoch meist auf die oben genannten Dimensionen [MEI18, S. 5]. Einen umfassenden Definitionsvorschlag liefert der *Bundesverband Informationswirtschaft, Telekommunikation und neue Medien (bitkom)*.

Big Data (*bitkom*):
„Big Data bezeichnet die wirtschaftlich sinnvolle Gewinnung und Nutzung entscheidungsrelevanter Erkenntnisse aus qualitativ vielfältigen und unterschiedlich strukturierten Informationen, die einem schnellen Wandel unterliegen und in bisher ungekanntem Umfang[...] anfallen." [URB12, S. 7]

Ein weiterer Definitionsversuch findet sich im Onlineglossar der *Gartner Group*.

Big Data (*Gartner Group*):
„Big data is high-volume, high-velocity and/or high-variety information assets that demand cost-effective, innovative forms of information processing that enable enhanced insight, decision making, and process automation." [GAR20], [MEI18, S. 5]

Smart Data

Die effiziente wirtschaftliche Nutzung der stetig wachsenden Datenmengen gewinnt zunehmend an Bedeutung. In diesem Zusammenhang wird häufig der Begriff Smart Data verwendet, der den Daten wortgetreu eine gewisse Intelligenz zuschreibt [WIE17, S. 31]. Da auch der Ausdruck Smart Data in der Literatur nicht eindeutig definiert ist, werden im Folgenden die häufig genannten Eigenschaften des Smart-Data-Begriffs erläutert.

Die intelligenten Daten sind zunächst eine Teilmenge von Daten, mit der Besonderheit, dass diese für ein Unternehmen in irgendeiner Art wertvoll sind [IAF14, S. 26]. Der Begriff Smart Data bezieht sich dabei analog zu Big Data jedoch nicht ausschließlich auf inhärente Eigenschaften, sondern beinhaltet auch die Technologien, um bspw. aus Daten mit geringer Qualität (unstrukturiert, lückenhaft, fehlerbehaftet etc.) Daten mit hoher Qualität (strukturiert, lückenlos, fehlerfrei etc.) zu gewinnen. Diese qualitativ hochwertigen Daten sind v. a. dadurch gekennzeichnet, dass sie unmittelbar genutzt werden können, um wertvolles Wissen zu erzeugen und die Entscheidungsfindung in Unternehmen zu unterstützen. [BAL18, S. 20], [HAA18, S. 50], [LUE20, S. VII] Neben dem Datenwert als wichtiges Attribut wird auch der Richtigkeit der Daten ein hoher Stellenwert beigemessen. Zudem wird bei Smart Data eine gewisse Agilität in Bezug auf sich ändernde Unternehmensanforderungen eingeschlossen. Insgesamt lassen sich aus diesen Aussagen drei Attribute für Smart Data ableiten, die jedoch einen anderen Fokus aufweisen. [LUE20, S. 45]

Velocity:
Beschreibt die Schnelllebigkeit der Daten. Voraussetzung für Smart Data ist eine echtzeitnahe Datenverfügbarkeit sowie ein hohes Maß an Flexibilität, mit dem Fokus sich ändernde Anforderungen im Geschäftsfeld schnellstmöglich zu adaptieren.

Veracity:
Beschreibt die Richtigkeit der Daten. Voraussetzung für Smart Data ist eine hohe Datenqualität, sodass datenbasierte Entscheidungen korrekt, begründet und nachvollziehbar getroffen werden können.

Value:
Beschreibt den Wert der Daten für das Unternehmen. Voraussetzung für Smart Data ist, dass die Daten unmittelbar für die wertschöpfende Nutzung bereitstehen, die Daten also eine skalierbare Aktion in einer Weise steuern, die ein Geschäftsziel maximiert.

Volume, das begriffsgebende Attribut von Big Data ist nicht unbedingt Voraussetzung für einen Smart-Data-Ansatz. Wertvolle Erkenntnisse lassen sich in vielen Fällen auch auf Basis geringerer Datenmengen generieren. Dieser Wechsel des Blickwinkels, weg von einer Ausgangssituation (Big Data) hin zu einer Zielstellung (Smart Data), ist ein entscheidender Unterschied beider Ansätze. [WIE17, S. 32-33]

2.1.3 Datenbasierte Analytik

„Information is the oil of the 21st century,
and analytics is the combustion engine."[8]

Die Begriffe Analyse und Analytik sollen hier im Kontext der Untersuchung und Auswertung von Unternehmensdaten erläutert werden. Die Analyse beschreibt eine systematische Untersuchung eines Sachverhalts, durch die u. a. Strukturen, Anomalien oder Zusammenhänge anhand von Zerlegungen oder Segmentierungen der Daten in deren Kernelemente ermittelt werden können. Die Analyse kann daher als ein Prozess verstanden werden, mit dem Wissen oder Erkenntnisse aus Daten extrahiert werden können. Der Begriff Analytik (engl. analytics) bezeichnet hingegen die Lehre bzw. die Kunst des Analysierens und beinhaltet die Summe aller Methoden der Analyse. Der Analytik werden v. a. Statistikmethoden zugeordnet. [LAN15, S. 55] In dieser Arbeit liegt der Fokus insbesondere bei den Verfahren des maschinellen Lernens (ML).

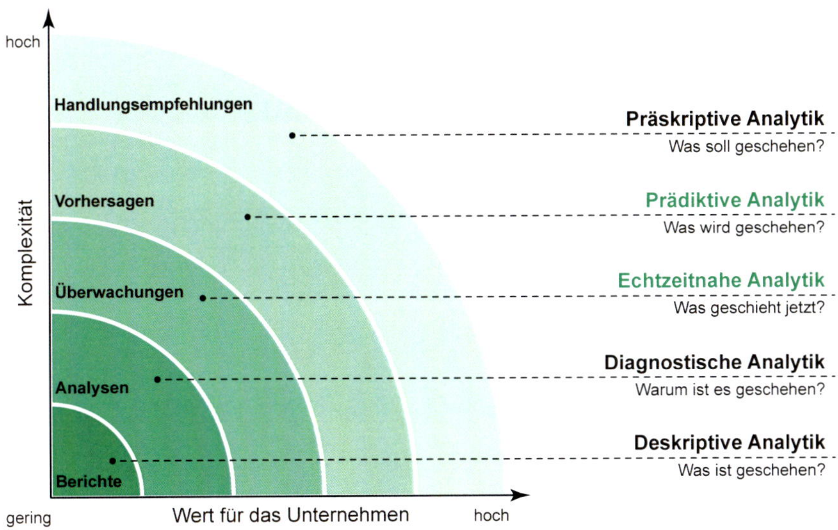

Abb. 8: Analytikreifegrad in Unternehmen nach [DAV07, S. 8], [ECK07, S. 5], [LAN15, S. 56]

Eine Untergliederung der Analytik im Unternehmensbereich erfolgt häufig durch eine Ergänzung der entsprechenden Ziel- oder Aufgabenstellung vor den Begriff der Analytik wie im Fall der deskriptiven Analytik, bei der der Fokus auf der datenbasierten Berichterstattung mittels generischer Beschreibungen oder Zusammenfassungen gegebener Sachver-

[8] Peter Sondergaard, Gartner-Symposium/ITxpo 2011 [SON11], [STA17, S. 65]

halte liegt. [GON17, S. 290], [LAN15, S. 56] Weitere aus dieser Systematik hervorgehende Varianten sind in Abbildung 8 dargestellt. Aus dieser kann ein Reifegrad abgeleitet werden, bei dem der Mehrwert, den ein Unternehmen aus den Daten generieren kann, mit der Komplexität der zugrunde liegenden Analytik zunimmt und umgekehrt.

Die echtzeitnahe und die prädiktive Analytik stellen die Basis für das in dieser Arbeit beschriebene Vorgehen zur zustandsorientierten, voraussagenden Instandhaltung dar und werden daher näher erläutert. Im Gegensatz zu den retrospektiven Analytikvarianten, wie der diagnostischen Analytik, bei der anhand von vorliegenden Bestandsdaten Ursachenanalysen über vergangene Ereignisse durchgeführt werden, verlangt die echtzeitnahe Analytik eine Auswertung von u. a. Datenströmen unmittelbar nach deren Erzeugung [LAN15, S. 57, 322]. Ein Ziel vor dem Hintergrund der Instandhaltung ist es dabei, automatisiert Wissen über das Auftreten kritischer Situationen in technischen Systemen anhand von kontinuierlich anfallenden Sensorsignalen ableiten zu können und unmittelbar Meldungen oder Warnungen hierzu zu generieren [LAN15, S. 322]. Oft genügt jedoch eine Ergebnisbereitstellung zur rechten Zeit. Eine Forderung nach Analysen mit möglichst niedriger Latenzzeit wird hingegen bspw. bei der Erkennung betrügerischer Kontobewegungen oder dem Handel mit Wertpapieren gefordert [LAN15, S. 59]. Gleichwohl geht mit zunehmender Latenzzeit auch eine Abnahme des Datenwerts einher, wie Abbildung 9 verdeutlicht. Die Aktionszeit ist die erforderliche Zeitspanne, um mittels datenbasierter Analytik auf Ereignisse reagieren zu können. Vier verschiedene Zeitintervalle wirken dabei auf die Aktionszeit ein. Die Datenlatenz ist das Zeitintervall zwischen einem Ereignis und dem Zeitpunkt, an dem die Daten für die Analyse zur Verfügung stehen. Während der Zeitspanne der Analyselatenz findet die Auswertung der Daten statt. Die Ergebnisse werden innerhalb der Entscheidungslatenz für die Entscheidungsfindung herangezogen. In diesem Schritt müssen die Analyseergebnisse verstanden werden, um in geeigneter Form reagieren zu können. Basierend auf der entsprechenden Entscheidung erfolgt schließlich die Umsetzung konkreter Maßnahmen in der Zeitspanne der Umsetzungslatenz. [HAC02, S. 24-25], [KEM10, S. 91-92] Abbildung 9 ist als generelles Muster zu verstehen, da die Relevanz der Aktionszeit und die relativen Anteile der jeweiligen Latenzzeiten abhängig vom Anwendungsfall schwanken können [KEM10, S. 91]. Letztlich bestimmt die zugrundeliegende Anwendung, wie echtzeitnahe datenbasiertes Wissen bzw. eine Vorhersage vorliegen muss und welche Flexibilität der Aktionszeit eingeräumt werden kann.

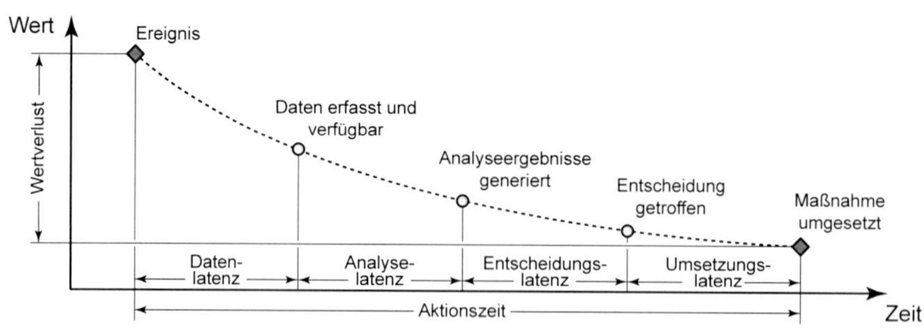

Abb. 9: Beispielhafter Wertverlust von Daten über eine Abfolge von Verarbeitungsschritten, vom Ereignis bis zur Maßnahme nach [HAC02, S. 24], [KEM10, S. 91], [LAN15, S. 60]

Die prädiktive oder vorhersagende Analytik beschäftigt sich mit datenbasierten Prognosen, ermöglicht durch die Berechnung von Eintrittswahrscheinlichkeiten zukünftiger Ereignisse [GON17, S. 290]. Aus- oder Vorhersagen zu möglichen Ereignissen oder Zuständen müssen dabei aber nicht ausschließlich auf die Zukunft ausgerichtet sein, sondern können sich allgemein auf unbekannte Ereignisse beziehen, denn auch ein vergangener oder gegenwärtiger Wert einer Zielgröße kann relevant und bisher unerschlossen sein. Zukünftige Werte sind hingegen grundsätzlich unbekannt. [ECK07, S. 5], [LAN15, S. 57] Ein Einsatzfeld der prädiktiven Analytik ist die voraussagende Instandhaltung (vgl. Unterabschnitt 2.2.1, S.30) [HÄN17, S. 14]. Die letzte Komplexitätsstufe des Analytikreifegrads – die präskriptive Analytik – hat schließlich das Ziel, anhand von Daten die optimalen Handlungsempfehlungen zur Erreichung eines Geschäftsziels abzuleiten. Dies stellt die höchste Form der Entscheidungsunterstützung in einem Unternehmen aus der Anwendungsperspektive dar. [GON17, S. 289], [LAN15, S. 57]

Stream-Verarbeitung

Vor dem Hintergrund einer signifikanten Steigerung des Einsatzes von zusätzlicher Sensorik in vernetzten Produktionssystemen wird der echtzeitnahen Verarbeitung von sehr großen Datenströmen sowie der damit einhergehenden Verdichtung von Daten zu höherwertigem Wissen mittelfristig eine wichtige Rolle zugeschrieben [KAG13, S. 95]. Anders als in klassischen Analyseszenarien, bei denen Daten in gespeicherter Form vorliegen und Auswertungen sequenziell in mehrfachen Iterationen möglich sind, kann es bei sehr großen Datenströmen mit hohen Datenraten notwendig sein, diese direkt und ohne vorherige Speicherung und Aufbereitung zu verarbeiten (Stream-Verarbeitung). Solche großen Datenströme sind von geringer Persistenz gekennzeichnet, wodurch eine starke Einschränkung hinsichtlich deren Analyse resultiert – die Werte im Datenstrom können schließlich nur ein einziges Mal und genau zu einem festgelegten Zeitpunkt betrachtet und verarbeitet werden, andernfalls sind die darin enthaltenen Informationen für immer verloren [LES14, S. 131]. Die Stream-Verarbeitung kann daher der echtzeitnahen Analytik zugeordnet werden. [LAN15, S. 61]

Edge-Computing und Analytik auf eingebetteten Systemen

Das Senden der gesamten Datenmengen aller Sensoren und IoT-Geräte eines Unternehmens in die Cloud kann zu einer Überlastung der bestehenden Informations- und Kommunikationsinfrastruktur führen [HAR17, S. 95]. Edge-Computing bezeichnet eine effiziente, kontextbezogene Datenanalyse, bei der alle notwendigen Schritte der Datenauswertung lokal auf einem Edge-System (Sensoren, Aktoren, Netzwerkverteiler, Gateways, Steuerungen, Industrierechner etc.) durchgeführt werden, anstatt die gesamten Daten an eine zentralisierte Rechenumgebung bzw. die Cloud zu übertragen. [HAA18, S. 47], [HAR17, S. 95] Die Rechen- und Speicherressourcen rücken also an den „Rand" des Internets, in die unmittelbare Nähe der Datenquelle [SAT17, S. 30]. Mit diesem Ansatz können bspw. Daten vorverarbeitet werden, sodass diese weder die Netzwerkverbindung noch das Rechenzentrum aufgrund großer Übertragungsmengen belasten. Durch die physische Nähe zu den zugrundeliegenden Objekten bzw. Anlagen ermöglicht das Edge-Computing zudem eine schnelle Reaktion auf kritische Zustände. [HAA18, S. 47] Durch den Verzicht auf eine übergeordnete, ggf. unternehmensexterne Cloud-Lösung bleiben die Daten vollständig im Unternehmen und datenschutzrechtliche Fragestellungen spielen keine Rolle. Zudem sind

Edge-Systeme aufgrund deren dezentralen Charakters weniger stark von Netzwerkausfällen, -überlastungen oder Störungen von Cloud-Services betroffen. [SAT17, S. 32]

Eingebettete Systeme (engl. embedded systems) sind Rechenmaschinen, die weitgehend verborgen in einen technischen Kontext integriert [GES14, S. 7] und daher für die Anwendung als Edge-System prädestiniert sind. Diese Systeme kommen bspw. in Haushaltsgeräten, Instrumenten der Medizintechnik sowie der Konsumer- und Automobilelektronik vor [GES14, S. 1] und sind heute in vielen Bereichen omnipräsent – auch wenn diese aufgrund ihrer Einbettung meist kaum bemerkbar sind. Auch im Umfeld des Maschinenbaus sind eingebettete Systeme stark vertreten – bereits jedes zweite Anwenderunternehmen implementiert diese in Maschinen und Anlagen [ZIE08, S. 31]. Charakteristische Merkmale eingebetteter Systeme sind die (wiederholende) Ausführung einer Funktion, das Vorhandensein strikter Randbedingungen hinsichtlich Kosten, Abmessungen, Energieverbrauch etc. sowie ein Reaktionsvermögen in nahezu Echtzeit [GES14, S. 8]. Die primäre Aufgabe eingebetteter Systeme besteht darin, ein System zu steuern, zu regeln oder zu überwachen. Hierzu werden Hard- und Softwarekomponenten kombiniert und in einen technischen Bereich eingebunden. [ZIE08, S. 14] Durch die Implementierung mathematischer Algorithmen oder analytischer Modelle auf eingebetteten Systemen können Daten schnell und dezentral verarbeitet und analysiert werden. Hierfür werden etwa digitale Signalprozessoren (DSP) eingesetzt. [GES14, S. 58] Ein Überblick zu den aktuellen Entwicklungen beim Einsatz von künstlichen neuronalen Netzen auf eingebetteten Systemen ist in Abschnitt 3.4 gegeben.

2.1.4 Künstliche Intelligenz in der Produktion

Der Begriff der künstlichen Intelligenz (KI) zur Beschreibung eines akademischen Fachgebiets hat seinen Ursprung im *Dartmouth Summer Research Project on Artificial Intelligence* (AI), das im Sommer 1956 von John McCarthy et al. organisiert wurde [MCC55]. Dennoch mangelt es mehr als 60 Jahre später an einer allgemeingültigen Definition für den Begriff der KI – einerseits ist dies durch die Breite des Gebiets begründet, andererseits stellt allein die Definition der „Intelligenz" eine Herausforderung dar. Konsens besteht zumindest darin, KI als ein Teilgebiet der Informatik zu behandeln. Etabliert hat sich zudem eine Unterteilung in zwei Formen, die schwache KI (engl. weak oder narrow AI) und die starke KI (engl. strong AI) [BUX19, S. 6]. Starke KI-Systeme weisen vergleichbare kognitive Fertigkeiten wie der Mensch auf bzw. können dessen geistige Leistung sogar übertreffen [BUN18, S. 4]. Die Fähigkeit zu Bewusstsein oder Empathie sind typische Eigenschaften, die eine starke KI kennzeichnen [BUX19, S. 6]. Als schwache KI werden hingegen Lösungen konkreter und abgrenzbarer Problemstellungen bezeichnet, die mittels Informatik und mathematischer Methoden beschrieben werden und die zur Selbstoptimierung befähigt sind [BUN18, S. 4], [BUX19, S. 6-7]. Diese Begriffsdefinitionen aus der nationalen KI-Strategie der Bundesregierung [BUN18] werden im Weiteren verwendet, wobei in dieser Arbeit der Schwerpunkt bei der schwachen KI liegt.

Das maschinelle Lernen (engl. machine learning, ML) ist ein Zweig der KI, der Algorithmen beinhaltet, die es Computersystemen ermöglichen, Zusammenhänge aus Daten abzuleiten [HOS20, S. 2]. Arthur Samuel prägte 1959 den Begriff des ML [SAM67]. Er konstatierte das Problem der automatischen Programmierung als eine der zentralen Fragen der Informatik. Koza et al. greifen diese Aussage später auf und formulieren die Aufgabenstellung, wie Computer lernen können Probleme zu lösen, ohne explizit dafür programmiert worden zu sein [KOZ96, S. 153]. Heutige ML-Modelle liefern hierfür entsprechende Lösungsansätze und ermöglichen es, innerhalb des Hypothesenraums automatisch nach Mustern zu suchen und diese anhand des Rückkopplungssignals zu korrigieren [GHA19, S. 1]. Das ML befasst sich somit insgesamt mit der künstlichen Erzeugung von Regeln oder Modellen anhand von Beispielen und ermöglicht die automatische Extraktion von Wissen aus Erfahrung bzw. Daten [LAN19b, S. 177]. Dabei umfasst dieser Zweig der KI ein breites Anwendungsspektrum, einschließlich der Betrugserkennung, Finanzmarktanalysen, der Bilderkennung sowie der Verarbeitung natürlicher Sprache (natural language processing) [HOS20, S. 2].

Die traditionellen Techniken des statistischen ML sind in ihrer Fähigkeit begrenzt, natürliche Daten in Rohform zu verarbeiten und stoßen insbesondere bei der Lösung komplexer menschlicher Wahrnehmungsprobleme wie der Bildklassifikation, der Text-zu-Sprache-Übersetzung (Sprachsynthese) oder der Handschrifterkennung an ihre Grenzen [GHA19, S. IX], [HOS20, S. 2]. Das tiefe bzw. mehrschichtige Lernen (engl. deep learning, DL) ist ein Teilbereich des ML, der insbesondere auf künstlichen neuronalen Netzen mit zahlreichen versteckten Schichten (engl. hidden layers) zwischen Ein- und Ausgabeschicht des Netzwerks basiert und sich das Lernen aus Repräsentationen bzw. Merkmalen von Daten (engl. features) zunutze macht [BEN13], [DÖB18, S. 45], [HOS20, S. 2], [SCH15, S. 4]. Der Begriff „Deep" impliziert dabei die relativ große Zahl an Schichten, die bei einem DL-Modell verwendet werden [GHA19, S. IX]. In einer DL-Architektur kann die Ausgabe jeder Schicht als eine Repräsentation der ursprünglichen Eingabedaten betrachtet werden. Jede Schicht verwendet die von der vorherigen Schicht erzeugten Repräsentationen (beginnend mit der Eingabeschicht) als Eingangswerte und generiert daraus anhand spezifischer Gewichte neue Merkmale auf einer höheren, etwas abstrakteren Ebene als Ausgangswerte. Mit der Komposition von genügend solcher Transformationen können sehr komplexe Merkmale und somit Schlussfolgerungen gelernt werden [GHA19, S. IX], [HOS20, S. 2]. Für spezielle Wahrnehmungsaufgaben hat sich das DL als besser erwiesen als konventionelle Algorithmen des maschinellen Lernens. Für andere Bereiche gilt es, dies noch nachzuweisen. [GHA19, S. IX]

Das Mengendiagramm in Abbildung 10 zeigt die Beziehungen zwischen den beschriebenen KI-verwandten Themen in Form einer Taxonomie.

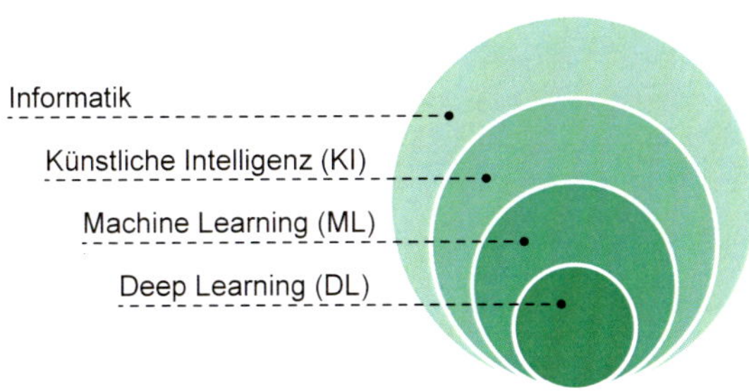

Abb. 10: Einordnung der KI-Begriffe nach [HAT19, S. 8], [SCH20, S. 25]

Im produzierenden Gewerbe verspricht der Einsatz von KI ein hohes Potenzial für die künftige Wertschöpfung. Laut einer Studie im Auftrag des *BMWi* im Rahmen der Begleitforschung zum Technologieprogramm *PAiCE* ist in Deutschland damit eine zusätzliche Bruttowertschöpfung in Höhe von ca. 31,8 Mrd. Euro innerhalb der nächsten fünf Jahre verbunden [SEI18, S. 5]. Dennoch kommt eine Umfrage des *Fraunhofer IAO* zu dem Ergebnis, das bisher nur ca. 16 % der 309 hierzu befragten Unternehmen KI-Anwendungen im Einsatz haben – bei den kleinen und mittleren Unternehmen (KMU) sind es gerade einmal 9 %. Zumindest 59 % der Unternehmen setzen sich bereits mit dem Thema auseinander, die verbleibenden 25 % haben sich hingegen bisher noch nicht mit KI beschäftigt. [DUK19, S. 27-28] Als größtes Hemmnis bei der Umsetzung im produzierenden Gewerbe werden fehlende interne Kompetenzen und Fachkräfte genannt [SEI18, S. 30]. Daneben sind laut einer *IHK*-Umfrage, an der sich 232 Unternehmen beteiligt haben, fehlende Kooperationspartner, ein unklarer Mehrwert der KI-Anwendungen, eine mangelhafte Datenbasis sowie die mit der KI-Einführung verbundenen Investitionen weitere große Hürden [SEN20, S. 5]. [SCH20, S. 25]

Abbildung 11 zeigt die wichtigsten Anwendungsfelder im produzierenden Umfeld bei denen die KI bereits heute im Einsatz ist. Ausführliche Erläuterungen zu den einzelnen Bereichen sowie eine Zuordnung der für das jeweilige Anwendungsfeld relevanten KI-Werkzeuggruppen sind in der Studie „Einsatzfelder von künstlicher Intelligenz im Produktionsumfeld" der *Fraunhofer*-Institute *IAO* und *IPA* nachzulesen. [HAT19, S. 14] Im Rahmen dieser Arbeit wird das Anwendungsfeld der Instandhaltung thematisiert.

Abb. 11: Anwendungsfelder der KI im Produktionsbereich nach [HAT19, S. 14]

2.1.5 Künstliche neuronale Netze

Die ersten Artikel über künstliche neuronale Netze (KNN) wurden bereits vor über 50 Jahren veröffentlicht. Seitdem werden KNN aus verschiedenen Richtungen der Forschung beleuchtet und haben erfolgreich Einzug in die unterschiedlichsten Anwendungsbereiche gehalten. [SIL17, S. 3-5] Bei KNN handelt es sich um informationsverarbeitende Systeme, die durch das biologische Nervensystem inspiriert sind und dessen Architektur und Funktionsweise nachbilden [KLÜ12, S. 115-116]. Dadurch ermöglichen KNN die Erzeugung und Erhaltung von Wissen aus Informationen [SIL17, S. 5] und werden somit dem maschinellen Lernen zugeordnet. Eine besondere Fähigkeit der KNN beruht auf dem universellen Approximations-Theorem (Kolmogorov 1957), welches besagt, dass ein mehrlagiges Perzeptron (engl. multilayer perceptron, MLP) mit nur einer einzigen verborgenen Schicht in der Lage ist, jede stetige Funktion zu approximieren [SIL17, S. 87]. Neben der Fähigkeit, Beziehungen aus einer Menge von Daten zu Erlernen, sind weitere Schlüsselmerkmale von KNN deren Anpassungsvermögen in Bezug auf neu präsentierte Datensätze sowie deren Befähigung zur Verallgemeinerung der erlernten Erkenntnisse zur zuverlässigen Bewertung unbekannter Eingangsdaten [SIL17, S. 5-6]. Die Modellierung mittels KNN erfolgt somit häufig, wenn die analytische Interpretation eines betrachteten Systems nur eingeschränkt möglich ist und traditionelle Modelle nicht ausreichen, um die zugrundeliegenden Beziehungen angemessen wiederzugeben [KÜB17, S. 33], [SIL17, S. 8].

Die Verarbeitungseinheiten, die als künstliche Neuronen bezeichnet werden, sind vereinfachte Modelle biologischer Neuronen. Inspiriert wurden diese Modelle durch die Erkenntnisse bei der Untersuchung biologischer Neuronen, insbesondere durch Erzeugung und Weiterleitung elektrischer Impulse der Zellmembran eines Neurons. Das einfachste Neuronenmodell, das die Hauptmerkmale des biologischen Vorbilds – Parallelität und hohe Konnektivität – aufweist, wurde 1943 von McCulloch und Pitts beschrieben. Auch heutige KNN basieren meist auf der Vernetzung vieler solcher McCulloch-Pitts-Neuronen. [SIL17, S. 11-12]

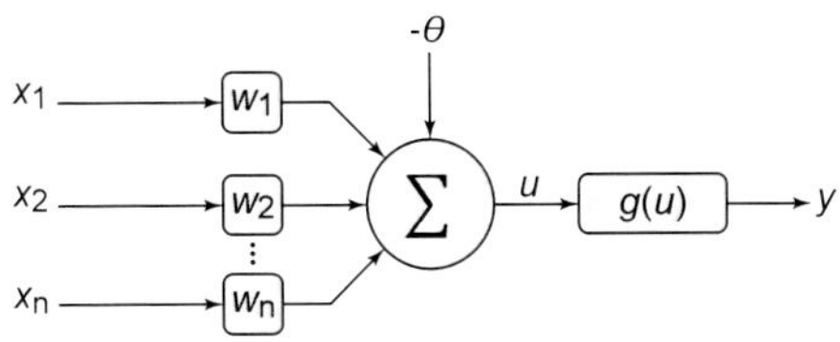

Abb. 12: Schema für ein künstliches Neuron nach [SIL17, S. 12]

Dieses Neuronenmodell, dargestellt in Abbildung 12, bildet das Grundelement für den Aufbau komplexer KNN. Die Menge $\{x_1, x_2, ..., x_n\}$ bildet die Eingangssignale ab. Um die Relevanz der Eingänge $\{x_i\}$ zu berechnen, wird an den Knotenpunkten des Netzwerks eine zugehörige Menge an Gewichten $\{w_1, w_2, ..., w_n\}$ hinterlegt, die mit den entsprechenden Eingangssignalen multipliziert wird. Je nach Vorzeichen dieser Gewichte kann die Eingabe gehemmt oder verstärkt werden. Beträgt der Wert eines Gewichts 0, wird das zugehörige Eingangssignal nicht berücksichtigt. Zu der gewichteten Summe der Eingangssignale, als Ergebnis der Übertragungsfunktion, wird der negative Schwellwert θ addiert, woraus das Aktivierungspotenzial u des künstlichen Neurons resultiert [SIL17, S. 12-13]:

$$u = \sum_{i=1}^{n} x_i \cdot w_i - \theta \tag{2-2}$$

Die Ausgabe oder Aktivierung y des Neurons wird anschließend durch die Aktivierungsfunktion $g(u)$ festgelegt [SIL17, S. 12-13]:

$$y = g(u) \tag{2-3}$$

Die Ausgabe kann wiederum als Eingang für nachgelagerte Neuronen dienen [SIL17, S. 12]. Im Gegensatz zu seinem biologischen Vorbild besitzt das künstliche Neuron somit die Möglichkeit, unterschiedliche Funktionen zur Aktivierung zu verwenden. Abhängig von der Problemstellung können Aktivierungsfunktionen entweder linear oder nichtlinear sein. Die Wahl dieser Funktion ist dabei ein entscheidender Faktor für die Qualität der Ergebnisse des Modells. [NWA18, S. 3-4] Je nach Aufgabenstellung bieten sich unterschiedliche Funktionstypen an, eine Übersicht zu den grundlegenden Aktivierungsfunktionen ist in Abbildung 13 dargestellt. Eine ausführliche Gegenüberstellung der aktuell im Bereich des Deep Learning eingesetzten Aktivierungsfunktionen geben Nwankpa et al. [NWA18].

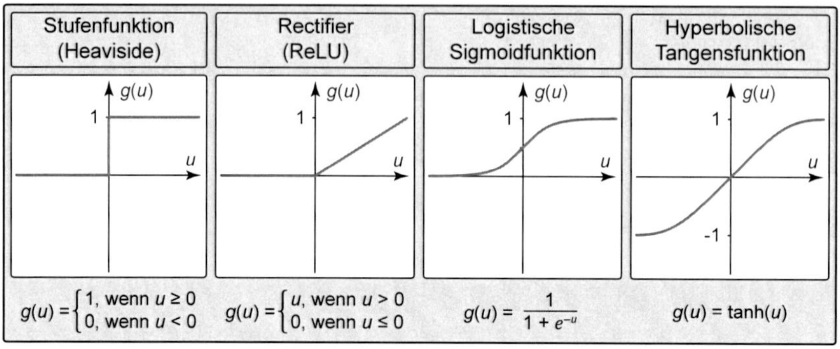

Abb. 13: Übersicht zu den relevanten Aktivierungsfunktionen nach [BEH03, S. 78], [KÜB17, S. 35], [SIL17, S. 13-18]

Die Architektur eines KNN wird durch die unterschiedlichen Anordnungsmöglichkeiten der Neuronen bzw. deren Beziehungen zueinander festgelegt. Die Netztopologie beschreibt hingegen die strukturellen Eigenschaften eines Netzwerks wie die Neuronenanzahl in den verschiedenen Schichten sowie deren Verbindungen und Aktivierungsfunktionen. Im Allgemeinen lassen sich KNN in drei Abschnitte unterteilen: die Eingabeschicht, die verdeckten oder verborgenen Schichten und die Ausgabeschicht. Insbesondere die verdeckten Schichten sind dabei für das Extrahieren der Muster und Zusammenhänge aus den zugrundeliegenden Daten und somit für das Abstraktionsvermögen der Netze zuständig, jedoch ebenso für den Großteil des Rechenaufwands verantwortlich. [SIL17, S. 21-22]

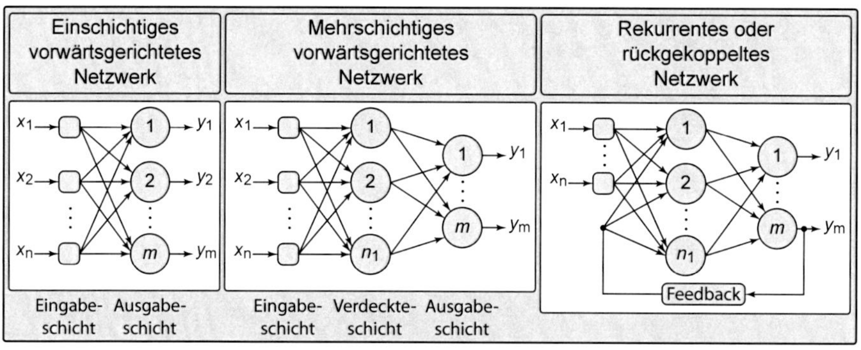

Abb. 14: Übersicht zu den relevanten Netzarchitekturen nach [SIL17, S. 22-24]

In Abbildung 14 sind typische Netzarchitekturen aufgeführt. Bei den vorwärtsgerichteten Architekturen fließen die Informationen ausschließlich in eine Richtung (unidirektional), in den dargestellten Beispielen von links nach rechts durch das Netzwerk. Das einschichtige Netzwerk besitzt dabei nur eine Schicht aus künstlichen Neuronen, die Ausgabeschicht. Mehrschichtige Netzwerke weisen neben der Ausgabeschicht eine oder mehrere verdeckte Schichten aus künstlichen Neuronen auf und erweitern damit je nach Tiefe dieser Schichten den Abstraktionsgrad. Je tiefer ein Netzwerk, desto höher die Anzahl der verdeckten Schichten. Weit verbreitet unter dieser Architektur ist das MLP. Die Architektur der rekurrenten Netzwerke zeichnet sich durch Verbindungen von Neuronen einer Schicht zu Neuronen dieser bzw. einer vorangegangenen Schicht aus. Diese Rückkopplungsfunktion qualifiziert diese Architektur zur dynamischen Informationsverarbeitung, wie sie etwa bei der Zeitreihenanalyse und -vorhersage benötigt wird. [SIL17, S. 22-24]

Damit KNN für bestimmte Eingaben passende Ausgaben erzeugen, müssen diese anhand einer entsprechenden Datenbasis trainiert werden. Hierzu dienen sogenannte Lernverfahren, wobei sich drei grundlegende Strategien etabliert haben. Das überwachte, das unüberwachte und das bestärkende Lernen. Beim überwachten Lernen liegen die geforderten Ausgaben für einen Satz von Eingabedaten zur Verfügung und die Netzwerkausgabe wird durch einen Soll-Ist-Vergleich optimiert. Das unüberwachte Lernen erfordert hingegen keine zusätzlichen Informationen zu den gewünschten Ausgaben und versucht in den Eingabedaten Muster oder Zusammenhänge zu erkennen, um die Netzwerkausgabe auf diese hin zu trainieren. Das bestärkende Lernen ist darauf zurückzuführen, dass nicht immer Eingabedaten für geforderte Ausgaben verfügbar sind. Bei dieser Strategie wird eine Nutzenfunktion durch positive oder negative Belohnungen approximiert und die Netzwerkausgabe entsprechend adaptiert. [SIL17, S. 25-27]

Das Trainieren von mehrlagigen KNN, wie sie in dieser Arbeit verwendet werden erfolgt in der Regel anhand der sogenannten Fehlerrückführung (engl. backpropagation), einer Verallgemeinerung der Delta-Regel [SIL17, S. 57]. Dabei handelt es sich um ein Gradienten-Abstiegsverfahren, basierend auf dem mittleren quadratischen Fehler [SIL17, S. 44]. Mit dem zugrundeliegenden Algorithmus kann ein lokales Minimum ermittelt werden. Die zu Beginn zufällig initialisierten Gewichte werden hierzu durch Berechnung des Gradienten iterativ korrigiert. Der Fehler wird anhand von Netzausgabe und Zielwert ermittelt. Ergibt sich dabei eine Abweichung, die kleiner als ein definierter Grenzwert ist, so wird die Trainingsphase beendet (Abbruchkriterium). Ist die Abweichung größer als der Grenzwert, wird der Fehler rückwärts, also von der Ausgabeschicht über die verdeckten Schichten bis hin zur Eingabeschicht propagiert und die synaptischen Gewichte abhängig von deren Einfluss auf den Fehler angepasst. Durch Wiederholung dieses Vorgangs werden die Gewichte solange verändert, bis der Fehler den Grenzwert nicht mehr überschreitet und das Modell optimal auf die Trainingsdaten angepasst ist. [KIN94, S. 39-43], [KÜB17, S. 38-39], [RAS17, S. 52-53]

Zu den etablierten Methoden aus dem Bereich der prädiktiven Analytik zählen die Klassifikation und die Regression. Bei der Klassifikation liegt das Ziel in der Erzeugung eines Modells (Klassifikator), welches Werte zu vorgegebenen Klassen bzw. Kategorien zuordnen kann. Diese Werte können dabei keiner, exakt einer oder auch mehreren Klassen angehören. Die Regression hat die Aufgabe, ein numerisches Zielattribut anhand gegebener Werte (Prädiktoren) vorherzusagen. [LAN15, S. 64-65] Sowohl die Klassifikation als auch die Regression sind dem überwachten Lernen zuzuordnen. Beide Methoden kommen im Rahmen dieser Arbeit zum Einsatz und basieren dabei jeweils auf Modellen künstlicher neuronaler Netze.

Kennzahlen zur Beurteilung künstlicher neuronaler Netze

Um festzustellen, ob das trainierte KNN-Modell auch unbekannte Daten korrekt verarbeitet, also die Fähigkeit der Generalisierung besitzt, wird der Datenbestand vor dem Lernvorgang in Trainings- und Validierungsdaten aufgeteilt. Dabei ist zu beachten, dass dem

Lernalgorithmus durch die Aufteilung möglicherweise relevante Informationen vorenthalten werden. In der Praxis sind Aufteilungsverhältnisse von 60:40, 70:30 oder 80:20 üblich – abhängig von der Größe der Gesamtdatenmenge. [RAS17, S. 32, 119]

Zur Überprüfung der Güte eines Lernalgorithmus gibt es verschiedene Bewertungsmaße. Die Beurteilung eines Klassifikators ist mit Hilfe der sogenannten Wahrheitsmatrix (auch Konfusionsmatrix) möglich. Dabei handelt es sich um eine quadratische Matrix, in der richtig positive (r_p), richtig negative (r_n), falsch positive (f_p) und falsch negative (f_n) Zuordnungen quantitativ gegenübergestellt sind. Anhand der relativen Häufigkeiten dieser Zuordnungen können Metriken für die Beurteilung des Klassifikators abgeleitet werden. [RAS17, S. 193-194] Abbildung 15 zeigt die Wahrheitsmatrix eines binären Klassifikators. Im Folgenden werden die in dieser Arbeit verwendeten Bewertungsmaße beschrieben. Hierzu gehören die Genauigkeit (engl. precision), die Sensitivität (engl. recall), das F-Maß sowie die Korrektklassifizierungsrate (engl. accuracy). [RAS17, S. 195-196]

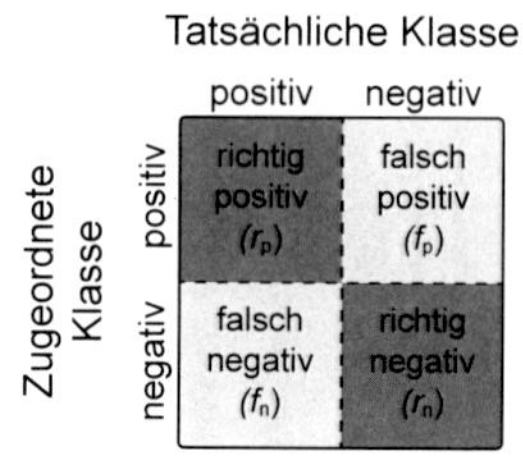

Abb. 15: Wahrheits- oder Konfusionsmatrix zur Beurteilung eines Klassifikators nach [RAS17, S. 194]

Die Genauigkeit (*GEN*) stellt das Verhältnis der korrekt als positiv zugeordneten Werte zu der Gesamtheit der als korrekt zugeordneten Werte dar.

$$GEN = \frac{r_p}{r_p + f_p} \tag{2-4}$$

Die Sensitivität (*SEN*) beschreibt die Wahrscheinlichkeit, mit der ein richtig positiver Wert korrekt als positiv zugeordnet wird. Ein Synonym für die Sensitivität ist daher die Richtig-Positiv-Rate.

$$SEN = \frac{r_p}{r_p + f_n} \tag{2-5}$$

Das F-Maß (F_1) kombiniert Genauigkeit und Sensitivität anhand des gewichteten harmonischen Mittels.

$$F_1 = 2 \cdot \frac{GEN \cdot SEN}{GEN + SEN} \tag{2-6}$$

Die Korrektklassifizierungsrate (*KKR*) entspricht der Anzahl an korrekt eingestuften Werten geteilt durch die Gesamtanzahl der Zuordnungen. Anhand dieser Metrik erfolgt die abschließende Beurteilung der in dieser Arbeit erstellten Klassifikatoren.

$$KKR = \frac{\text{Anzahl korrekter Vorhersagen}}{\text{Gesamtanzahl der Vorhersagen}} = \frac{r_p + r_n}{r_p + r_n + f_p + f_n} \tag{2-7}$$

Für die Beurteilung der Anpassungsgüte einer Regression werden in der Literatur je nach Anwendungsfall unterschiedliche Kennzahlen diskutiert. Häufig verwendete Qualitätsmaße sind die mittlere quadratische Abweichung (engl. mean square error, *MSE*) bzw. deren

Wurzel (engl. root mean square error, *RMSE*) [GÉR18, S. 37]. Wenn ein Vektor von n Vorhersagen aus einer Stichprobe von n Datenpunkten für alle Variablen erzeugt wird, wobei Y_i der Vektor der tatsächlichen Werte und $\hat{Y}_i$ der Vektor der vorhergesagten bzw. zugeordneten Werte ist, berechnet sich der *RMSE* wie folgt [GÉR18, S. 37]:

$$RMSE = \sqrt{MSE} = \sqrt{\frac{1}{n}\sum_{i=1}^{n}\left(\hat{Y}_i - Y_i\right)^2} \tag{2-8}$$

Der *RMSE* entspricht der Größe des Fehlers, den das Modell im Mittel bei Zuordnungen macht. Große Fehler werden dabei höher gewichtet. [GÉR18, S. 37] Befinden sich viele Ausreißer unter den Daten, kann daher auf ein weiteres etabliertes Qualitätsmaß, den mittleren absoluten Fehler (engl. mean absolute error, *MAE*), zurückgegriffen werden [GÉR18, S. 39]:

$$MAE = \frac{1}{n}\sum_{i=1}^{n}\left|\hat{Y}_i - Y_i\right| \tag{2-9}$$

Der *MAE* gibt die mittlere absolute Abweichung an, wobei alle Werte gleich gewichtet werden. Der *MAE* reagiert somit unempfindlicher auf Ausreißer als der *RMSE*. [GÉR18, S. 39] Diese skalenabhängigen Qualitätsmaße sind zuverlässig, wenn verschiedene Methoden auf Basis eines Datensatzes gegenübergestellt werden. Findet ein Vergleich über mehrere Datensätze hinweg statt, die zudem unterschiedliche Skalen aufweisen, sind skalenunabhängige Metriken wie die mittlere absolute prozentuale Abweichung (engl. mean absolute percentage error, *MAPE*) zu bevorzugen. [HYN06, S. 7] Bei tatsächlichen Werten nahe Null kann dieses Maß jedoch unverhältnismäßig groß werden. Mathematisch lässt sich der *MAPE* wie folgt darstellen [HYN06, S. 8-9]:

$$MAPE = \frac{1}{n}\sum_{i=1}^{n}\left|\frac{\hat{Y}_i - Y_i}{Y_i}\right| \tag{2-10}$$

Eine weitere Beurteilungsmöglichkeit ist der Vergleich mit dem Ergebnis einer Benchmark-Methode. Dabei werden häufig einfache Methoden wie die Mittelwert-Methode oder das Zufallsweg-Modell (engl. random walk) verwendet. Bei der Mittelwert-Methode entspricht der Vorhersagewert dem Mittelwert aller tatsächlichen Werte. [HYN06, S. 10-11]

Das Bestimmtheitsmaß R^2 ist ein weit verbreitetes und anschauliches Maß für die Bewertung von Regressionsmodellen. Mit R^2 wird der Anteil an der Gesamtvarianz des Datensatzes dargestellt, der durch das Regressionsmodell erklärt werden kann. Da diese Metrik jedoch weder die Komplexität des Modells noch die Anzahl der tatsächlichen Werte (Größe der Stichprobe) berücksichtigt, ist dessen Einsatz als einziges Beurteilungskriterium nicht zu empfehlen. [BAC16, S. 84-85] Da R^2 als eine normalisierte Version des *MSE* betrachtet werden kann und *MSE* zudem als Verlustfunktion in dieser Arbeit verwendet wird, wird R^2 für die Ergebnisbewertung nicht zusätzlich berücksichtigt. Neben *MSE* werden jedoch *MAPE* und die Mittelwert-Methode zur Beurteilung der Regressionsmodelle herangezogen. Eine weiterführende Gegenüberstellung dieser sowie weiterer Genauigkeitsmaße für univariate Zeitreihenprognosen diskutieren Hyndman et al. [HYN06].

Fazit zu den künstlichen neuronalen Netzen

Aufgrund der genannten Eigenschaften ermöglichen KNN die Erfassung von Zusammenhängen in komplexen Systemen, wie sie in Fertigungsprozessen vorkommen [KÜB17, S. 40], [SIL17, S. 4]. Durch ihren besonderen Aufbau können KNN hochgradig parallelisiert arbeiten und Informationen sowohl inhaltsbezogen als auch assoziativ speichern. Zusammenhänge aus Beispieldaten können somit erlernt werden, ohne das ein zugrundeliegendes Prozessmodell bekannt ist. Durch die verteilte Wissensrepräsentation in der Netzstruktur reagieren KNN zudem tolerant auf unvollständige oder unbekannte Daten. [KÜB17, S. 40]

Die universelle Approximationsfähigkeit dieser Systeme ist eng verbunden mit einer wichtigen Limitation von KNN – dem „Black-Box-Charakter“. Dieser bezeichnet die oftmals nur sehr eingeschränkte Interpretierbarkeit und Transparenz trainierter, insbesondere sehr tiefer Modelle. Das Phänomen ist v. a. durch die datenbasierte Modellbildung, also dem Lernen aus Beispielen begründet, aus der komplexe Zusammenhänge resultieren können, deren Nachvollziehbarkeit nicht ultimativ möglich ist. [BUX19, S. 17-18] Der Qualität der Trainingsdaten kommt daher eine besondere Bedeutung zu. Neben den Aufwänden bei der Erzeugung einer geeigneten Datenbasis bzw. deren Aufbereitung, der empirisch basierten Auswahl der Netzwerkarchitektur und der Gestaltung der Netztopologie kann je nach verfügbarer Rechenleistung auch das Training des KNN zeitaufwendig sein. [KÜB17, S. 40], [MIC19, S. 32-33] Eine Zusammenfassung der wichtigsten Vor- und Nachteile von KNN ist in Tabelle 1 aufgeführt.

Positive Aspekte künstlicher neuronaler Netze	Negative Aspekte bzw. Limitationen künstlicher neuronaler Netze
Autonomes Lern- und Anpassungsvermögen	Unsicherheit der Konvergenz in der Lernphase
Generalisierungsfähigkeit	Anfälligkeit zur Überanpassung (Overfitting)
Fehlertoleranz	Teils hohe Rechenaufwände und -zeiten
Vielfältige Einsatzmöglichkeiten	Teils Notwendigkeit großer Datenmengen
Anwendbarkeit ohne mathematisches Prozessmodell	Empirikbasierte Modellentwicklung mit fehlender Standardisierung und Methodik
Abbildungfähigkeit linearer und nichtlinearer Zusammenhänge	Eingeschränkte Nachvollziehbarkeit (Black-Box-Charakter)

Tab. 1: Gegenüberstellung der relevanten positiven und negativen Aspekte künstlicher neuronaler Netzwerke nach [KÜB17, S. 40], [MIS14, S. 2], [SIL17, S. 5-6, 8]

Rekurrente neuronale Netze (RNN)

Aufgrund der besonderen, auf Rückkopplungsfunktionen basierenden Topologie verfügen RNN über eine Art Gedächtnis und sind deshalb prädestiniert für die Verarbeitung sequentieller Daten bzw. Zeitreihen wie Schrift, Tonsignale oder elektrische Stromprofile [DÖR18, S. 126], [PAP19, S. 195]. Dieses für RNN charakteristische Erinnerungsvermögen ermöglicht es, vergangene Datenpunkte bei der Berechnung eines aktuellen Ausgabewertes zu berücksichtigen. Dadurch bleiben die bei sequentiellen Daten auftretenden zeitlichen Abhängigkeiten erhalten. [THO20, S. 449] RNN weisen verschiedene Formen der Rückkopplung auf. Bei der direkten Rückkopplung ist ein künstliches Neuron über eine Kante mit sich selbst verbunden, bei der indirekten Rückkopplung besteht die Verbindung zu einem Neuron aus der vorherigen Schicht. Erfolgt die Verbindung eines Neurons mit einem weiteren in der gleichen Schicht, handelt es sich um eine seitliche Rückkopplung. [DÖR18, S. 126] Einen umfangreichen Überblick zu den unterschiedlichen Formen der RNN geben Lipton et al. [LIP15].

Ähnlich zu den anderen Netzarchitekturen weisen auch RNN das Problem des verschwindenden Gradienten auf, wenn diese mit einem gradientenbasierten Lernverfahren und der Fehlerrückführung trainiert werden. Fehlerkorrekturen, die im Lernprozess als Resultat eines Vergleichs von Netzwerkausgabe und Zielgröße rückwärts durch das Netz propagieren, um dabei die Gewichte anzupassen, werden kleiner, je tiefer im Netz zurückgegangen wird. Bei den RNN wirkt sich dieses Problem auf das Erlernen von Beziehungen über größere Zeitbereiche aus. [PAP19, S. 196] In der Praxis werden Techniken eingesetzt, die dieses Verhalten optimieren und dabei z. B. Erinnerungen aus sowohl kurz- als auch langfristig zurückliegenden Zeitpunkten nutzbar machen [PAP19, S. 196]. Hierzu gehört die Technik des LSTM (engl. long short-term memory), die 1997 von Hochreiter und Schmidhuber vorgestellt wurde und einen relativ konstanten Fehlerfluss ermöglicht [HOC97].

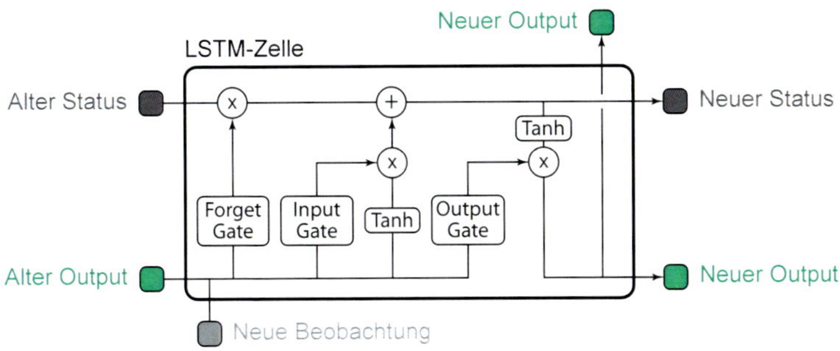

Abb. 16: Aufbau eines LSTM-Moduls nach [GHA19, S. 216], [PAP19, S. 196]

Abbildung 16 zeigt den schematischen Aufbau eines LSTM-Moduls, welches sich im Wesentlichen aus einer inneren Zelle sowie dem Forget Gate, dem Input Gate und dem Output Gate zusammensetzt. Diese Gates ermöglichen es, Informationen kontrolliert durchzulassen. Sie bestehen aus einer Sigmoid-Funktion und einer punktweisen Multiplikationsoperation. Die Sigmoid-Funktion gibt Zahlenwerte zwischen Null und Eins aus, die beschreiben, mit welcher Gewichtung die Information weitergegeben wird. In einem LSTM-Netzwerk ist das dargestellte Modul Teil einer Kette, bestehend aus weiteren LSTM-Modulen. Befindet sich das Modul dabei innerhalb der Kette stammen der alte Status sowie die alte Ausgabe von einem vorherigen Modul und der neue Status sowie die Ausgabe werden als Eingaben für ein darauffolgendes Kettenglied verwendet. Die horizontale Linie im oberen Modulteil beschreibt den Zellenstatus. Dieser durchläuft das Modul sowie die gesamte Kette von links nach rechts und unterliegt dabei Interaktionen. Über das Forget Gate wird unter Berücksichtigung der alten Ausgabe und der neuen Beobachtung gesteuert, welche Information vom Zellenstatus vergessen werden soll. Der Beitrag der neuen Beobachtung zum Zellenstatus wird über das Input Gate kontrolliert. Der neue Zellstatus wird anschließend aus den obsoleten Informationen aus dem alten Status (Forget Gate) sowie den relevanten neuen Beiträgen (Input Gate) berechnet. Die neue Ausgabe besteht aus der verarbeiteten neuen Beobachtung und einem gefilterten Beitrag des neuen Zellenstatus und wird über das Output Gate gesteuert. [GHA19, S. 215-217], [PAP19, S. 197]

Eine vereinfachte Variante der LSTM-Technik wurde 2014 von Cho et al. vorgestellt und trägt die Bezeichnung GRU (engl. gated recurrent unit) [CHO14]. Bei GRU werden Forget und Input Gates zu einem Update Gate kombiniert und ein Reset Gate hinzugefügt. Das Output Gate und der Zellenstatus entfallen. [AGA20, S. 42], [GHA19, S. 217] Das Update Gate ermöglicht es, langfristige Abhängigkeiten in Zeitreihen zu erlernen, während das Reset Gate für das Erkennen kurzfristiger Zusammenhänge ausgelegt ist. Das Update Gate kontrolliert unter Verwendung einer Sigmoid-Funktion, welche neuen Informationen hinzugefügt und welche verworfen werden sollen. Das Reset Gate verwendet ebenfalls eine Sigmoid-Funktion, um zu entscheiden, wie viel von der vergangenen Erinnerung vergessen werden soll. An beiden Gates dienen neue Beobachtungen sowie die Ausgabe des vorangegangen Moduls als Eingangswerte. Das Resultat des Reset Gates und der Tanh-Funktion ist der Kandidatenzustand. Für die Berechnung der neuen Ausgabe wird erneut das Input Gate berücksichtigt. Dieses bestimmt, inwiefern die alte Ausgabe beibehalten wird und inwieweit der Kandidatenzustand verwendet wird. [AGA20, S. 42] Abbildung 17 zeigt den schematischen Aufbau eines GRU-Moduls.

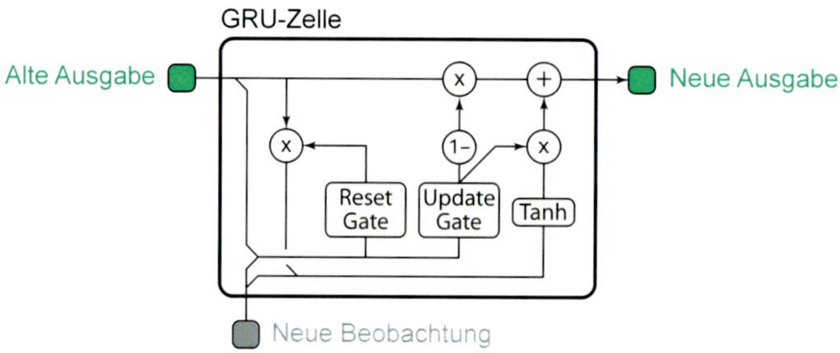

Abb. 17: Aufbau eines GRU-Moduls nach [AGA20, S. 42]

Da GRU eine geringere Anzahl an Parametern aufweisen, sind sie aufgrund der reduzierten Ressourcenauslastung beim Training ideal für tiefere Netze und benötigen zudem weniger Daten für die Generalisierung [AGA20, S. 43]. Eine Aussage, welche der beiden RNN-Varianten für den in dieser Arbeit betrachteten Anwendungsfall besser geeignet ist, lässt sich anhand der Literatur nicht treffen. Chung et al. kommen bei einer Evaluierung beider Varianten an Aufgaben der Modellierung von polyphoner Musik und Sprachsignalen zu dem Ergebnis, dass es von den Daten und der Problemstellung abhängt, ob Netzwerke der Variante LSTM oder GRU die besseren Resultate erzielen [CHU14].

2.2 Zustandsorientierte Instandhaltung

In der DIN 31051 sind die Grundlagen der Instandhaltung festgelegt. Die Instandhaltung wird darin vollständig in die vier Grundmaßnahmen

1. Wartung,
2. Inspektion,
3. Instandsetzung und
4. Verbesserung

untergliedert. Die DIN EN 13306 ergänzt die Norm um die Grundbegriffe der Instandhaltung und unterteilt diese in zwei Kategorien – die präventive und die korrektive Instandhaltung.[9] [DIN18a] Der Begriff Instandhaltung ist in der Norm folgendermaßen definiert:

Instandhaltung:
„Kombination aller technischen und administrativen Maßnahmen sowie Maßnahmen des Managements während des Lebenszyklus eines Objekts, die dem Erhalt oder der Wiederherstellung seines funktionsfähigen Zustands dient, sodass es die geforderte Funktion erfüllen kann". [DIN18a, S. 8]

Anhand dieser Beschreibung lässt sich das Kernziel der Instandhaltung, die Gewährleistung und Optimierung der Anlagen- und Systemverfügbarkeit in der erforderlichen Funktion mit geringen finanziellen Aufwänden ableiten [APE18, S. 38], [DIN18a, S. 6]. In der DIN EN 13306 werden des Weiteren Aspekte der (Arbeits-)Sicherheit, eine Reduzierung der Kosten, die Aufrechterhaltung der Qualität von Produkten und Dienstleistungen, die Berücksichtigung aller Umwelteinflüsse, die Erreichung der Brauchbarkeitsdauer sowie die Anlagenwerterhaltung als Ziele genannt [DIN19, S. 6-9].

Neben den genannten Grundbegriffen werden in dieser Arbeit weitere Bezeichnungen der beiden Normen verwendet. Die Wichtigsten werden im Folgenden erläutert.

Objekt:
Für sich allein beschreibbares Teil, Bauelement, System oder Teilsystem. Eine Menge von Objekten kann ebenfalls als Objekt betrachtet werden [DIN18a, S. 12]. Der Begriff ersetzt das in der Vorgängerversion der DIN 31051 verwendete Synonym der (Betrachtungs-) Einheit [DIN12, S. 7].

Anlage:
Objekt mit einem Wert für eine Organisation, wie etwa eine Fertigungsanlage, eine Maschine etc. [DIN18a, S. 13].

Verfügbarkeit:
Befähigung eines Objekts, eine geforderte Funktion unter gegebenen Bedingungen zu verrichten, unter Voraussetzung der Bereitstellung der hierfür notwendigen externen Ressourcen [DIN18a, S. 17].

Betriebszustand:
„Zustand, in dem ein Objekt die geforderte Funktion erbringt" [DIN18a, S. 33].

Abnutzungsvorrat (*AV*):
Vorrat möglicher Funktionserfüllungen unter definierten Maßgaben, der einem Objekt infolge der Erzeugung, Instandsetzung oder Verbesserung inhärent ist [DIN19, S. 8].

Von wesentlicher Bedeutung in dieser Arbeit ist die zweite Grundmaßnahme der Inspektion, die eine „Prüfung auf Konformität der maßgeblichen Merkmale eines Objekts, durch Messung, Beobachtung oder Funktionsprüfung" [DIN18a, S. 5] beinhaltet. Ebenfalls von Relevanz, in dieser Arbeit jedoch nicht im unmittelbaren Fokus, ist die vierte Grundmaßnahme der Verbesserung, welche die „Kombination aller technischen und administrativen Maßnahmen sowie Maßnahmen des Managements zur Steigerung der immanenten Zuverlässigkeit und/oder Instandhaltbarkeit und/oder Sicherheit eines Objekts, ohne seine

[9] Anmerkung: Änderung immanenter Funktionssicherheitsmerkmale ausgeschlossen [DIN18a]

ursprüngliche Funktion zu ändern“ [DIN18a, S. 6], umfasst und dabei eine Vermeidung von Ausfällen einschließt. [DIN19, S. 36]

2.2.1 Instandhaltungsstrategien

Ein Ausschnitt der Arten der Instandhaltung aus der DIN EN 13306 ist in Abbildung 18 dargestellt. Die für diese Arbeit relevanten Instandhaltungsarten und -tätigkeiten sind dabei farblich hinterlegt und die Abfolge hervorgehoben.

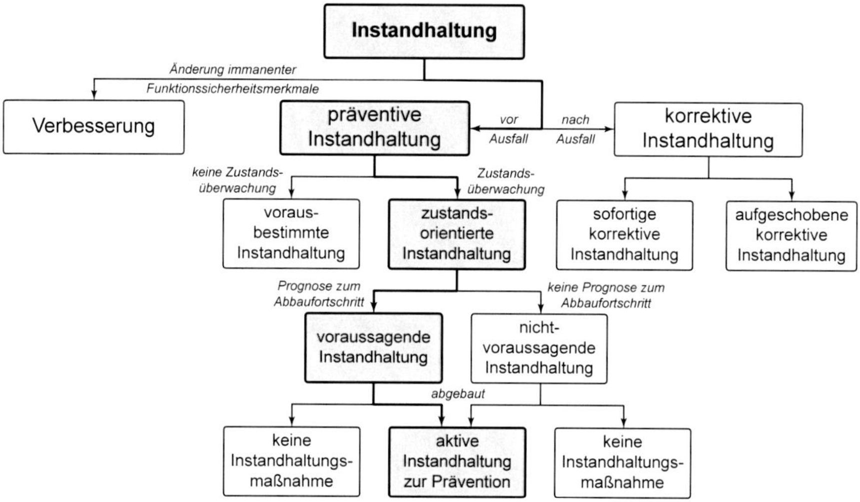

Abb. 18: Arten der Instandhaltung nach [DIN18a, S. 62]

Eine Änderung der inhärenten Funktionssicherheitsmerkmale eines Objekts wird nicht fokussiert, weshalb von der Grundmaßnahme Verbesserung abgesehen wird. Ebenso eine Instandhaltung als Reaktion nach einem Ausfall, also eine korrektive Instandhaltung, wird nicht thematisiert, sodass im Weiteren die präventive Instandhaltung beschrieben wird.

> **Präventive Instandhaltung:**
> „Instandhaltung zur Beurteilung und/oder Verminderung von Abbau und zur Reduzierung der Ausfallwahrscheinlichkeit eines Objekts“. [DIN18a, S. 34]

Die präventive Instandhaltung lässt sich wiederum in zwei unterschiedliche Strategien unterteilen. Die vorausbestimmte Instandhaltung erfolgt ohne vorherige Zustandsermittlung in definierten Zeitabständen, z. B. anhand von Wartungsplänen. Bei sicherheitskritischen Anlagen wie etwa Flugzeugen wird diese Strategie bevorzugt. Die zustandsorientierte Instandhaltung basiert dagegen auf einer Überwachung des aktuellen Objektzustands z. B. mittels Messdatenerfassung und -auswertung und kann nach einem festgelegten Plan, nach Bedarf oder kontinuierlich erfolgen. [DIN18a, S. 35], [TOR11, S. 9] Eine Erweiterung der Zustandsüberwachung um eine anhand wiederholter Analysen abgeleitete Vorhersage, welche den Abbau des Objekts kennzeichnet, führt schließlich zur voraussagenden Instandhaltung (engl. predictive maintenance). Ist gemäß dieser Strategie prognostiziert, dass der Abbau eines Objekts so weit fortgeschritten ist, dass ein Ausfall unmittelbar bevorsteht, kann das Objekt bedarfsorientiert in den Ausgangszustand zurückversetzt werden.

Dadurch wird es möglich, eine als notwendig erkannte Instandhaltungsmaßnahme zeit-, qualitäts- und kostenoptimal zu planen und umzusetzen. [VDI99, S. 2]

Zusammengefasst ergeben sich durch die zustandsorientierte Instandhaltung gemäß der VDI-Richtlinie 2888 folgende Vorteile gegenüber anderen Strategien [VDI99, S. 3]:

- Bessere Ausnutzung des Abnutzungsvorrats,
- Erhöhung der mittleren, wartungsfreien Maschinenlaufzeit,
- Vermeidung unnötiger Anlagendemontagen und -reparaturen sowie Reduzierung der Ersatzteilvorhaltung,
- Nutzung geplanter Stillstandszeiten für den Austausch abgenutzter Bauteile unter Voraussetzung einer hinreichend großen Reparaturvorlaufzeit,
- Unterstützung der Betriebssicherheit durch Kenntnis des Verschleißzustands,
- Entlastung der Anlagenbediener von Kontrolltätigkeiten sowie Schutz von Mensch und Umwelt durch integrierte Sicherheit sowie
- Ermöglichung der Ableitung produzierbarer Produktmengen und -qualitäten.

2.2.2 Prozessarchitektur der zustandsorientierten Instandhaltung

Die ISO 13374 thematisiert die Zustandsüberwachung und -diagnostik von Maschinen und betrachtet dabei insbesondere die Bereiche Verarbeitung, Austausch und Darstellung von Daten. Intention der ISO 13374 ist es, die grundlegenden Anforderungen an offene Softwarespezifikationen bereitzustellen, die es ermöglichen, Daten und Informationen zur Anlagenzustandsüberwachung ohne plattform- oder hardwarespezifische Protokolle zu verarbeiten, zu kommunizieren und anzuzeigen. [ISO03] Hierfür stellt die Norm eine offene Prozessarchitektur zur Verfügung, bestehend aus acht Prozessschritten [ISO07, S. 5]. Eine Anlehnung an die Prozessarchitektur der ISO 13374 eignet sich aufgrund deren Modularität und Flexibilität für die Entwicklung branchen- und anlagenübergreifender Lösungen und ermöglicht dabei vergleichsweise geringe Entwicklungszeiten und -kosten [JOH11, S. 115, 122].

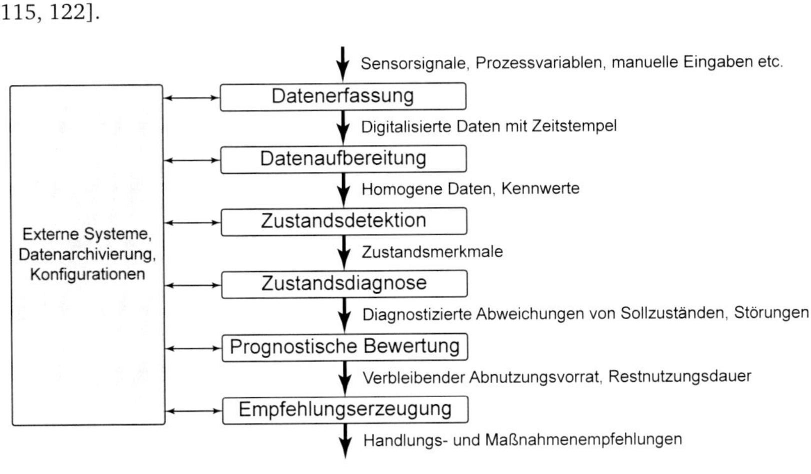

Abb. 19: Architektur für die Zustandsüberwachung und -diagnose nach [ISE11, S. 44], [ISO07, S. 5]

Das Blockdiagramm in Abbildung 19 sowie das in der Arbeit entwickelte und beschriebene Verfahren sind an die Prozessarchitektur der ISO 13374 angelehnt. Die für diese Arbeit relevanten Inhalte der Prozessarchitektur werden im Folgenden erläutert.

2.2.3 Zustandsdefinition und Messgrößen

Der Begriff des Zustands kann als die Summe aller Merkmale oder Funktionen, die zur Differenzierung und Abgrenzung eines ausgewählten Objekts von anderen Objekten notwendig ist, beschrieben werden. In dieser Arbeit wird der Begriff Zustand als Ausdruck für die Leistungsfähigkeit bzw. die Beschaffenheit eines Objektes und deren zeitliche Veränderungen verwendet. [SCH10, S. 142] In Abbildung 20 ist eine Übersicht der verschiedenen Zustandsarten nach der DIN EN 13306 gegeben.

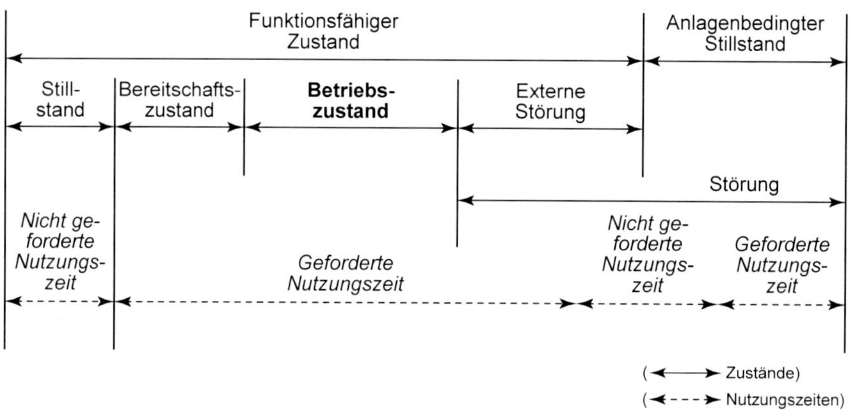

Abb. 20: Zustandsarten eines Objekts nach [DIN18a, S. 66]

Um eine weitere Differenzierung unterschiedlicher Zustände zu ermöglichen, ist es notwendig, dass eindeutige Zustandsmerkmale erzeugt werden. Bei einfachen Zuständen kann das entsprechende Merkmal mit einer physikalischen Messgröße übereinstimmen, etwa der Druck an einem Messpunkt bei der Drucküberwachung. Komplexere Zustände erfordern unter Umständen eine Integration mehrerer Messgrößen. Alle Änderungen des Objektzustandes müssen eindeutig erfassbar und unmittelbar in den definierten Zustandsmerkmalen enthalten sein. Abhängig vom jeweiligen Objektzustand können zudem Sollwerte und entsprechende Toleranzen (Minimal- und Maximalwerte) bestimmt werden, innerhalb derer sich der Objektzustand bewegen kann, ohne dass eine Maßnahme notwendig ist. [VDI99, S. 11] An die Messgrößen und das entsprechende Messsystem werden nach [VDI99, S. 12] folgende Anforderungen gestellt:

- Hohe Signifikanz bezüglich Veränderungen des Objektzustands,
- große Reliabilität des Messsystems unter industriellen Bedingungen,
- unkomplizierte Handhabung des Messsystems (Wartungsarmut, Robustheit etc.),
- frühzeitige Messbarkeit sich anbahnender Schädigungen während des Betriebs und
- optimales Kosten-Nutzen-Verhältnis.

Eine objektive Zustandserfassung basiert auf dem Einsatz von Messsystemen, der Aufnahme von Messgrößen und einem Vergleich somit erfasster Zustände (Messwerte oder Kenngrößen) mit zuvor festgelegten Zustandsgrenzwerten. In Tabelle 2 ist eine Übersicht der etablierten Messgrößen zur Zustandserfassung gegeben.

Mechanische Größen	**Elektrische Größen**	**Thermo-dynamische Größen**	**Akustische Größen und Oszillationen**	**Prozess-größen**	**Prozess-zeiten**
Drücke	**Strom-aufnahmen**	Temperaturen	Pegel	Energie-verbräuche	Taktzeiten
Drehmomente	Widerstands-änderungen	Drücke	Amplituden	Betriebsmittel-verbräuche	Stillstandzeiten
Spannungen	Leistungs-aufnahmen	Wirkungsgrade	Frequenzen	Produktions-zahlen	Laufzeiten
Geschwindig-keiten		Entropien		Fehlproduk-tionszahlen	Warmlaufzeiten
Drehzahlen		Enthalpien			An- und Abfahrzeiten
Material-größen	**Material-belastungen**	**Material-änderungen**	**Optische Änderungen**	**Geometrie Änderungen**	**Leckagen**
Material-eigenschaften	Mechanische Belastung	Oberflächen-abriebe	Farben	Abstände	Flüssigkeits-verlustmengen
Fremdstoff-anteile	Thermische Belastung	Korrosions-produkte	Strukturen	Dicken	Gas-verlustmengen
	Umgebungs-bedingungen	Dehnungen	Reflexionen	Längen	Druck-änderungen
	Häufigkeiten	Temperaturen	Muster	Wege	Flüssigkeits-pegel
					Volumenströme

Tab. 2: Messgrößen zur Zustandserfassung nach [SCH85, S. 118-144], [VDI99, S. 13]

Im Gegensatz zur subjektiven Zustandserfassung, bei der Istzustände mit Hilfe menschlicher Sinnesorgane ermittelt werden, ist die objektive Zustandserfassung von den Erfahrungen des Überprüfenden losgelöst. [VDI99, S. 14] Die Erfassung einer Messgröße kann nach [HES18, S. 17] mittels direkter mechanischer Übertragung oder mechanischer Koppelsysteme (taktiler Sensor), über das Näherungsprinzip (approximativer Sensor) oder anhand abbildender Systeme (z. B. Bildverarbeitung) erfolgen. Ein Beispiel für eine direkte (unmittelbare) Messgröße zur objektiven Zustandserfassung ist das Lagerspiel an einem Gleitlager. Dieses kann mit einer Messuhr als radiale Bewegung der Welle direkt erfasst werden. Der Vorteil einer solchen Messung sind oft sehr genaue Zustandsaussagen, die jedoch mit Demontagen des Objekts und damit verbundenen Aufwänden (Stillstände, Schädigungen etc.) einhergehen können. Die Wahl einer indirekten Messgröße erfüllt hingegen oft die Forderung nach einer demontagefreien bzw. -armen Aufnahme des Istzustands. [VDI99, S. 14] Ein Beispiel hierfür ist die Körperschallmessung in der spanenden Fertigung, mit deren Hilfe die Messgröße indirekt erfasst und Werkzeugzustände objektiv beurteilt werden können [HES18, S. 247].

Einen umfassenden Überblick zu den indirekten Messgrößen und -methoden für die Zustandserfassung bei Werkzeugen liefern die Veröffentlichungen von Rehorn et al. [REH05] und Jantunen [JAN05, S. 21-27]. Eine allgemeinere Zusammenfassung der verschiedenen Messgrößen einschließlich deren Anwendungsgebiete mit dem Fokus auf der voraussagenden Instandhaltung stellen Hashemian et al. bereit [HAS11]. Eine Übersicht zu den Technologien und Anwendungen der in der Praxis der Zustandsüberwachung verwendeten Sensoren und Instrumente gibt Bogue [BOG13].

Die subjektive Zustandserfassung wird meist in regelmäßigen Inspektionsintervallen durchgeführt, die bei Bedarf angepasst werden können. Bei der objektiven Zustandserfassung wird im Hinblick auf die Inspektion zwischen kontinuierlicher und diskontinuierlicher Durchführung unterschieden. [VDI99, S. 15]

2.2.4 Zustands- und Diagnosemerkmale

Die Entwicklung des Merkmals eines Zustands kann anhand von Zustandsgrenzen wie der Schadens-, der Betriebssicherheits-, der Aussonderungs- oder der Verschrottungsgrenze bewertet werden. Mit Hilfe der Abweichung des Zustandsmerkmals vom Sollzustandsmerkmal sowie der Geschwindigkeit, mit der sich das Zustandsmerkmal vom Sollzustand entfernt bzw. auf einen Grenzwert hinbewegt, kann durch die Ermittlung des Abnutzungsvorrats eine Vorhersage ermöglicht werden. [VDI99, S. 16]

In Abbildung 21 sind der Rückgang des Abnutzungsvorrats AV (Zustandsmerkmal Z) in Abhängigkeit der Betriebsdauer ($Z = f(t)$) sowie das Verhältnis zwischen Diagnosemerkmal D und Zustandsmerkmal Z ($D = f(Z)$) jeweils als Kennlinie mit Streuung (Strichlinie) beispielhaft skizziert. [VDI99, S. 16]

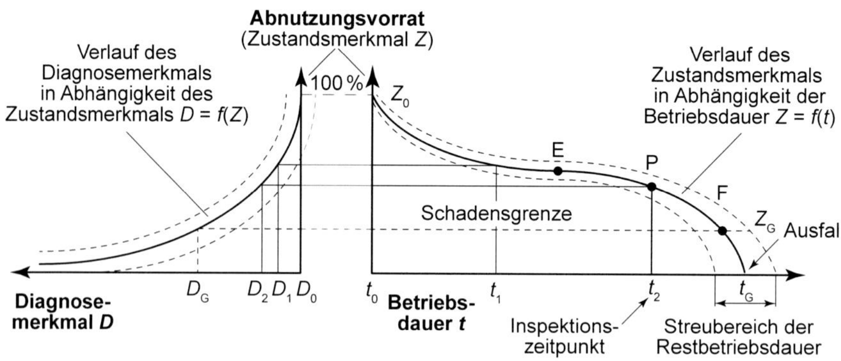

Abb. 21: Beziehung zwischen Diagnose- und Zustandsmerkmal in Abhängigkeit der Betriebsdauer nach [MOU97, S. 144], [SCH10, S. 146], [VDI99, S. 17], [WOL92]

Vom Ausgangszustand nach der Objekterzeugung (Z_0) ausgehend, wird der Abnutzungsvorrat über die Betriebsdauer t durch Beanspruchungen verbraucht, bis eine Zustandsgrenze (z. B. Schadensgrenze Z_G) erreicht wird [SCH10, S. 146]. Regelmäßige Wartung während der Hauptnutzungszeit kann dabei zu einem flacheren Verlauf der Abnutzungskurve beitragen [STR12, S. 41]. Eine vollständige Instandsetzung führt den Abnutzungsvorrat z. B. bei Erreichen der Schadensgrenze Z_G in den Ausgangszustand Z_0 zurück, bevor ein Ausfall eintritt. [DIN19, S. 8], [SCH10, S. 146] Am Eintrittszeitpunkt E tritt eine Störung erstmalig auf und schreitet bis zum Zeitpunkt einer potenziellen Störung P voran. Ab diesem ist der Störungszustand erstmals identifizierbar (messbar). Werden keine

Maßnahmen getroffen, entwickelt sich die Störung weiter, bis es zur Funktionsstörung F kommt. [MOU97, S. 144], [SCH10, S. 146] Der Zeitraum zwischen den Punkten P und F (P-F-Intervall) gibt einen Hinweis darauf, wie häufig eine Inspektion stattfinden sollte, um eine Funktionsstörung bzw. einen auf diese folgenden Ausfall zu vermeiden [MOU97, S. 146]. Für die Diagnose im laufenden Betrieb ist es notwendig, den Zustandsmerkmalen Z_x physikalisch messbare Diagnosemerkmale D_x zuordnen zu können [VAN16, S. 38]. Das Diagnosemerkmal im Ausgangszustand ist D_0. Für den beispielhaften Inspektionszeitpunkt t_2 kann die potenzielle Störung P erstmalig detektiert und das Diagnosemerkmal $D_2 = D_\mathrm{P}$ abgeleitet werden. Die Diagnosemerkmale D_G bzw. D_F sind der Schadensgrenze Z_G bzw. der Funktionsstörung F zugeordnet und können als Alarmschwelle für Maßnahmen zur Ausfallverhütung dienen. [STU90, S. 67-68]

Die Vorhersage einer Funktionsstörung ist somit anhand der Nutzungsdauer sowie der Betrachtung der entsprechenden statistischen Streuung realisierbar [VDI99, S. 16]. Hierfür wird eine wichtige Kenngröße, die Restnutzungsdauer (engl. remaining useful life, *RUL*), eingeführt [GLA19, S. 300]. Anhand der *RUL* lässt sich die verbleibende Nutzungszeit einer Anlage ableiten. Die Bestimmung des Abnutzungsvorrats zu ausgewählten Zeitpunkten ist hingegen nicht trivial, da hierzu entweder dessen exakter Verlauf über die Betriebsdauer oder bei indirekter Messung der genaue Zusammenhang zwischen Änderungen des Diagnosemerkmals und der Betriebsdauer vorliegen müssen. Die Merkmalauswahl zur Zustandsbeschreibung kann daher anhand von Lernphasen erfolgen, wenn diese komplexen Zusammenhänge nicht bekannt sind. Die Zustandsmerkmale werden dabei schrittweise mit jedem weiteren verbrauchten Abnutzungsvorrat eines entsprechenden Objekts konkretisiert. [VDI99, S. 16]

Die Zustandsbeurteilung erfolgt auf Basis eines Soll-Ist-Vergleichs des vorherrschenden Zustands. Sobald ein Zustandsmerkmal vom Sollwert abweicht, also ein unzulässiger Zustand auftritt und dies detektiert wird, erfolgt die Diagnose. [VDI99, S. 17-18]

2.2.5 Störungsdiagnose

Eine Störung ist gemäß der DIN EN 13306 ein Zustand eines Objekts, bei dem eine geforderte Funktion nicht erfüllt werden kann, wobei es sich dabei sowohl um einen funktionsfähigen Zustand als auch um einen anlagenbedingten Stillstand handeln kann (siehe auch Abbildung 20) [DIN18a, S. 33]. Das Gesamtkonzept der Störungsdiagnose setzt sich nach [DIN08, S. 4] aus den folgenden drei wesentlichen Bestandteilen zusammen:

- Störungsdetektion: Erkennung des Auftretens von Störungen an einem Objekt,
- Störungsisolation: Lokalisierung (Klassifizierung) verschiedener Störungen und
- Störungsidentifikation oder -analyse: Bestimmung von Art, Ausmaß und Ursache der Störung.

Anhand von Diagnosesystemen lassen sich aus irregulären Merkmalsveränderungen Verbindungen zu Art, Ort und Ursache einer Störung herstellen und darauf aufbauend entsprechende Bewertungen umsetzen. Mit deren Hilfe können Betriebszustände (z. B. Stillstand oder Volllast), Möglichkeiten für die Instandsetzung und Wiederanlaufpläne für eine Anlage erschlossen werden. Bei der Zustandsbeurteilung und der Diagnose können die gleichen Verfahren und Systeme eingesetzt werden. [VDI98, S. 2], [VDI99, S. 17-18]

Nach [VDI99, S. 18-19] verfolgt die Diagnose folgende Ziele:

- Minimierung der Suchzeiten bei Störungen,
- Sicherheit für die Anlage und deren Betreiber,
- Gewährleistung der Produktqualität und Eliminierung von Fehlproduktionen,
- Erhöhung der Anlagenverfügbarkeit und
- Reduzierung des Aufwands bei der Instandhaltung.

Die automatische Verarbeitung von Messwerten zur Störungsdetektion erfordert in der Regel analytisches Prozesswissen. Für die Beurteilung überwachter Variablen oder Zustände ist hingegen meist heuristisches Wissen (menschliches Expertenwissen) notwendig. [ISE11, S. 22] Die Störungsdiagnose kann daher mit wissensbasierten Verfahren umgesetzt werden [ISE11, S. 22], aber auch funktionale und modellbasierte Verfahren kommen dabei zum Einsatz. [VDI99, S. 18]

Methoden der Störungsdetektion

Das analytische Wissen über den Prozess wird verwendet, um quantifizierbare, analytische Informationen zu erzeugen. Dazu wird eine Datenverarbeitung auf der Grundlage erfasster Prozessvariablen und Messgrößen durchgeführt, um zunächst Kennwerte zu erzeugen. [ISE11, S. 22] Hierfür eignen sich nach [ISE11, S. 23] folgende Methoden:

- Grenzwertüberprüfung von direkt messbaren Signalen. Die Kennwerte ergeben sich aus den verletzten Toleranzen.
- Signalanalyse von direkt messbaren Signalen durch die Verwendung von Signalmodellen wie Korrelationsfunktionen, Frequenzspektren, ARMA-Modellen (engl. autoregressive moving-average) oder anhand von Kennwerten wie Varianzen, Amplituden, Frequenzen oder Modellparametern.
- Prozessanalyse durch die Verwendung mathematischer Prozessmodelle zusammen mit Parameter- oder Zustandsabschätzungen und Paritätsgleichungen. Die Kennwerte sind Parameter, Zustandsvariablen oder Residuen.

Abbildung 22 stellt eine Übersicht zu den analytischen Methoden der Störungsdetektion dar und differenziert dabei zwischen Methoden mit Einzel- und Mehrfachsignalen. Die für diese Arbeit relevanten Methoden sind dabei farblich hervorgehoben.

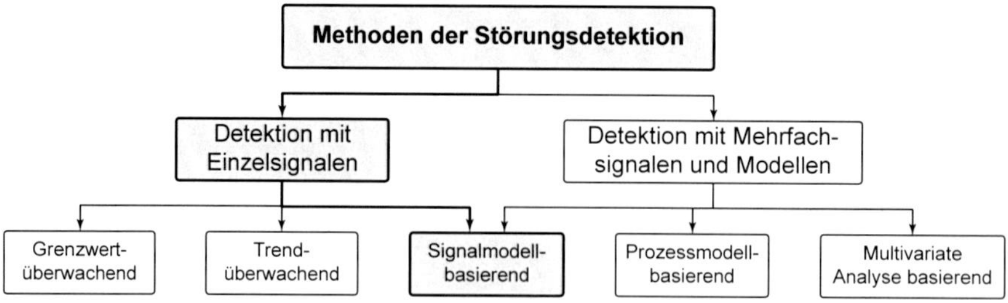

Abb. 22: Methoden der Störungsdetektion nach [ALF17, S. 13], [ISE06b, S. 6], [ISE11, S. 24]

In einigen Fällen können anhand der genannten Kennwerte besondere Zustandsmerkmale extrahiert werden wie physikalisch definierte Prozesskoeffizienten oder speziell gefilterte oder transformierte Residuen. Diese werden als Ausgangsgrößen der signalmodell-basierten Störungsdetektion Y_0 mit Normalzuständen des störungsfreien Prozesses verglichen (siehe Abbildung 23). Hierfür werden z. B. Methoden der Änderungserkennung und -klassifikation angewendet. Die resultierenden Diskrepanzen werden als analytische Symptome s betrachtet und dienen als Diagnoseeingangsgrößen. [ISE11, S. 23]

In Prozessen erfasste Messgrößen in Form von Zeitreihen weisen häufig Oszillationen auf, die entweder harmonischer oder stochastischer Natur bzw. beides sind. Wenn Änderungen in diesen Zeitreihen mit Störungen in den Antrieben, dem Prozess oder der Sensorik zusammenhängen, können signalmodell-basierte Störungsdetektionsmethoden angewendet werden. Bei periodischen und oszillierenden Signalen kann die signalmodell-basierte Analyse zur Erzeugung relevanter Merkmale beitragen. Mit Hilfe der Fourier-Analyse lassen sich z. B. periodische (zyklische) Signale in harmonische Schwingungen aufteilen. Jede Schwingung wird dann durch Amplitude, Frequenz, Phasenwinkel und Dämpfungsfaktor beschrieben. Bei nicht-stationären (azyklischen) Signalen eignen sich hierfür bspw. die Wavelet-Analyse oder die Kurzzeit-Fourier-Transformation. Korrelations- und Spektralanalysen sind hingegen besonders für die Merkmalsextraktion bei stochastischen Signalen geeignet. Signalmodell-basierte Analysen werden insbesondere bei der Überwachung von Vibrationen und Geräuschen an Getrieben eingesetzt, um z. B. fehlerhafte Komponenten zu detektieren [ALF17, S. 14]. Weiter lassen sich mittels Messungen von Position, Geschwindigkeit oder Beschleunigung von Maschinenschwingungen etwa Unwucht oder Lagerschäden an Strömungsmaschinen, Klopfen an Verbrennungsmotoren oder Rattern an Metallschleifmaschinen erkennen. Aber auch viele weitere Messgrößen wie elektrischer Strom, Kraft, Durchfluss oder Druck enthalten oftmals Schwingungen mit einer Vielzahl an höheren Frequenzen als die der Prozessdynamiken. [ISE11, S. 29] Die relevanten Messgrößen für die Zustandsdetektion werden in Abschnitt 3.1 näher erläutert. Die schematische Funktionsweise der Störungsdetektion mittels Signalmodellen ist in Abbildung 23 dargestellt.

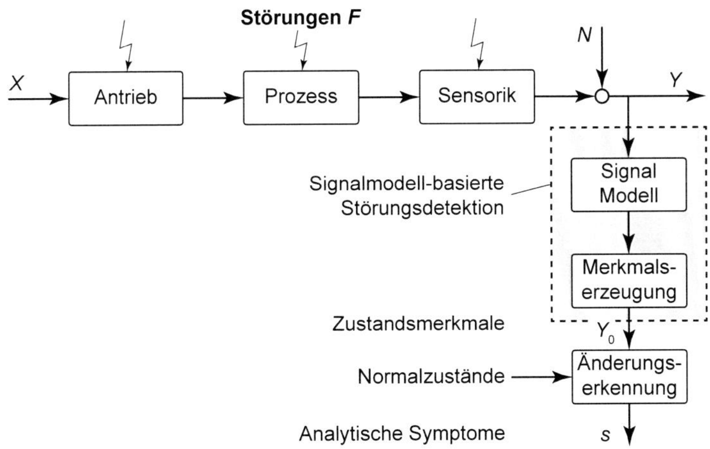

Abb. 23: Schema der signalmodell-basierten Störungsdetektion nach [ISE06b, S. 4], [ISE11, S. 29]

Der Abbildung liegt ein Prozess mit der Eingangsgröße X, der Gesamtstörgröße F und der Ausgangsgröße Y zugrunde. F setzt sich aus der externen Störgröße F_e (Luftfeuchtigkeit,

Umgebungstemperatur, Verschmutzungsgrad etc.) und der internen Störgröße F_i (Schmierung, Überhitzung, Leckagen etc.) zusammen. Diese Störungen wirken sich zunächst auf die internen Prozessparameter aus (Änderung von Widerstandswerten, Steifigkeiten, Kapazitäten etc.) bzw. beeinflussen die Zustandsvariablen (Änderung von Massenflüssen, elektrischen Strömen, Temperaturen etc.). Entsprechend des dynamischen Prozessübertragungsverhaltens bewirken diese Störgrößen schließlich eine mittels Sensorik messbare und durch natürliches Rauschen N überlagerte Änderung der Ausgangsgröße Y. Bei einem offenen Prozess, ohne Rückführung der Ausgangsgröße, wie er in Abbildung 23 dargestellt ist, führt eine verbleibende Störung generell zu einem permanenten Offset ΔY. [ISE11, S. 11-12] Durch die Annahme mathematischer Modelle für die gemessene Zeitreihe können geeignete Merkmale berechnet werden, wie Amplituden, Phasen, Frequenzspektren und Korrelationsfunktionen für eine bestimmte Signalbandbreite [ISE11, S. 29].

Signale lassen sich in deterministische und stochastische Signale untergliedern [SHI08, S. 7]. Deterministische Signale sind Funktionen, deren Werte durch eine anerkannte Methode oder einen mathematischen Ausdruck bestimmt sind [GRÜ08, S. 21] und können in periodische (z. B. harmonische Schwingungen, Rechteckschwingungen) oder nichtperiodische Signale (z. B. Transienten, chaotische Schwingungen) unterteilt werden [SHI08, S. 7]. Bei einem stochastischen Signal sind die Werte hingegen von einem Zufallsprozess abhängig und können nur anhand statistischer Methoden beschrieben werden [GRÜ08, S. 21]. Bei stochastischen Signalen wird zwischen stationären und nicht-stationären Signalen unterschieden [SHI08, S. 7]. Nicht-stationäre stochastische Signale weisen bspw. eine Varianz oder einen Mittelwert auf, der über die Zeit variiert [SHI08, S. 224]. In der Realität treten Signale stochastisch auf, da grundsätzlich unbekannte Störungen das eigentliche Signal überlagern. In der Theorie wird meist von Signalmodellen oder idealisierten Signalen ausgegangen [GRÜ08, S. 21]. Zudem kommt in der Praxis meist eine Überlagerung der genannten Signalarten vor [SHI08, S. 7], sodass eine klare Differenzierung und somit eindeutige Einordnung des Signals nicht uneingeschränkt möglich ist.

Für die signalmodell-basierte Störungsdetektion können für deterministische und stochastische Signale unterschiedliche Signalanalyseverfahren eingesetzt werden [ISE11, S. 30]. Eine Übersicht hierfür zeigt Abbildung 24. Die in dieser Arbeit betrachteten Signale sowie die eingesetzten Verfahren sind hierbei farblich hervorgehoben.

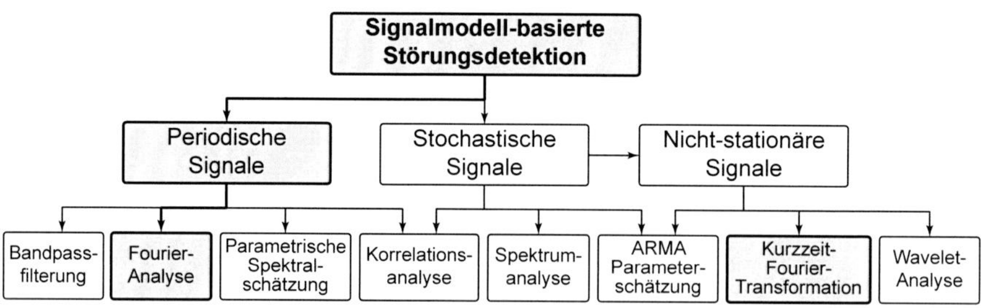

Abb. 24: Verfahren der signalmodell-basierten Störungsdetektion nach [ISE11, S. 30]

Merkmale im Frequenzbereich

Aussagekräftige Merkmale können oftmals erst nach einer Umwandlung des Ausgangssignals extrahiert werden, bspw. aus Werten einer Fourier-Transformation des Signals einer rotierenden Maschine [TOR11, S. 57]. Diese nach dem französischen Physiker und Mathematiker Joseph Fourier (1768–1830) benannte Orthogonaltransformation verwendet als Aufbaugleichungen Sinus- und Cosinusfunktionen und gehört zu den bedeutendsten ihrer Art im Bereich der Signalanalyse [HOF14, S. 99]. Sie ist das übliche Verfahren zur Überführung von Signalen aus dem Zeit- in den Frequenzbereich [HEL19, S. 13-14].

Der Fourier-Transformation liegt die Annahme zugrunde, dass eine periodische Funktion $x(t)$ mit der Grundfrequenz f_0 mit beliebiger Genauigkeit als Linearkombination harmonischer Schwingungen dargestellt werden kann, deren Frequenzen ganzzahlige Vielfache von f_0 sind [HOF14, S. 103].

Für die periodische Funktion

$$x(t) = x(t \pm nT) \text{ mit } n = 1, 2, ... \tag{2-11}$$

mit der Periodendauer T lässt sich die Fourier-Reihe wie folgt darstellen [HOF14, S. 104]:

$$x(t) = a_0 + \sum_{n=1}^{\infty} (a_n \cos n\omega_0 t + b_n \sin n\omega_0 t) \tag{2-12}$$

Für die Kreisfrequenz ω gilt [MAR20, S. 141]:

$$\omega = 2\pi f = \frac{2\pi}{T} \tag{2-13}$$

Die Fourier-Koeffizienten lassen sich durch Integration über einen Zeitabschnitt mit der Periodendauer T bestimmen [HEL19, S. 13-14], [HOF14, S. 104]:

$$a_0 = \frac{1}{T} \int_0^T x(t)\,\mathrm{d}t \tag{2-14}$$

$$a_\mathrm{n} = \frac{2}{T} \int_0^T x(t) \cos n\omega_0 t\,\mathrm{d}t \tag{2-15}$$

$$b_\mathrm{n} = \frac{2}{T} \int_0^T x(t) \sin n\omega_0 t\,\mathrm{d}t \tag{2-16}$$

Unter Verwendung der Eulerschen Formel kann die komplexe Fourier-Reihe dargestellt werden [HOF14, S. 105], [LÖF08, S. 26]:

$$x(t) = \sum_{n=-\infty}^{\infty} \underline{X}_n\, \mathrm{e}^{\mathrm{j}n\omega_0 t} \tag{2-17}$$

mit der spektralen Amplitude

$$\underline{X}_n = \frac{1}{T} \int_{-\frac{T}{2}}^{\frac{T}{2}} x(t)\, \mathrm{e}^{-\mathrm{j}\omega_0 t}\, \mathrm{d}t \tag{2-18}$$

In der Praxis besteht oft die Aufgabe, die spektrale Zusammensetzung eines vorgegebenen Signals durch Berechnung der Fourier-Koeffizienten zu bestimmen. Dies wird als Fourier-Analyse bezeichnet. [HOF14, S. 109] Weiter liegen hierbei anstelle einer kontinuierlichen Funktion $x(t)$ häufig abgetastete periodische Signale in zeitdiskreter Form vor. Für diesen Fall ergibt sich die diskrete Fourier-Transformation (DFT) [HOF14, S. 116]:

$$\underline{X}(n) = \frac{1}{N} \sum_{k=0}^{N-1} x(k)\, \mathrm{e}^{-\mathrm{j}2\pi \frac{nk}{N}} \tag{2-19}$$

mit N Abtastwerten. Für die Berechnung der DFT gibt es den effizienten FFT-Algorithmus (engl. fast Fourier transform, FFT) [LÖF08, S. 30]. Dieser verringert den Aufwand an komplexen Rechenoperationen von N^2 auf $N \cdot \log(N)$ für den Fall, dass N einer Zweierpotenz entspricht. Die Entwicklung der FFT stellt damit eine wesentliche Voraussetzung für die breite Anwendung der Spektralanalyse in nahezu Echtzeit und der Ausführung in eingebetteten Systemen dar. [HOF14, S. 130]

In der Informationstechnik gilt zwischen den Standardabweichungen im Zeit- und Frequenzbereich die Unschärferelation $\xi_t \cdot \xi_\omega \geq \frac{1}{2}$ nach Heisenberg [HOF14, S. 282-283]. Demnach wird mit einem größeren Zeitfenster zwar die Frequenzauflösung erhöht, gleichzeitig reduziert sich aber die Auflösung im Zeitbereich. Die Fourier-Transformation, bei der die Frequenzinformation über das Integral der gesamten Signaldauer gebildet wird, erlaubt zudem keine Betrachtung von zeitlichen Veränderungen des Spektrums. Die sogenannte Kurzzeit-Fourier-Transformation (engl. short-time Fourier transform, STFT) ist hingegen auch für Signale geeignet, deren Frequenzeigenschaften eine zeitliche Veränderung aufweisen und ermöglicht somit eine Zeit-Frequenz-Analyse [MER20, S. 295]. Hierbei wird das Signal in kurze Zeitabschnitte unterteilt, deren jeweilige Spektren gesondert berechnet werden. Die daraus resultierende Folge von Einzelspektren spiegelt schließlich die Dynamik des Signals wider. [HOF14, S. 267] Für die mathematische Umsetzung wird ein zu analysierendes Signal $x(t)$ mit einem um τ zeitlich verschiebbaren Analysefenster $h(t-\tau)$ multipliziert und dann die Fourier-Transformierte des gefensterten Signals berechnet [HOF14, S. 271], [MER20, S. 295]:

$$\underline{X}(\omega, t) = \int_{-\infty}^{\infty} x(\tau)\, h(t-\tau)\, \mathrm{e}^{-\mathrm{j}\omega\tau}\, \mathrm{d}\tau \tag{2-20}$$

Zur Fensterung werden verschiedene Funktionen wie das Rechteck-, das Hamming- oder das Von-Hann-Fenster verwendet [MER20, S. 304].

Methoden der Störungsisolation, -identifikation und -analyse

An die Störungsdetektion anschließend folgen Isolation sowie Identifikation bzw. Analyse der erkannten Störungen, um die Störungsdiagnose zu vervollständigen. Die Aufgaben hierbei bestehen darin, Art, Ausmaß, Ort und Entdeckungszeitpunkt der Störung auf Grundlage der beobachteten Symptome zu bestimmen. [ISE97, S. 6328] Die ausschließliche Kenntnis über analytische Symptome ist hierfür im Allgemeinen nicht ausreichend, sodass zusätzlich heuristische Symptome erforderlich sind [ISE06a, S. 394].

Neben der Symptomgenerierung mit quantifizierbaren Informationen (analytische Symptome) können mit Hilfe qualitativer Informationen heuristische Symptome erzeugt werden. Unter Verwendung menschlicher Beobachtungen und Inspektionen können heuristische Kennwerte in Bezug auf besondere Geräusche, Farben, Gerüche, Vibrationen, Abnutzungserscheinungen etc. gewonnen werden. Die Anlagen- und Prozesshistorie mit Informationen über durchgeführte Instandhaltungen, frühere Störungen, Nutzungszeiten etc. stellt eine weitere Quelle heuristischer Kennwerte dar. Zudem können statistische Daten (z. B. Ausfallwahrscheinlichkeiten), die aus Erfahrungen mit gleichen oder ähnlichen Prozessen gewonnen wurden, hinzugefügt werden. Somit erzeugte heuristische Symptome können etwa als ordinalskalierte Variablen (z. B. klein, mittel, groß) dargestellt werden. [ISE97, S. 6328], [ISE11, S. 23-24]

Ein Ansatz, um Störungen aus Symptommustern oder Clustern zu ermitteln, sind Klassifikationsverfahren, bei denen mehrdimensionale Symptomvektoren betrachtet werden und die Richtung und der Abstand zu einem Referenzvektor des Normalzustands z. B. durch geometrische oder probabilistische Methoden bzw. KNN bestimmt werden. Auch Clustering-Methoden können verwendet werden. Wenn jedoch Informationen über Fehler-Symptom-Kausalitäten, z. B. in Form von Wenn-dann-Beziehungen oder logischen Fehler-Symptom-Bäumen bekannt sind, ist ein geeigneter Ansatz die Verwendung von heuristischen Prozessmodellen (qualitative Modelle). Dabei können diagnostische Strategien wie Inferenzmethoden (z. B. Vorwärts- und Rückwärtsverkettung, Fuzzy-Logik) angewendet werden. Schließlich werden durch eine Diagnoseentscheidung Art, Ausmaß und Ort der größtmöglichen Störung sowie der Zeitpunkt ihrer Entdeckung angegeben. [ISE97, S. 6328], [ISE11, S. 24] Eine Übersicht der gängigen Methoden der Störungsdiagnose ist in Abbildung 25 dargestellt. In dieser Arbeit verwendete Methoden sind farblich hinterlegt.

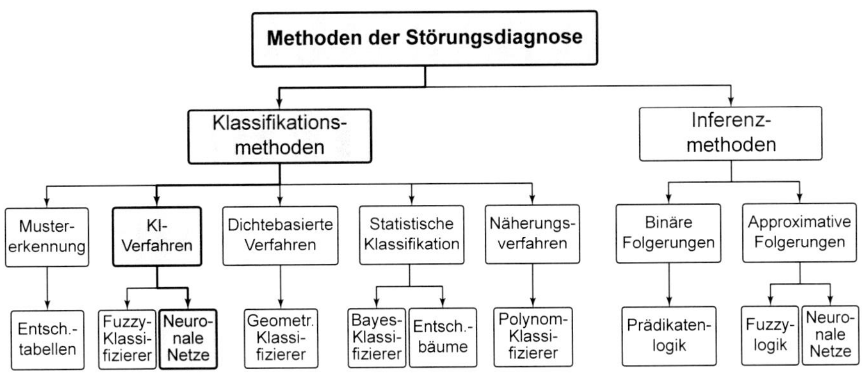

Abb. 25: Methoden der Störungsdiagnose nach [ALF17, S. 18], [ISE06b, S. 7], [ISE11, S. 25]

Mit Klassifikationsmethoden werden Diagnosen anhand eines Abgleichs von Ereignis-, Zustands- und Störungsmustern mit dem realen System erbracht. Diese Methoden sind geeignet, wenn Zusammenhänge zwischen Merkmalen bzw. Symptomen und Störungsursachen schwer zu deuten und komplex sind und eine analytische Beschreibung nur mit viel Aufwand oder überhaupt nicht erfolgen kann. Mit lernenden Systemen wie KNN können unbekannte Zusammenhänge trainiert und diagnostiziert werden. [VDI99, S. 19]

2.3 Das Niederspannungsnetz als Informationsquelle

Die Übertragung elektrischer Energie mit möglichst geringen Veränderungen hinsichtlich Qualität und Menge ist Hauptaufgabe der elektrischen Leitung. Die ideale Leitung belässt die elektrischen Größen dabei in Betrag und Phase konstant über den gesamten Übertragungsweg. Die reale Leitung ist hingegen verlustbehaftet und bewirkt etwa eine Reduzierung der Spannungsamplitude (Spannungsfall), eine Verschiebung der Phasen, eine Minderung der Wirkleistung (Verluste) sowie eine Aufnahme von Blindleistung. [CRA15, S. 399] Energieverteilnetze im Niederspannungsbereich weisen hinsichtlich Netzstruktur und Leitungsarten zudem teils große Unterschiede auf. Eine oft fehlende Schirmung der Energieleitungen kann zudem zu Einkopplungen und/oder Abstrahlungen elektromagnetischer Wellen führen. [BLU08, S. 316]

Die Nutzung des Niederspannungsnetzes als Informationsübertragungsmedium und Signalquelle in einem Frequenzbereich von 0 Hz bis etwa 12 kHz mit dem Ziel der Ermittlung von Zuständen von in diesem Netz vorhandenen Objekten setzt daher eine Betrachtung der Topologie, der Leitungstheorie und des Signalübertragungsverhaltens dieses Verteilnetzes im industriellen Umfeld voraus.

2.3.1 Topologie und Eigenschaften des Niederspannungsnetzes

Der Großteil der elektrischen Verbraucher wird mit Niederspannung (NS) versorgt. Netzstationen aus einem übergeordneten Mittelspannungsnetz speisen hierfür NS-Netze, welche die elektrische Energie dann an die Verbraucher verteilen. [HEU13, S. 82] Die Nennspannung in NS-Netzen beträgt üblicherweise 400 V für dreiphasige Verbraucher (Dreiphasenwechselstrom, Drehstrom) und 230 V für einphasige Verbraucher (Einphasenwechselstrom). Da in Industrienetzen auch größere elektrische Lasten auftreten können, sind höhere Nennspannungen wie z. B. 690 V und 1.000 V möglich. [HEU13, S. 84] Abbildung 26 zeigt die in NS-Netzen eingesetzten Netzarten.

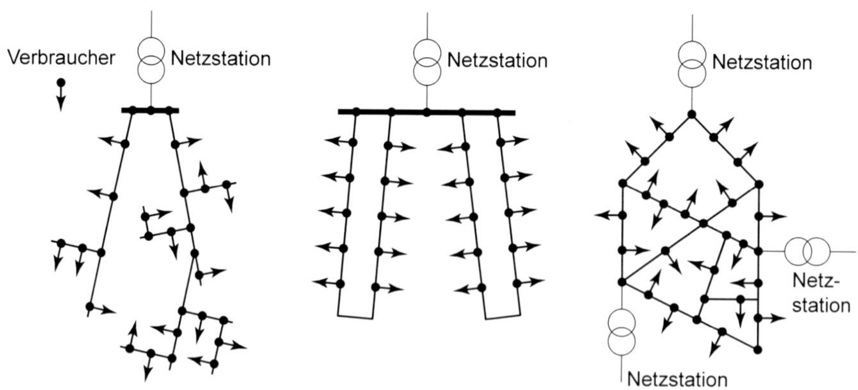

Abb. 26: Strahlen-, Ring- und Maschennetz als Netzarten im NS-Netz nach [HEU13, S. 83]

In der Industrie sind NS-Netze typischerweise als Strahlennetze ausgeführt. Diese weisen oftmals eine große Anzahl an induktiven Verbrauchern (z. B. elektrische Maschinen) auf. [HEU13, S. 84] In Abbildung 27 ist ein vereinfachtes Industriestrahlennetz dargestellt, welches mehrere Hallen über Transformatoren mit elektrischer Energie speist.

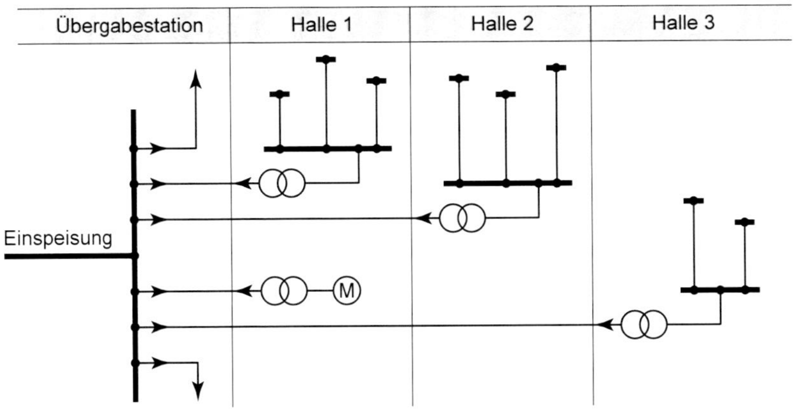

Abb. 27: NS-Industrienetz (Strahlennetz) nach [SCH17, S. 568]

Die elektrische Energie wird dort unmittelbar an die Verbraucher übergeben oder mittels Unterverteilungen an Produktions- und Schaltanlagen verteilt. Die Messstellen für den in dieser Arbeit untersuchten Ansatz befinden sich an eben diesen Enden der Unterverteilungen, also an der Schnittstelle zwischen Unterverteilung und betrachtetem Objekt (z. B. Produktionsanlage). Basierend auf dieser Darstellung kann somit davon ausgegangen werden, dass alle in dieser Arbeit betrachteten elektrischen Ströme ausschließlich vom betrachteten Objekt ausgehen bzw. aufgenommen werden.

Das Spannungssystem im NS-Netz wird von Dreiphasenwechselstromgeneratoren erzeugt und ist in der Regel symmetrisch. Die drei Außenleiterspannungen in diesem System haben somit gleiche Frequenz und Amplitude und sind um jeweils 120° zueinander phasenverschoben. Diese erzeugerseitige Symmetrie wird in dieser Arbeit vorausgesetzt, die dreiphasigen Verbraucher können hingegen auch unsymmetrisch sein. [MAR20, S. 314-315]

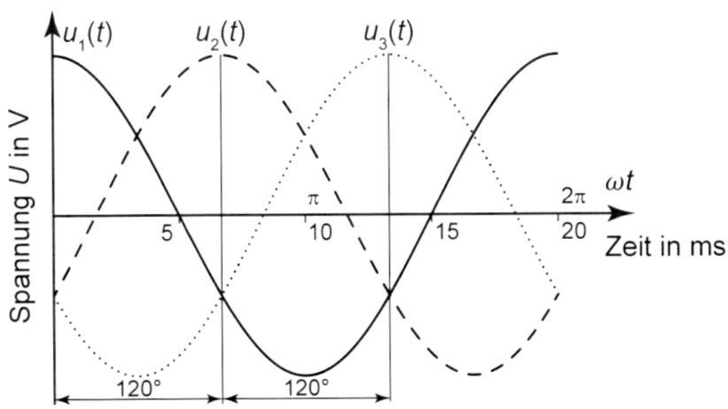

Abb. 28: Spannungsverläufe im symmetrischen Drehstromsystem nach [DZI18, S. 38], [MAR20, S. 315]

Abbildung 28 zeigt die zeitlichen Verläufe der drei Außenleiterspannungen eines symmetrischen Drehstromerzeugers im NS-Netz mit einer Frequenz von 50 Hz. Die Funktionen dieser Spannungen sind wie folgt definiert [MAR20, S. 314]:

$$u_1(t) = U\sqrt{2}\cos(\omega t) \tag{2-21}$$

$$u_2(t) = U\sqrt{2}\cos(\omega t - \frac{2\pi}{3}) \tag{2-22}$$

$$u_3(t) = U\sqrt{2}\cos(\omega t - \frac{4\pi}{3}) \tag{2-23}$$

Die im Folgenden beschriebenen Wechselstromgrößen werden nicht als komplexe Größen dargestellt, da dies für die Ausführungen in dieser Arbeit nicht notwendig ist. Der Strom I und die Spannung U stellen Effektivwerte dar. Ein symmetrischer Drehstromverbraucher weist gleiche Impedanzen $Z = Z_1 = Z_2 = Z_3$ auf. Der Verbraucher kann mit den drei Außenleitern L1, L2 und L3 in Dreieckschaltung (Abbildung 29, rechts) oder mit einem zusätzlichen Neutralleiter N in Sternschaltung (Abbildung 29, links) betrieben werden. [MAR20, S. 320] Niederspannungsnetze sind meist als Vierleitersysteme aufgebaut. Dies erleichtert den Anschluss einphasiger Verbraucher. [HEU13, S. 82] Die Leiterspannung U ist die Spannung zwischen den Außenleitern (L1, L2 und L3) und beträgt in allen in dieser Arbeit betrachteten Systeme $U = 400\,\text{V}$. Die Spannung, die an einem Strang, also an der Impedanz Z anliegt, wird als Strangspannung U_S bezeichnet. [HEU13, S. 77-78] Die entsprechenden Ströme werden Leiterstrom I und Strangstrom I_S genannt.

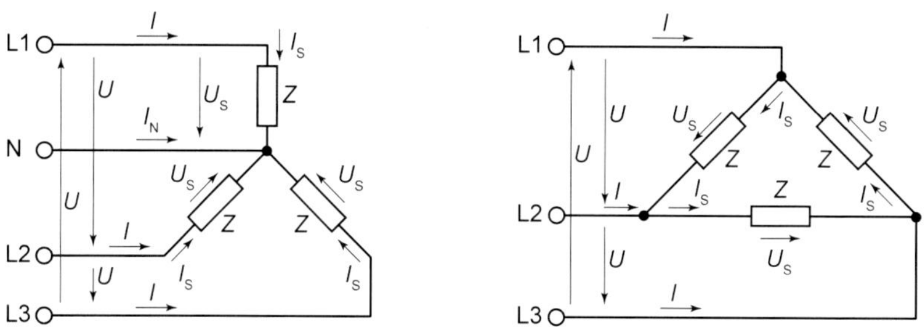

Abb. 29: Drehstrom-Vierleiternetz in Sternschaltung (links) und in Dreieckschaltung (rechts) jeweils mit symmetrischem Verbraucher nach [DZI18, S. 39], [MAR20, S. 320-325]

Bei der Dreieckschaltung (Abbildung 29, rechts) ergeben sich damit folgende Beziehungen [DZI18, S. 508]:

$$U_\text{S} = U = 400\,\text{V} \tag{2-24}$$

$$I_\text{S} = \frac{I}{\sqrt{3}} \tag{2-25}$$

Für die Sternschaltung mit Neutralleiter (Abbildung 29, links) gelten folgende Zusammenhänge [DZI18, S. 508]:

$$U_\text{S} = \frac{U}{\sqrt{3}} \approx 230\,\text{V} \tag{2-26}$$

$$I_\text{S} = I \tag{2-27}$$

Bei der Sternschaltung mit Neutralleiter ist die Leiterspannung also um den Verkettungsfaktor $\sqrt{3}$-mal so groß wie die Strangspannung (auch Leiter-Erd-Spannung). [MAR13, S. 12] Bei symmetrischer Belastung gilt für den Stromfluss im Neutralleiter $I_N = 0$. [DZI18, S. 39] Für die Scheinleistung S, die Wirkleistung P und die Blindleistung Q der Stern- und Dreieckschaltung gelten die Gleichungen [DZI18, S. 39]:

$$S = \sqrt{3}\, U\, I \tag{2-28}$$

$$P = \sqrt{3}\, U\, I \cos\varphi \tag{2-29}$$

$$Q = \sqrt{3}\, U\, I \sin\varphi \tag{2-30}$$

Für den Zusammenhang zwischen der Gesamtscheinleistung bei der Sternschaltung S_Y und der Gesamtscheinleistung bei der Dreieckschaltung S_Δ gilt [DZI18, S. 39]:

$$S_Y = \frac{1}{3}\, S_\Delta \tag{2-31}$$

In dieser Arbeit werden v. a. die Strangströme der Sternschaltung mit bzw. ohne Neutralleiteranschluss untersucht. Hierunter fallen sowohl symmetrische (z. B. elektrische Drehstrommaschinen) als auch unsymmetrische Belastungsfälle (z. B. einphasige Verbraucher).

In den folgenden Abbildungen ist das ideale Verhalten von Spannung und Strom bei einer Belastung mit idealem ohmschen Widerstand R (Abbildung 30), idealer Induktivität L (Abbildung 31) sowie idealer Kapazität C (Abbildung 32) im Wechselstromkreis dargestellt. Der sinusförmige Strom kann mit dem Effektivwert des Stroms I, der Kreisfrequenz ω und dem Nullphasenwinkel φ_0 vollständig beschrieben werden [MAR20, S. 145]:

$$i(t) = I\,\sqrt{2}\,\sin(\omega t + \varphi_0) \tag{2-32}$$

Liegt eine Sinusspannung an einem idealen ohmschen Widerstand R an, so ist der Strom I proportional zu der angelegten Spannung U und mit dieser phasengleich (vgl. Abbildung 30) [DZI18, S. 40], [MAR20, S. 148]:

$$I = \frac{U}{R} \qquad \varphi = 0 \tag{2-33}$$

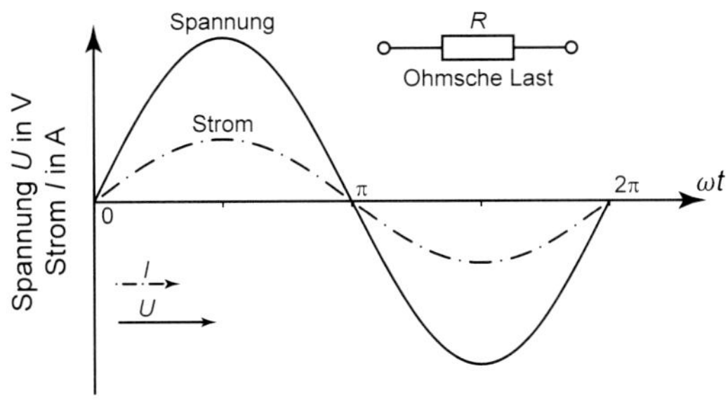

Abb. 30: Stromverlauf am idealen ohmschen Verbraucher im Wechselstromkreis nach [BRE03, S. 48-52], [DZI18, S. 40-41], [MAR20, S. 147-166]

Bei einer idealen Induktivität, an der eine Sinusspannung anliegt, ist der Effektivstrom proportional zur Spannung und umgekehrt proportional zur Kreisfrequenz ω. Der Strom eilt der Spannung um 90° hinterher (vgl. Abbildung 31) [DZI18, S. 40], [MAR20, S. 153]:

$$I = \frac{U}{X_L} = \frac{U}{\omega L} \qquad \varphi = +\frac{\pi}{2} = +90^\circ \tag{2-34}$$

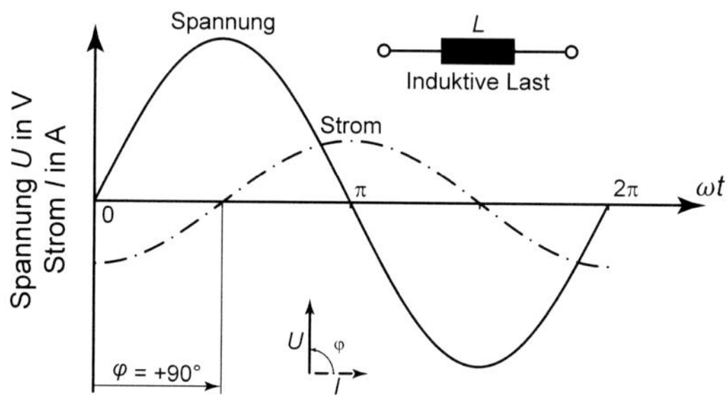

Abb. 31: Stromverlauf am idealen induktiven Verbraucher im Wechselstromkreis nach [BRE03, S. 48-52], [DZI18, S. 40-41], [MAR20, S. 147-166]

Die induktive Reaktanz X_L der idealen Spule und ω sind proportional zueinander. Bei sehr geringen Frequenzen verhält sich die Spule wie ein Kurzschluss im Stromkreis, bei sehr hohen Frequenzen wie eine Unterbrechung. [MAR20, S. 153]

Liegt an einer idealen Kapazität eine Sinusspannung an, so ist der Effektivwert des Stroms proportional zu Spannung und Kreisfrequenz ω. Der Strom eilt der Spannung dabei um 90° voraus (vgl. Abbildung 32) [DZI18, S. 40], [MAR20, S. 154]:

$$I = \frac{U}{X_C} = U\,\omega C, \qquad \varphi = -\frac{\pi}{2} = -90^\circ \tag{2-35}$$

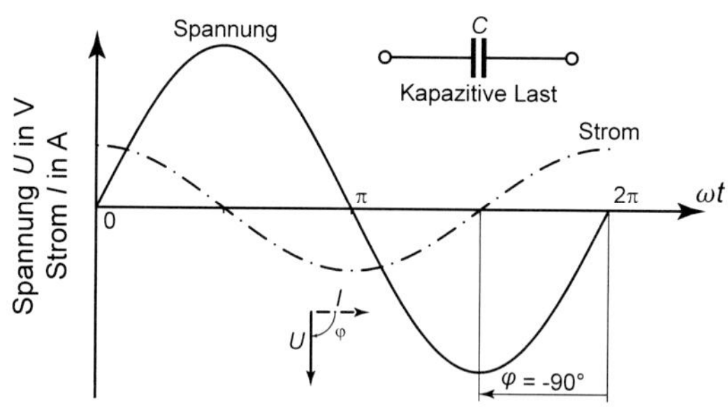

Abb. 32: Stromverlauf am idealen kapazitiven Verbraucher im Wechselstromkreis nach [BRE03, S. 48-52], [DZI18, S. 40-41], [MAR20, S. 147-166]

Die kapazitive Reaktanz X_C des idealen Kondensators und ω sind proportional zueinander. Bei sehr großen Frequenzen verhält sich der Kondensator wie ein Kurzschluss im Stromkreis, bei sehr geringen Frequenzen wie eine Unterbrechung. [MAR20, S. 154]

Die Ersatzschaltbilder der technischen elektrischen Verbraucher Widerstand, Spule und Kondensator sind eine Mischung aus Reihen- und Parallelschaltungen von R, L und C.

[MAR20, S. 303-309] Reale elektrische Verbraucher weisen daher aufgrund einer Überlagerung dieser drei Effekte sowie durch Kompensationsmechanismen abhängig von der Frequenz induktives, kapazitives oder ohmsches Verhalten auf [DZI18, S. 41].

2.3.2 Leitungstheorie

Die Leitungstheorie beschreibt die physikalischen Grundlagen der Fortpflanzung elektrischer Energien auf Leitungen. Die Leitung kann dabei als Spezialfall eines passiven, linearen Vierpols betrachtet werden. Die Haupteigenschaften einer homogenen Leitung sind durch die folgenden elektrischen Größen festgelegt [POR08, S. 132]:

- Widerstand R,
- Leitwert G,
- Induktivität L und
- Kapazität C.

Diese Größen werden üblicherweise für eine Leitungslänge von 1.000 m angegeben und als Leitungskonstanten oder Leitungsbeläge bezeichnet [GUS19, S. 70], [POR08, S. 133]:

$$R' = \frac{R}{\mathrm{d}x} \quad \text{in } \frac{\Omega}{\mathrm{km}} \quad \text{(ohmsche Verluste im Leitermaterial)} \tag{2-36}$$

$$G' = \frac{G}{\mathrm{d}x} \quad \text{in } \frac{\mathrm{S}}{\mathrm{km}} \quad \text{(dielektrische Verluste im homogenen Isolator)} \tag{2-37}$$

$$L' = \frac{L}{\mathrm{d}x} \quad \text{in } \frac{\mathrm{H}}{\mathrm{km}} \quad \text{(magnetische Feldenergie)} \tag{2-38}$$

$$C' = \frac{C}{\mathrm{d}x} \quad \text{in } \frac{\mathrm{F}}{\mathrm{km}} \quad \text{(elektrische Feldenergie)} \tag{2-39}$$

Symmetrisch aufgebaute und belastete Drehstromleitungen, wie sie im Rahmen der Arbeit betrachtet werden, können als Einphasenleitung dargestellt werden. Ein infinitesimales Leitungselement $\mathrm{d}x$ kann anhand der Feldtheorie mit dem Ersatzschaltbild in Abbildung 33 beschrieben werden. [CRA15, S. 171]

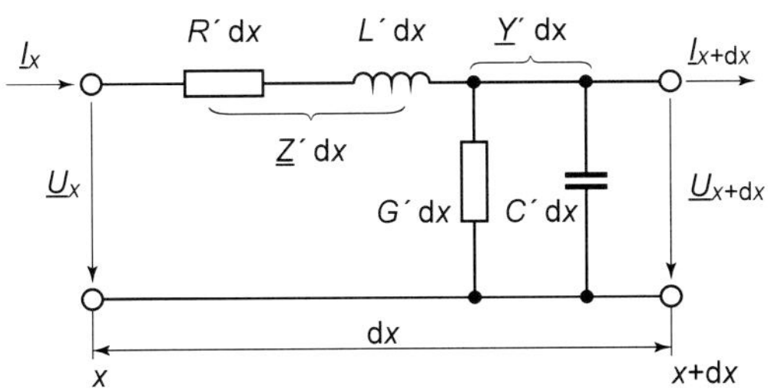

Abb. 33: Ersatzschaltbild der homogenen Leitung nach [CRA15, S. 171], [POR08, S. 134]

Mit den Randbedingungen an Leitungsanfang ($x = 0$) und Leitungsende ($x + \mathrm{d}x = l$), der Vorgabe der Werte an diesen sowie der Beschränkung auf sinusförmige Erregungen [SCH17, S. 486] lassen sich anhand der Abbildung 33 die Zweitorgleichungen zur Ermittlung von Spannung und Strom an der Stelle x

$$\underline{U}_x = \underline{U}_2 \cosh\underline{\gamma}(l-x) + \underline{Z}_\mathrm{W}\, \underline{I}_2 \sinh\underline{\gamma}(l-x) \tag{2-40}$$

$$\underline{I}_x = \frac{\underline{U}_2}{\underline{Z}_\mathrm{W}} \sinh\underline{\gamma}(l-x) + \underline{I}_2 \cosh\underline{\gamma}(l-x) \tag{2-41}$$

herleiten. [CRA15, S. 174] Diese vereinfachen sich für ($x = 0$) zu:

$$\underline{U}_1 = \underline{U}_2 \cosh\underline{\gamma}l + \underline{Z}_\mathrm{W}\, \underline{I}_2 \sinh\underline{\gamma}l \tag{2-42}$$

$$\underline{I}_1 = \frac{\underline{U}_2}{\underline{Z}_\mathrm{W}} \sinh\underline{\gamma}l + \underline{I}_2 \cosh\underline{\gamma}l \tag{2-43}$$

Nach der Leitungstheorie wird die Leitung somit einzig von den beiden Leitungsparametern Wellenimpedanz

$$\underline{Z}_\mathrm{W} = \sqrt{\frac{\underline{Z'}}{\underline{Y'}}} = \sqrt{\frac{R'(\omega) + \mathrm{j}\omega L'(\omega)}{G' + \mathrm{j}\omega C'}} \tag{2-44}$$

und Fortpflanzungskonstante

$$\underline{\gamma} = \alpha + \mathrm{j}\beta = \sqrt{\underline{Z'}\,\underline{Y'}} = \sqrt{(R'(\omega) + \mathrm{j}\omega L'(\omega))(G' + \mathrm{j}\omega C')} \tag{2-45}$$

mit α als Dämpfungskoeffizient und β als Phasenkoeffizient charakterisiert [CRA15, S. 173]. Für eine detaillierte Beschreibung dieser Beziehungen und Herleitungen sei auf [CRA15], [GUS19] und [POR08] verwiesen. Das Zweitor lässt sich ferner durch die in Abbildung 34 dargestellten T- und π-Ersatzschaltbilder darstellen.

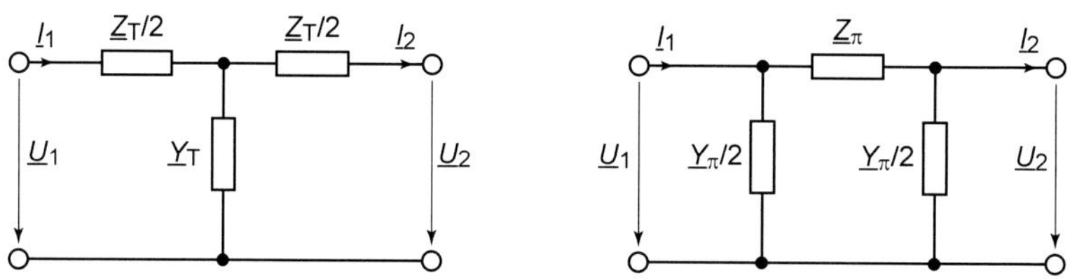

Abb. 34: T- und π-Ersatzschaltbilder der elektrisch kurzen Leitung nach [CRA15, S. 178]

Für Längsimpedanz $Z = Z'\,l$ und Queradmittanz $Y = Y'\,l$ lassen sich die Beziehungen für T-Schema

$$\frac{\underline{Z}_\mathrm{T}}{2} = \underline{Z}_\mathrm{W} \frac{\cosh\underline{\gamma}l - 1}{\sinh\underline{\gamma}l} = \underline{Z}_\mathrm{W} \tanh\underline{\gamma}\frac{l}{2} \tag{2-46}$$

$$\underline{Y}_\mathrm{T} = \frac{1}{\underline{Z}_\mathrm{W}} \sinh\underline{\gamma}l \tag{2-47}$$

und π-Schema

$$\underline{Z}_\pi = \underline{Z}_\mathrm{W} \sinh\underline{\gamma}l \tag{2-48}$$

$$\frac{\underline{Y}_\pi}{2} = \frac{1}{\underline{Z}_\mathrm{W}} \frac{\cosh\underline{\gamma}l - 1}{\sinh\underline{\gamma}l} = \frac{1}{\underline{Z}_\mathrm{W}} \tanh\underline{\gamma}\frac{l}{2} \tag{2-49}$$

aufstellen [CRA15, S. 178].

Untersuchungsgegenstand dieser Arbeit sind elektrisch kurze Leitungsabschnitte. Unter der Annahme, dass $\underline{\gamma}l$ hinreichend klein ist, können daher die Näherungen

$$\sinh\underline{\gamma}l \simeq \underline{\gamma}l \qquad \cosh\underline{\gamma}l \simeq 1+\frac{\underline{\gamma}^2 l^2}{2} \qquad \tanh\underline{\gamma}\frac{l}{2} \simeq \underline{\gamma}\frac{l}{2} \tag{2-50}$$

angenommen werden [CRA15, S. 178].

Die Gleichungen (2-46) und (2-47) sowie (2-48) und (2-49) können nun für beide Schemata zu

$$\underline{Z} = \underline{Z}_\mathrm{T} = \underline{Z}_\pi = (R' + \mathrm{j}\omega L')l = R + \mathrm{j}\omega L \tag{2-51}$$
$$\underline{Y} = \underline{Y}_\mathrm{T} = \underline{Y}_\pi = (G' + \mathrm{j}\omega C')l = G + \mathrm{j}\omega C \tag{2-52}$$

vereinfacht werden [CRA15, S. 179].

Von sehr langen Hochspannungsleitungen abgesehen, kann eine Betrachtung nahezu aller Energieleitungen im Bereich 50 Hz (stationär) als elektrisch kurz erfolgen. In erster Näherung ist γ proportional zur Frequenz. Für 5 kHz-Vorgänge ist eine Freileitung etwa nur dann als elektrisch kurz zu betrachten, wenn ihre Länge 2,5 km nicht übersteigt. Die in dieser Arbeit untersuchten Frequenzen im Bereich 0 Hz bis 12 kHz an verschiedenen Arten von Energieübertragungsleitungen können daher nur an sehr kurzen Leitungsabschnitten von wenigen Metern mit den aufgeführten Vereinfachungen vorgenommen werden. In Ausnahmefällen können auch Kettenschaltungen elektrisch kurzer Abschnitte als Grundlage dienen. [CRA15, S. 180] Diese kurzen elektrischen Leitungsabschnitte können ferner als in erster Näherung verlustfrei betrachtet werden. Ohmscher Widerstand im Leitermaterial und dielektrische Verluste können somit vernachlässigt werden. Für das Ersatzschaltbild in Abbildung 33 gilt $R'\mathrm{d}x \approx 0$ und $G'\mathrm{d}x \approx 0$. Die Fortpflanzungskonstante (2-45) ist nun rein imaginär und vereinfacht sich zu:

$$\underline{\gamma} = \mathrm{j}\omega\sqrt{L'C'} \tag{2-53}$$

Nun gilt $\alpha = 0$ sowie $\beta = \omega\sqrt{L'C'}$ und der Wellenwiderstand kann mit der Beziehung

$$Z_\mathrm{W} = \sqrt{\frac{L'}{C'}} \tag{2-54}$$

dargestellt werden. [GUS19, S. 79]

Verlustlose Leitung:
Bei der verlustlosen Leitung ist der Wellenwiderstand somit rein reell und von der Kreisfrequenz unabhängig [GUS19, S. 79]. Die verlustlose Leitung ist dämpfungs- und verzerrungsfrei und das Ausgangssignal weist gegenüber dem Eingangssignal nur eine Laufzeit auf [SÖD18].

Die Gleichungen (2-51) und (2-52) werden damit zu

$$\underline{Z} = \mathrm{j}\omega L \tag{2-55}$$
$$\underline{Y} = \mathrm{j}\omega C \tag{2-56}$$

weiter vereinfacht.

Die aufgeführten Vereinfachungen im Rahmen dieser Betrachtung der Leitungstheorie zeigen, dass die physikalischen Eigenschaften der betrachteten kurzen Leitungsabschnitte im Hinblick auf deren Nutzung als Informationsquelle und -übertragungsmedium im Bereich 0 Hz bis etwa 12 kHz mit dem Ziel der Zustandsermittlung geeignet sind.

2.3.3 Signalübertragungsverhalten

Die Eigenschaften von Energieverteilnetzen im NS-Bereich sind hinsichtlich der eingesetzten Leitertypen und der Netzstruktur (vgl. Abbildung 26) häufig inhomogen. Daraus resultieren Einschränkungen bei der Übertragung von Informationen über diese Netze. Aufgrund der für gewöhnlich nicht vorhandenen Schirmung bei den Energieleitungen in diesen Netzen kann es zu Einkopplungen von Störungen bzw. Abstrahlungen elektromagnetischer Wellen und somit Informationsverlusten kommen. Von einer Abstrahlung besonders betroffen sind kurzwellige Signale. [BLU08, S. 316] Des Weiteren können gerade in Industrienetzen sogenannte Netzrückwirkungen auftreten, welche bspw. von Schaltnetzteilen oder Stromrichtern hervorgerufen werden und sich ebenfalls negativ auf das Übertragungsverhalten auswirken können [SCH11, S. 395]. Dennoch werden Stromversorgungsleitungen im NS-Netz erfolgreich als Kommunikationskanal verwendet. Die Technologie der Powerline-Kommunikation (engl. powerline communication, PLC) umfasst Systeme, die mittels Aufmodulation von Signalen auf Stromleitungen Nachrichten übertragen [KOL08, S. 97]. Bei dieser Art der Datenübertragung über diese Netze werden jedoch nur störungsrobuste Übertragungsverfahren wie OFDM (engl. orthogonal frequency-division multiplexing) oder Bandspreizverfahren eingesetzt [BLU08, S. 316].

Dieser Abschnitt beleuchtet daher die Einflussmechanismen auf die in dieser Arbeit betrachteten elektrischen Stromprofile des NS-Netzes. Abhängig von der Distanz zur Störquelle und des Ausbreitungsmediums gelangen Störgrößen über verschiedene Kopplungsmechanismen sowie in beliebigen Kombinationen daraus zur Störsenke, also in den Empfängerstromkreis (vgl. Abbildung 35).

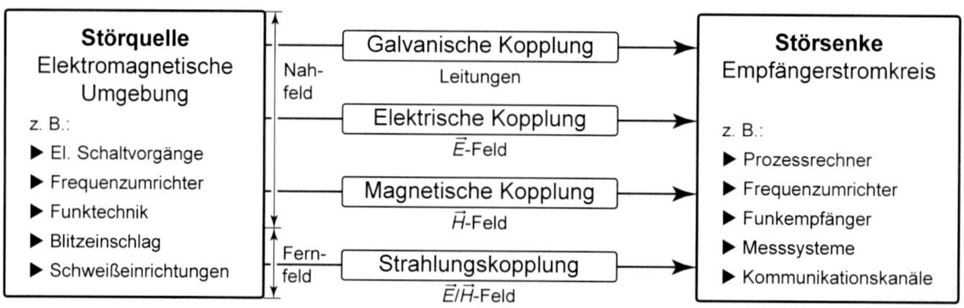

Abb. 35: Kopplungsmechanismen elektromagnetischer Beeinflussungen im industriellen Umfeld nach [SCH11, S. 26, 417]

Elektromagnetische Beeinflussungen, die über eine oder mehrere elektrische Leitungen bzw. mittels passiver Komponenten (Transformatoren, Kondensatoren etc.) leitungsgebunden in die Störsenke gelangen, gehören zur galvanischen Kopplung. Dieser Mechanismus tritt auf, wenn zwei Stromkreise eine gemeinsame Impedanz Z aufweisen, z. B. an einem gewöhnlichen Leitungsabschnitt oder einem anderweitig beschaffenen Zweipol.

[SCH11, S. 25-27] Bei parallel geführten elektrischen Leitern kann es durch die Wirkung des elektrischen Feldes zur sogenannten elektrischen oder kapazitiven Kopplung kommen, z. B. wenn sich die Leiter zweier Stromkreise auf unterschiedlichen Potenzialen befinden [KOL08, S. 106], [SCH11, S. 27]. Die magnetische oder induktive Kopplung wird zwischen zwei oder mehreren parallel geführten stromdurchflossenen Leiterschleifen beobachtet und durch das magnetische Feld verursacht [KOL08, S. 106], [SCH11, S. 28]. Neben diesen Kopplungsmechanismen, die im Nahfeld der Störquelle wirken, also im quasistatischen Bereich, in dem das elektrische Feld $\vec{E}$ und das magnetische Feld $\vec{H}$ voneinander unabhängig auftreten, wird der Begriff der Strahlungskopplung hier für die Fälle beschränkt, bei denen sich der Empfängerstromkreis im Fernfeld der Störquelle befindet. Das elektrische und das magnetische Feld treten dabei gleichzeitig auf und sind über den Wellenwiderstand im Vakuum

$$Z_0 = \frac{|\vec{E}|}{|\vec{H}|} = \mu_0 \, c \approx 377\,\Omega \qquad (2\text{-}57)$$

miteinander verknüpft. [SCH11, S. 29]

Netzrückwirkungen:
Schwankungen und Oberschwingungen in der Spannung von Energieversorgungsnetzen, hervorgerufen durch elektrische Betriebsmittel mit nichtlinearer oder zeitvarianter Strom-Spannungskennlinie, werden Netzrückwirkungen genannt [SCH11, S. 74].

Einige Motoren, Transformatoren, Stromrichter, leistungselektronisch geregelte Antriebe etc. können auch bei ursprünglich sinusförmiger Wechselspannung nichtsinusförmige Ströme aufnehmen. Diese können entlang ihres Wegs zu den Verbrauchern an den Netzimpedanzen nichtsinusförmige Spannungsfälle hervorrufen und zu einer Verzerrung der Netzspannung beitragen bzw. deren Oberschwingungseigenschaften beeinflussen. Oberschwingungen und Schwankungen im NS-Netz können technische Betriebsmittel beeinträchtigen. [SCH11, S. 74] Davon abgesehen können diese zu unterschiedlichen Zeiten an unterschiedlichen Orten in industriellen NS-Netzen vorkommen, je nachdem welche Anlage im Betrieb ist und je nachdem welcher Betriebszustand der jeweiligen Anlage gerade vorherrscht. Zudem ist nicht auszuschließen, dass sich die Netzrückwirkungen verschiedener Anlagen im betrachteten NS-Netz gegenseitig beeinflussen und überlagern, sodass sich zu unterschiedlichen Messzeitpunkten und -orten verschiedene Erscheinungsformen und -intensitäten ergeben.

Eine Klassifizierung von Störquellen elektromagnetischer Energie kann anhand deren Erscheinungsform im Frequenzspektrum erfolgen [SCH11, S. 65]. Störungen können prinzipiell in schmal- und breitbandig unterteilt werden (vgl. Abbildung 36). Die Zuordnung ist abhängig von der Empfängerbandbreite (B_{ZF}). [SCH11, S. 315] Ein Signal wird demnach schmalbandig genannt, wenn sich dessen Spektrum (bzw. die Spektrallinienbreite) über eine kleinere Bandbreite als die des Empfangssystems erstreckt. Sinusförmige Signale mit diskreter Frequenz und periodische nichtsinusförmige Signale (z. B. Rechteckspannungen, periodische Impulse), deren Grundfrequenz f_1 (bzw. deren Spektrallinienabstand) groß gegenüber der Empfängerbandbreite B_{ZF} ist, gehören zu den schmalbandigen Störgrößen. Schmalbandige Störungen haben häufig keinen natürlichen Ursprung und können bspw. in technischen Systemen wie etwa Funksendern entstehen, durch Leckstrahlungen industrieller und medizinischer Hochfrequenzgeneratoren auftreten oder im öffentlichen Stromnetz vorkommen. Eine Charakterisierung erfolgt typischerweise anhand der Amplitude oder des Effektivwerts bei der jeweiligen Frequenz (Linienspektrum). [SCH11, S. 65]

Ein Signal wird hingegen als breitbandig bezeichnet, wenn dessen Spektrum eine größere Bandbreite als die des Empfängers umfasst. Breitbandige Störquellen sind durch ein Spektrum mit sehr dicht bzw. unendlich dicht aneinander liegenden Spektrallinien gekennzeichnet (kontinuierliches Spektrum, bzw. Amplitudendichte) und treten in natürlicher Form (z. B. kosmische Hintergrundstrahlung) oder als nichtperiodische Schaltvorgänge in Erscheinung. [SCH11, S. 65]

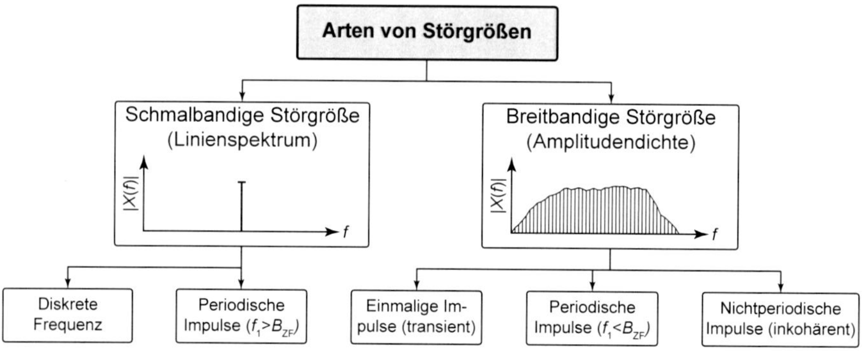

Abb. 36: Unterteilung von Störgrößen in schmal- und breitbandige Störungen nach [SCH11, S. 65, 315]

Anhand der Ausführungen in diesem Abschnitt kann dargestellt werden, dass das NS-Netz aus einer Vielzahl von Kanälen mit jeweils unterschiedlicher Qualität und Charakteristik besteht, zeit- und frequenzvariante Eigenschaften aufweist [BAU10, S. 518] und zudem unterschiedlichen Störquellen und -größen ausgesetzt ist. Ort und Zeitpunkt einer Messung sowie die aktuell vorherrschenden Störbedingungen spielen in der vorliegenden Arbeit somit eine wichtige Rolle. Diese Erkenntnisse werden bei der Untersuchung von Objekten im produzierenden Umfeld der in dieser Arbeit vorgestellten Lösung berücksichtigt.

2.4 Zwischenfazit

Wissen aus Daten entwickelt sich in Unternehmen zunehmend zu einem wichtigen Wettbewerbsfaktor. Die stetig größer werdende Menge an verfügbaren und potenziell nützlichen Daten bleibt dennoch vielfach ungenutzt und Potenziale werden nur selten voll ausgeschöpft. Fehlende Kenntnisse bei der Nutzbarmachung von Daten sowie eine oftmals geringe Datenqualität im Produktionsumfeld spielen dabei eine wesentliche Rolle.[10]

Durch die digitale Transformation und die damit einhergehende Verschmelzung der physischen mit der virtuellen Welt durchläuft die Industrie derzeit einen Paradigmenwechsel [BUN15, S. 1]. Die über das Internet kommunizierenden cyber-physischen Systeme stellen dabei eine der grundlegenden Neuerungen dar [BUR17, S. 60]. Werden Anlagen oder ganze Produktionsstandorte mit einer Vielzahl dieser CPS ausgestattet und untereinander vernetzt, entstehen sogenannte cyber-physische Produktionssysteme (CPPS) [GAN13a, S. 13].

[10] vgl. Kapitel 1 und Kapitel 2

Die Sensoren dieser CPPS erzeugen fortwährend Messsignale aus denen relevante Informationen, z. B. zu Objektzuständen als Basis für die zustandsorientierte Instandhaltung, abgeleitet werden können [BUN15, S. 8]. Der Ausbau der Kommunikation zwischen Anlagen und Objekten ermöglicht zudem eine autonome Anforderung von Instandhaltungsmaßnahmen [BUN15, S. 8].

Durch den globalen Wettbewerb und aufgrund der Zunahme der Produktkomplexität in den vergangenen Jahren ist auch die Komplexität der Produktionssysteme angestiegen [KAG13, S. 17], [NIG14, S. 173]. Aus der fortschreitenden Automatisierung sowie der steigenden Komplexität technischer Anlagen und Aufgaben resultiert ferner eine Zunahme der Störanfälligkeit [SCH06, S. 4], [TOR11]. Die Forderungen nach einer erhöhten Anlagenverfügbarkeit sowie steigende Sicherheitsansprüche unterstreichen die Relevanz der Instandhaltung [KUH06, S. 17]. Eine zu spät durchgeführte Instandhaltungsmaßnahme kann in der Praxis mit unerwünschten Ausfällen im Produktionsprozess verbunden sein [EIC11, S. 6]. Die indirekten Kosten solcher ungeplanter Störungen bzw. daraus resultierender Produktionsstillstände können die Kosten einer direkten Instandhaltungsmaßnahme deutlich übersteigen [KAG13, S. 107].

Die zustandsorientierte, voraussagende Instandhaltung gewinnt somit zunehmend an Bedeutung. Dies bestätigt auch die Studie der *BearingPoint GmbH* aus dem Jahr 2015 zur „Gegenwart und Zukunft der technischen Instandhaltung“ [BLA15], in der 51 Unternehmen aus verschiedenen instandhaltungsintensiven Industrien befragt wurden. Eine der Haupterkenntnisse der Studie besagt, dass Industrie 4.0 sowie die fortschreitende Vernetzung von Anlagen großen Einfluss auf die technische Instandhaltung haben und u. a. die zustandsorientierte Strategie überdurchschnittlich zunehmen wird. [BLA15]

Der Einsatz fortgeschrittener mathematischer Methoden, insbesondere KI-Verfahren wie KNN zur Lösung komplexer Aufgabenstellungen im Bereich der Instandhaltung, führt zu einer Verbesserung der Planbarkeit von Instandhaltungsmaßnahmen und ermöglicht es, den Abnutzungszustand von technischen Anlagen durch messtechnisch erhobene Daten zu ermitteln, zu überwachen und zu steuern [ANS19, S. 318], [SCH10, S. 4]. Deren Betriebs- und Ausfallverhalten lassen sich mit KI-Verfahren besser abbilden als mit den konventionellen Möglichkeiten.

Anhand der theoretischen Betrachtung des Niederspannungsnetzes, im Hinblick auf dessen Nutzung als Informationsübertragungsmedium und Signalquelle im Frequenzbereich von 0 Hz bis 12 kHz mit dem Ziel der Zustandsermittlung, kann festgehalten werden, dass die im Rahmen der Arbeit betrachteten kurzen Leitungsabschnitte bezüglich der Aufgabenstellung geeignet sind. Aufgrund der in diesem Netz vorherrschenden unterschiedlichen Störquellen und -größen sind je nach Ort und Zeitpunkt der Signalerhebung jedoch die aktuellen Störbedingungen zu berücksichtigen.

3 Stand der Erkenntnisse

Das vorliegende Kapitel stellt einen Überblick der in der wissenschaftlichen Literatur publizierten Konzepte und Lösungsansätze im Forschungsgebiet dar. Basierend auf den Erläuterungen der vorherigen Kapitel (vgl. Kapitel 2), den aus dem Handlungsbedarf abgeleiteten Leitlinien (vgl. Abschnitt 1.2) sowie den daraus resultierenden Zielen (vgl. Abschnitt 1.3) wird dieses Forschungsgebiet im Folgenden konkretisiert und die zugehörigen Forschungsschwerpunkte definiert:

- **Forschungsgegenstand**
  Zustandsorientierte, voraussagende Instandhaltung mit dem Fokus auf elektrische Verbraucher sowie verschleißbehaftete Komponenten in produzierenden Anlagen
- **Forschungsinstrumente**
  Echtzeitnahe, prädiktive Analytik mittels ML-Verfahren (insbesondere KNN)
- **Messgröße**
  Elektrische Stromprofile der Hauptzuleitung produzierender Anlagen
- **Merkmalserzeugung**
  Erkenntnisgewinn durch Abtastfrequenzen > 10 kHz
- **Forschungsfokus**
  Dezentrale Smart-Sensor-Systeme (Edge-Computing)
- **Lösungserprobung und -evaluation**
  Soft- und hardwarebasiertes Versuchsmodell zur praxisnahen Erprobung

Die Auswertung des Stands der Erkenntnisse beleuchtet neben Konzepten und Lösungsansätzen auch Vorgehensweisen und Methoden aus den genannten Bereichen und geht auf veröffentlichte Lösungen ein. Ähnliche Ansätze werden in ihren Grundzügen bezüglich Zielsetzung und Ergebnissen betrachtet. Abschließend werden relevante wissenschaftliche Arbeiten hinsichtlich oben genannter Forschungsschwerpunkte gegenübergestellt und von den eigenen Forschungsinhalten abgegrenzt.

3.1 Etablierte Messgrößen der Zustandserfassung

In Unterabschnitt 2.2.3 werden die Anforderungen an Messsysteme und Messgrößen für die Zustandserfassung beschrieben sowie bekannte Messgrößen vorgestellt. Im Folgenden soll erläutert werden, warum elektrische Größen, insbesondere Stromprofile für die Zustandserfassung und -beurteilung besonders geeignet sind.

Aufgrund der Einfachheit von Drehoperationen sind diese Gegenstand zahlreicher Untersuchungen [REH05, S. 695]. Ein großer Anteil an themenrelevanten Veröffentlichungen ist daher im Bereich der Zustandsüberwachung an Werkzeugmaschinen vorzufinden. Ein weiterer Publikationsschwerpunkt ist dem Themenfeld der Motorstromanalyse zuzuordnen. Im Folgenden werden etablierte Messgrößen zur Zustandserfassung und -überwachung an technischen Anlagen erläutert. Aufgrund der Vorteile der indirekten Messgrößen (vgl. Unterabschnitt 2.2.3), wie die Erfüllung der Forderung nach einer demontagearmen bzw. -freien Aufnahme des Istzustands sowie einer kontinuierlichen Signalerfassung während des Betriebs, werden hierbei insbesondere indirekte Verfahren betrachtet. Direkte Messverfahren, bspw. auf Basis mechanischer Taster oder optischer Sensoren, arbeiten hingegen häufig intermittierend, also während der Bearbeitungspausen [WEC06, S. 357]. Auch Kamerasysteme mit zugehöriger Auswertungsanwendung, bspw. die in Pfeifer et al. beschriebene Bildverarbeitungssoftware *ToolSpy* zur automatisierten Werkzeugverschleißmessung von Frässystemen, unterliegen meist dieser Limitation [PFE06, S. 217-233]. In Tabelle 3 ist eine Auswahl an Veröffentlichungen gegeben, die sich mit den zuvor eingeschränkten Messgrößen beschäftigen.

Betrachtete Messgrößen	Relevante Veröffentlichungen und Beiträge
Mechanische Größen	[BRI90], [CHU18], [JAN05], [JAU18], [KLE19], [LI17], [REU01], [TOR11]
Akustische Größen und Oszillationen	[BAR09], [BHU14], [DIM00], [DYK16], [ESU16], [JAN05], [JAU18], [KIL11], [KLE19], [KUR18], [REU01], [ROQ12], [SHA17], [TOR11], [WAL11], [YES07]
Elektrische Größen	[BUR97], [JAN05], [KLE19], [KON12], [KUR18], [LEE95], [LES12], [LI00], [LI12], [LI18], [MAR12], [MEN04], [PAT06], [ROQ12], [SAL19], [WAN17]

Tab. 3: Übersicht relevanter Publikationen im Forschungsgebiet sortiert nach Messgrößen

3.1.1 Mechanische Größen

Die Messung von Kräften, insbesondere Schnittkräften, kommt vorwiegend bei der Überwachung von Schneidprozessen sowie der Erkennung von Werkzeugbruch und -verschleiß bei rotierenden Bearbeitungsprozessen zum Einsatz [JAN05, S. 22], [REH05, S. 695]. Eine weitere häufig gemessene Größe bei diesen Anwendungen ist das Schnittmoment [JAN05, S. 22], das in direktem Zusammenhang mit den Schnittkräften steht [REH05, S. 701]. Einen Nachweis für die Beziehung zwischen Werkzeugverschleiß und Schnittkraft liefern Chuangwen et al. und belegen zudem, dass die Schnittkraft mit dem Verschleiß zunimmt und ähnliche Trends aufweist [CHU18, S. 13]. Als Schnittkraftsensoren werden in der Laborumgebung vorwiegend Dynamometer eingesetzt. Allerdings sind diese in einer Produktionsumgebung aufgrund der hohen Kosten, der negativen Auswirkungen auf die Steifigkeit des Schneidsystems, des Kabelbaums und der eingeschränkten Bearbeitungswege weniger gut geeignet [LEE95, S. 59], [LI00, S. 697]. Rehorn et al. führen in ihrer Übersicht auf, dass die Schnittkräfte in einigen Fällen mittels Dynamometern erfasst werden, diese sich aber auch anhand der Spindel- und Antriebsparameter, einschließlich Spannung, Strom und Drehzahl, ermitteln lassen [REH05, S. 695].

3.1.2 Akustische Größen und Oszillationen

Die Erfassung und Analyse von Vibrationen (mechanische Oszillationen) bis 20 kHz zählt zu den am weitesten verbreiteten Techniken der Zustandsüberwachung an rotierenden Systemen. In der spanenden Bearbeitung sind diese Techniken weniger verbreitet als die Kraft- und Drehmomentmessungen. Als mögliche Ursache hierfür führt Jantunen die Vielzahl an Störeinflüssen (Rauschen) bei Schnittprozessen an [JAN05, S. 24].

Vibrationsanalysen können auf alle Arten von sich drehenden und schwingenden Objekten wie Wellen, Lager, Zahnräder, Lüfter sowie an Motoren, Pumpen, Elektromotoren, Generatoren, Kompressoren und Getrieben angewandt werden. Diese erzeugen durch die Drehbewegungen charakteristische Schwingungen, deren Frequenz durch die Drehgeschwindigkeit und Geometrie der Objekte sowie deren Wechselwirkungen mit anderen Teilen bestimmt wird. Die Amplituden bestimmter Frequenzanteile können mit zunehmendem Verschleiß oder plötzlich auftretenden Störungen Veränderungen aufweisen und somit zur Detektion des Abnutzungsvorrats eines Objekts oder eines bevorstehenden Versagens verwendet werden. Da Schwingungen nach dem zurückgelegten Weg, der Geschwindigkeit oder der Beschleunigung charakterisiert werden können, werden Sensoren verwendet, die eine dieser Größen erfassen. [BOG13, S. 296] Chuangwen et al. zeigen, dass bei Schneidprozessen neben der Schnittkraft mit dem Werkzeugverschleiß auch die Vibration zunimmt [CHU18, S. 13]. Im Zusammenhang mit der Vibrationsüberwachung an Schneidwerkzeugen gibt es eine Reihe von Nachteilen. Neben dem Einfluss des Werkzeugverschleißes wird das Schwingungssignal auch durch den Werkstückwerkstoff, die Schnittbedingungen und den Werkzeugmaschinenaufbau beeinflusst [JAN05, S. 24]. Insbesondere sind zudem Störeinflüsse durch externe Systeme bei der Vibrationsanalyse zu berücksichtigen, die das Messsignal beeinflussen können [KUR18, S. 32].

Analog zur Vibrationsanalyse kann auch der Luftschall zur Zustandsüberwachung verwendet werden. Mechanische Schwingungen von Werkzeugmaschine, -halter und Werkzeug werden teilweise in Schall umgewandelt. Demzufolge sind die Informationen der Vibrationssignale auch dort enthalten und anhand von Schallmessungen, z. B. mit einem Mikrofon, erfassbar. Diese Messungen sind trotz der Einfachheit bisher nicht weit verbreitet und zudem noch stärker durch äußere Störeinflüsse beeinflussbar, insbesondere durch laute Geräusche. [JAN05, S. 25] Der Luftschall ist als Messgröße daher störanfälliger als Vibrationen [JAN02, S. 1000].

Schwingungsmessungen im Frequenzbereich von 20-80 kHz werden in der Literatur als Ultraschallschwingungen bezeichnet [HAY88, S. 61-64]. Für Vibrationen unterhalb dieses Bereichs sind als Quellen vorwiegend Strukturschwingungen anzuführen, die Informationen zu Problemen von kleineren respektive leichteren Objekten überlagern können [JAN05, S. 5]. Hayashi et al. zeigen, dass mithilfe von Messungen im Ultraschallbereich auf verschiedenen Werkzeugmaschinen insbesondere Werkzeugbrüche detektiert werden können [HAY88].

Einige Zustandsmerkmale zeigen sich jedoch erst in höheren Frequenzbereichen. Die Körperschalltechnik erfasst daher Schwingungen im Kilo- bis Megahertzbereich an Festköpern. [BOG13, S. 296] Körperschall entsteht durch die spontane Freisetzung transienter elastischer Wellen in Festkörpern als Folge plötzlicher örtlicher Spannungsänderungen [SCR85, S. 201]. Die Quellen solcher lokalen Spannungsänderungen sind u. a. spröde Bruchvorgänge, plastische Deformationen, Risswachstum oder Reibungsvorgänge [RAU04], [WAC15, S. 17]. Weitere Ursachen sind bspw. Faserbrüche, Risse und Delamination in Verbundwerkstoffen [BOG13, S. 296]. Die speziellen Schwingungsaufnehmer können bei unzureichender Richtwirkung Umgebungsgeräusche aufnehmen, was das Signal-Rausch-Verhältnis der Messdaten verringern kann. Um dies zu vermeiden, sollte der Sensor so nah wie möglich an der Bearbeitungsstelle platziert werden, was abhängig vom Prozess ein ungünstiges Umgebungsmilieu (Späne, Kühlschmiermittel etc.) einschließen kann. [REH05, S. 695]

3.1.3 Elektrische Größen

Die bisher genannten Messgrößen und -techniken weisen einige Gemeinsamkeiten auf. Zum einen findet die Erfassung der Messgröße häufig im Bearbeitungsraum einer Anlage bzw. in unmittelbarer Nähe zum untersuchenden Objekt statt. Die dort oftmals ungünstigen Umgebungsbedingungen können sich nachteilig auf die Langlebigkeit der Messwertaufnehmer auswirken sowie einen Einfluss auf die Signalqualität haben. Vibrationen, Körperschall und insbesondere Luftschall sind zudem dem Einfluss externer Störgrößen ausgesetzt. Viele Zustände, die über diese Techniken erfasst werden, können auch in der Leistungs- oder Stromaufnahme des jeweiligen elektrischen Verbrauchers detektiert werden [JAN02, S. 1001], [LI00, S. 697], [PAT06, S. 1344], [REH05, S. 694], [ROQ12, S. 799], [WAN17, S. 686]. Dabei ist jedoch zu berücksichtigen, dass die Weglänge vom Ort der Zustandsänderung bis zum digitalisierten Messsignal länger ist, verschiedene Medienübergänge überwunden werden müssen und dadurch Zustandsinformationen verloren gehen oder gedämpft werden können. Das indirekte Messverfahren weist somit eine geringere Genauigkeit im Gegensatz zu direkten Methoden auf. So führen Klaic et al. für den Werkzeugverschleiß beim Bohren an, dass die Informationen in Stromprofilen von Motordynamik und Motortemperatur abhängig bzw. beeinträchtigt sein können [KLA14, S. 1328].

Li et al. liefern einen Ansatz zur Strommessung bei der Werkzeugverschleißdetektion an einer Drehmaschine. In deren Arbeit wird die Schnittkraft eines Vorschubantriebs mit Hilfe eines kostengünstigen Stromsensors ermittelt. Die experimentellen Ergebnisse zeigen, dass die Überwachung des Werkzeugverschleißzustands effektiv und industriell anwendbar ist. [LI00] Wang et al. untersuchen den Spindelstrom eines Fräsbearbeitungszentrums, um daraus eine Abschätzung zur Werkzeugstandzeit eines Mikrofräswerkzeugs zu ermitteln und dadurch die Produktqualität zu sichern. Die experimentellen Ergebnisse zeigen, dass das Stromsignal geeignet ist, um den Werkzeugverschleiß beim Mikrofräsen zu identifizieren. Es konnte ein eindeutiger Zusammenhang zwischen dem gemessenen Spindelstrom und dem Werkzeugverschleiß festgestellt werden. Anhand von Regressionsanalysen ist es zudem möglich, Vorhersagen zum Verschleiß des Werkzeugs und zur zu erwartenden Oberflächengüte des Werkstückes auf Basis dieses Stromprofils zu treffen. [WAN17]

Die Analyse der Motorstromaufnahme ermöglicht es, charakteristische Diagnoseinformationen bei Motoren zu ermitteln. Gemäß Thibault kann dies auf den vier Ebenen Mittelwert, zeitliche Änderungen, Transienten und Frequenzspektrum erfolgen [THI90, S. 74]. Mit Hilfe des Frequenzspektrums können bspw. die Drehzahl, die Nut- sowie die Lamellenfrequenz von Kommutatormotoren identifiziert werden [BUR97, S. 48].

Ein spezielles Verfahren der Motorstromanalyse ist MCSA (engl. motor current signature analysis). Das Verfahren wurde entwickelt, um die Auswirkungen der Alterung und des Betriebsverschleißes speziell bei motorbetriebenen Ventilen zu bestimmen, die in Sicherheitssystemen von Kernkraftwerken eingesetzt werden, ist aber auf ein breites Spektrum an Maschinen anwendbar (z. B. Hubkolbenpumpen, Kreiselpumpen, Ventilatoren). MCSA basiert auf der Erkenntnis, dass ein Elektromotor, der eine mechanische Last antreibt, als effizienter und permanent verfügbarer Wandler fungiert, indem er mechanische Lastschwankungen (sowohl große und kleine als auch langsame und schnelle) erfasst und in Änderungen des in den Motorwicklungen erzeugten induzierten Stroms umwandelt. Diese Motorstromschwankungen werden von den elektrischen Leitern übertragen und können an jeder beliebigen Stelle entnommen und individuell ausgewertet werden. Motorstromsignaturen, die sowohl im Zeit- als auch im Frequenzbereich betrachtet werden, liefern Diagnoseindikatoren, die sich im Laufe der Zeit verändern können und somit frühzeitig Hinweise auf eine Zustandsänderung ermöglichen. [THI90, S. 73]

Die meisten Analysen zur motorstrombasierten Fehlerdiagnose basieren auf dem Einsatz der schnellen Fourier-Transformation. Rotordefekte können damit bspw. erfolgreich erkannt werden. Einige der heute vermehrt eingesetzten relevanten Signalverarbeitungstechniken sind neben weiteren die Kurzzeit-Fourier-Transformation, die diskrete Wavelet-Transformation (engl. discrete wavelet transform, DWT), die kontinuierliche Wavelet-Transformation (engl. continuous wavelet transform, CWT) oder die spektrale Leistungsdichte (engl. power spectral density, PSD) [KAR16, S. 4].

Menacer et al. nutzen den Statorstrom, um defekte Rotorstäbe zu analysieren. Basierend auf einer Simulation eines beginnenden Rotorstabfehlers an einem Induktionsmotor interpretieren sie die Frequenzkomponenten des Stromspektrums, die auf Rotorasymmetrien zurückzuführen sind und können sowohl Teildefekte als auch den kompletten Bruch des Rotors erkennen. Die Amplituden der beobachteten Frequenzbänder erhöhen sich bei einem Defekt sichtbar. [MEN04] Mit Hilfe des Frequenzspektrums des Stroms können außerdem Defekte wie Rotor- und Lagerschäden, Kurzschlüsse in den Statorwicklungen sowie Exzentrizitäten bei elektrischen Maschinen festgestellt werden [EL 00, S. 984-985], [MAR12]. Marcelo et al. identifizieren hierfür die charakteristischen Frequenzen sowie deren Amplituden und zeigen, dass es mit der vorgestellten Methode möglich ist, die Ausfälle in einem beginnenden Stadium zu erkennen [MAR12].

Weiterhin stellen Smith et al. bei einem Verdichtermotor eine Veränderung der charakteristischen Frequenzen des Stromprofils bei unterschiedlichen Lasten fest. Die resultierenden Daten ähneln in ihrer Form den Informationen, die durch Standard-Vibrations-Sensortechniken gewonnen werden, und können im Wesentlichen mit identischen Methoden analysiert werden. Darüber hinaus konnten andere Maschinen wie Kältekompressoren, Solepumpen, Vakuumpumpen, Lüfter und Elektromotoren charakterisiert werden, um zahlreiche Arten von mechanischen und elektrischen Fehlern zu identifizieren. [SMI90, S. 87]

Praveenkumar et al. stellen elektrische Stromprofile, Vibrationssignale sowie akustische Signale gegenüber, um eine frühzeitige Fehlerdiagnose in Getrieben zu untersuchen. Elektrische Stromprofile erzielen als Messgröße unabhängig von der Wahl des Modells die besten Ergebnisse. Die Vorhersagegenauigkeit ist dabei sowohl bei dem Modell der Support Vector Machine als auch bei KNN höher. [PRA17]

Zu den Vorteilen der Strommessung zählen geringe Kosten der Messtechnik, eine unkomplizierte Installation und Signalaufnahme (z. B. während des Anlagenbetriebs), eine nahezu Echtzeitinformationsübertragung zwischen Zustandsmerkmal am Objekt und Messstelle in der Stromleitung sowie eine gute Reproduzierbarkeit [BUR97, S. 51], [LI18, S. 1]. Ein weiterer positiver Aspekt bei der Verwendung des Stromprofils ist, dass der Bearbeitungsprozess durch das indirekte Messen nicht gestört wird. [KLA14, S. 1328] Moderne Produktionsanlagen werden fast ausschließlich elektrisch betrieben [BRE14, S. 497]. Bei älteren Bestandsanlagen ist ein sogenannter Retrofit mit den benötigten Sensoren einfach umzusetzen [BYR95, S. 548-550]. Elektrische Größen sind somit per se in jeder elektrischen Anlage vorhanden und weisen daher in produzierenden Unternehmen eine hohe Verfügbarkeit auf.

Die Stromanalyse ist ein erprobtes Mittel zur Zustandsdiagnose an elektrischen Maschinen. Daneben wird diese Technik auch bei der Qualitätskontrolle, z. B. von elektrischen Kleinmotoren eingesetzt [BUR97, S. 53]. In Bezug auf den Einsatz der Analyse des Stromspektrums für die Detektion von verschiedenen Betriebsszenarien elektrischer Maschinen, der Erkennung von Komponenten, die von diesen Maschinen angetrieben werden sowie der Diagnose und Prognose von Abnutzungserscheinungen an diesen Komponenten, besteht jedoch noch Forschungsbedarf. Zwar konnten Smith et al. belegen, dass sich im stationären Betrieb das Spektrum bei veränderter Last ändert [SMI90, S. 88]. Allerdings sind keine Ansätze bekannt, bei denen verschiedene elektrische Maschinen mit unterschiedlichen Lasten bzw. Betriebsszenarien im dynamischen Betrieb identifiziert werden oder bei denen der Abnutzungsvorrat, der von diesen Maschinen betriebenen Systeme (z. B. Bremssysteme) zuverlässig vorhergesagt wird.

3.2 Anwendung künstlicher neuronaler Netze in eingebetteten Systemen

Cotton beschreibt in seiner Dissertation eine Lösung zur Einbettung von KNN in unterschiedliche technische Systeme und für den Einsatz in verschiedenen Anwendungsgebieten. Dabei stellt er heraus, dass KNN bereits in vielen Industriezweigen wie der Industrieelektronik in den Bereichen Antriebstechnik, Leistungsverteilung sowie Steuer- und Regelungstechnik angewendet werden. Ebenso belegt er, dass der Anwendungsbereich der eingebetteten Systeme einen starken Zuwachs erfährt. Auch die *bitkom*-Studie zur Bedeutung des Sektors Embedded-Systeme in Deutschland kommt zu diesem Schluss [ZIE08, S. 10]. Weiter resümiert Cotton, dass bei der Verknüpfung beider Themenkomplexe, also dem Bereich der eingebetteten künstlichen neuronalen Netze, Forschungsbedarf besteht. Insgesamt liefert er mit seiner Arbeit den Beleg für die Eignung eben dieser Komposition. [COT10]

Für den Themenbereich der Zustandsüberwachung mittels KNN in eingebetteten Systemen sollen im Folgenden ausgewählte Beispiele genannt werden.

Biansoongnern et al. identifizieren mit einem NILM-Ansatz (engl. nonintrusive load monitoring) anhand der Leistungsaufnahme in der Hauptzuleitung verschiedene Verbraucher in einem Haushalt. Mit einem Messsystem am Hauptstromverteiler wird mit einer Abtastfrequenz von 1 Hz die Leistung gemessen und auf einem Mikrocontroller abgespeichert. Bei einer Veränderung des Signals wird ein MLP mit Feedforward- und Backpropagation-Architektur zur Analyse der Daten herangezogen. In einer Simulation kann dabei mit einer Genauigkeit von durchschnittlich 98 % korrekt klassifiziert werden, ob unterschiedliche elektrische Verbraucher wie eine Klimaanlage, ein Fernseher, ein Kühlschrank und ein Reiskocher gleichzeitig in Betrieb oder vom Netz getrennt sind. In einem Praxistest konnte außerdem mit einer Genauigkeit von 95 % korrekt ermittelt werden, ob einer dieser Verbraucher ein- oder ausgeschaltet wurde, während die anderen den Betriebsmodus beibehielten. [BIA16]

Ein Beispiel aus dem Bereich der Produktion stellt ein portables Assistenzsystem für die Echtzeit-Datenanalyse mithilfe von KNN in der Blechumformung dar, welches das Werkzeugmaschinenlabor der *RWTH Aachen* beschreibt. Dieses besteht aus einem Prüfstand zur Simulation feinschneidtypischer Phänomene, einer Recheneinheit (Grafikprozessor) zur zentralen Verarbeitung von Messdaten sowie einer Benutzeroberfläche zur dezentralen Datenvisualisierung. Das System ist demnach nur teilweise dezentral ausgeführt. Der mechanische Impuls des Schnittschlags und das akustische Signal des Schnittklangs werden durch Sensoren erfasst und drahtlos an die Recheneinheit übertragen. Zusätzlich werden Werkstoffeigenschaften des Blechs erfasst. Die Daten werden mithilfe eines KNN auf der

Recheneinheit echtzeitnahe analysiert, um Zusammenhänge im Prozess wie Anomalien im Schnittschlag sowie deren Ursachen sichtbar zu machen und daraus bisher unbekannte Optimierungsmöglichkeiten abzuleiten. Die Ergebnisse werden schließlich drahtlos an der Benutzeroberfläche bereitgestellt. [TRA17]

Lu et al. stellen einen Ansatz zur In-situ-Motorfehlerdiagnose mittels KNN auf eingebetteten Systemen vor. Hauptbestandteile der Hardware sind ein Mikrocontroller zur Signalerfassung und ein Einplatinenrechner (Raspberry Pi 3) für die Ausführung der Modelle. Sie entwickeln ein erweitertes CNN-Modell (engl. convolutional neural network), das es ermöglicht, automatisch die relevanten Merkmale aus den Motorvibrationssignalen zu extrahieren. Als Eingangswerte für das CNN wird eine zweidimensionale Matrix verwendet, die aus einem eindimensionalen Schwingungssignal generiert wird. Das Gesamtsystem beinhaltet Module zur Signalerfassung, -konditionierung, -übertragung, -verarbeitung sowie Ergebnisanzeige und ermöglicht somit eine vollständige Motorfehlerdiagnose in nahezu Echtzeit. Das System wird auf einem Prüfstand validiert, bei dem acht Motoren unterschiedliche Gesundheits- oder Fehlerzustände aufweisen. Dabei werden je nach Modifizierung des Prüfstands Validierungsgenauigkeiten von über 95 % erreicht. Der Wirkungsgrad und die Robustheit des entworfenen Systems wurden getestet, indem das CNN-Modell, die Auflösung der Eingangsmatrix und die Intensität des Rauschens als Störgröße modifiziert wurden. [LU20]

3.3 Aktuelle Lösungsansätze im Forschungsgebiet

Veröffentlichungen zur Störungsdiagnose, -überwachung und -vorhersage weisen meist einen speziellen Fokus in Bezug auf das betrachtete Objekt auf. In Tabelle 4 sind relevante Beiträge beispielhaft zusammengefasst und den entsprechenden Betrachtungsobjekten zugeordnet. Die zugrundeliegenden Messgrößen sind dabei unterschiedlich (vgl. Unterabschnitt 2.2.3) und nicht auf den elektrischen Strom limitiert.

Betrachtete Objekte bzw. Bereiche	Relevante Veröffentlichungen und Beiträge
Produktion und Automatisierung	[DRA09], [HIR07], [JAN05], [KLE19], [MAI15], [PAT06], [REU01], [WOS19]
Elektrische Maschinen und Antriebe	[HIR07], [KAR16], [LES12], [LI12], [ROQ12], [SAL19], [SHA17], [THO16], [WAL11]
Lager, Wellen und Getriebe	[BON99], [HEL19], [LES12], [ZHO07]
Verbrennungskraftmaschinen	[BAR09], [DYK16], [GRI99], [HER99], [LIP10]
Pumpen und hydraulische Systeme	[BOO11], [HEL19], [KUR18], [TOR11]
Energieerzeugung und -verteilung	[ESU16], [KUR18], [NEU13]

Tab. 4: Übersicht relevanter Publikationen im Forschungsgebiet, sortiert nach Betrachtungsobjekten

Klein et al. entwickeln im Projekt *MoSeS-Pro* eine modulare Softwaretoolbox für die Zustandsüberwachung in der Automatisierung mittels automatisiertem maschinellen Lernen und erproben diese anhand verschiedener Anwendungsfälle. Der Ansatz kombiniert komplementäre Methoden zur Merkmalsextraktion, -selektion sowie zur Klassifikation. Die Verfahren sind so ausgewählt, dass diese auch auf dezentralen Systemen ausgeführt werden können. Die Implementierung der Algorithmen erfolgt auf einer modularen Hardwaregrundlage und ermöglicht eine sensornahe Signalanalyse. Dadurch werden relevante Merkmale in übergeordnete Instanzen übertragen, woraus eine Reduzierung der zu übertragenden Datenmengen resultiert. Dies vereinfacht die Vernetzung der Sensoren mittels drahtloser Datenübertragungstechnologien. Ein exemplarischer Anwendungsfall des Projekts ist die Zustandsbewertung an einem elektromechanischen Zylinder, in dem über eine hochaufgelöste Verschleißdetektion bzw. -vorhersage der Restlebensdauer für einzelne Zylinder berichtet wird. Dabei erscheint insbesondere die auf den Stromsignalen des Antriebsmotors basierende Modellbildung vielversprechend. Beim Schritt der Mustererkennung wird jedoch auf den Einsatz von KNN verzichtet, um die Möglichkeit einer späteren physikalischen Plausibilisierung des Modells und der Merkmale zu erhalten. [KLE19]

Im Rahmen des Projekts *AutASS* wird ein „Gesundheits-Check" für elektrische Antriebssysteme entwickelt. Ohne den Einsatz zusätzlicher Sensoren können damit Funktionen in Antriebe integriert werden, um Fähigkeiten zur intelligenten Selbstdiagnose zu schaffen. Schadhafte Komponenten des Antriebsstrangs sowie daran auftretende Verschleißerscheinungen können auf Basis ihrer Statorstromsignatur identifiziert werden. Lessmeier et al. beschreiben in diesem Kontext die Möglichkeiten der Statorstromanalyse zur Detektion von lokalen Wälzlagerschäden in einem Belastungsprüfstand. Der Prüfstand ermöglicht die experimentelle Untersuchung unterschiedlicher Fehlerkombinationen an einem Antriebsstrang. Die Signalanalyse erfolgt mittels STFT. Der Differenzierung der Fehler liegt die Kurtosis der Fehlerfrequenz zugrunde. Eine zuverlässige Fehlerdetektion wird insbesondere bei Lastvarianten mit hoher Drehzahl, niedriger Lastkraft und hohem Lastmoment sowie mit hoher Drehzahl, hoher Lastkraft und niedrigem Lastmoment erzielt. [LES12]

Wöstmann et al. beschreiben einen Ansatz für ein voraussagendes Instandhaltungssystem, das auf kostengünstigen eingebetteten Systemen und Sensortechnologie aus dem Consumer-Bereich basiert und für den Retrofit an älteren Anlagen geeignet ist. Dieser umfasst die Implementierung des Systems, dessen Anbindung an das Internet der Dinge (IoT) sowie die Anwendung maschineller Lernverfahren wie KNN und Entscheidungsbäume. Der Ansatz ermöglicht es, verschiedene Messgrößen wie Beschleunigung, Vibration, Luftdruck oder Temperatur kostengünstig zu erfassen. Das entwickelte System wird an einer Roboterzelle demonstriert. Dabei wird gezeigt, wie Entscheidungsregeln für die prädiktive Erkennung von Anomalien und bevorstehenden Fehlern mit dem System abgeleitet werden können. Ein anwendungsübergreifender Serienbetrieb und die Generierung weiterer Lösungsmuster für die Echtzeitauswertung von Sensordaten gehören zu den nächsten Entwicklungsschritten des Ansatzes. [WÖS19]

3.4 Abgrenzung zu themenspezifischen Monographien

In diesem Abschnitt werden wissenschaftliche Arbeiten vorgestellt, die sich mit dem behandelten Forschungsgebiet, insbesondere der zustandsorientierten, voraussagenden Instandhaltung befassen. Am Ende dieses Abschnitts finden eine Gegenüberstellung dieser Publikationen sowie eine Abgrenzung zu den eigenen Forschungsschwerpunkten statt.

Reuber beschreibt in seiner Arbeit einen Lösungsansatz zur Überwachung von Überlastsituationen, Kollisionen, Werkzeugbrüchen sowie Werkzeugverschleiß beim Schlichtfräsen von Freiformflächen, der anhand eines prototypischen Systems realisiert und im Produktionsumfeld erfolgreich implementiert wird. Als Messgrößen nutzt er Zerspankräfte und

Körperschall. Die anspruchsvolle Aufgabe der Verschleißüberwachung löst er mit Hilfe der Waveletanalyse. Der Werkzeugzustand wird anhand eines Vergleichs der bei der Bearbeitung ermittelten Signalkennwerte mit Referenzsignalen bewertet. Eine wesentliche Erkenntnis der Arbeit besteht in der vielversprechenden Anwendbarkeit der Waveletanalyse für die Auswertung dynamischer Signale. [REU01]

Jantunen untersucht Abnutzungserscheinungen an Bohrern und entwickelt ein Diagnoseprogramm zur indirekten Werkzeugverschleißdetektion. Sein Ansatz basiert auf der Verwendung der Fuzzy-Logik sowie der polynomialen Regressionsanalyse höherer Ordnung. Zur Überwachung des Bohrerzustands untersucht er verschiedene Messgrößen wie Vibration, Körperschall, Luftschall, Spindelleistung und Axialkraft. Diese werden im Zeitbereich mit statistischen Methoden, insbesondere RMS (engl. root mean square) und Maxima, sowie im Frequenzbereich mit der FFT vorverarbeitet. Mit der Regressionsanalyse ermöglicht Jantunen eine Prognose der Restlebensdauer eines Bohrers. Der Fuzzy-Logik-Ansatz ermöglicht es zudem, eine Reihe von Messparametern zu kombinieren und verbessert so die Zuverlässigkeit der Diagnose. Die Ergebnisse deuten darauf hin, dass Vibrations-, Körperschall- und Luftschallmessungen für die Überwachung des Werkzeugverschleißes zuverlässiger sind als die Messgrößen Leistung, Strom und Kraft. [JAN05]

Zur Vorhersage sich anbahnender Störungen an Gleit- und Wälzkontakten in elektromechanischen Antriebseinheiten stellt Hirschmann eine Frühdiagnoselösung vor. Diese basiert auf einem modellgestützten Ansatz und erlaubt mittels der Verwendung physikalischer Minimalmodelle eine isolierte Detektion einzelner, die Störung charakterisierender Merkmale. Die Ermittlung der diagnoserelevanten Merkmale erfolgt aus indirekten Messgrößen wie Motorströmen und Temperaturen an Kontaktflächen. Die Modellansätze werden in Versuchen bestätigt. Aus den zeitlichen Verläufen der Merkmalsänderungen lassen sich sichere Vorhersagen ableiten. Weitere Ergebnisse sind Aussagen über den zu erwartenden Fehler sowie dessen Eintrittszeitpunkt und Ursache. Eine Integration der Auswertelösung in die Antriebssteuerung ist möglich. [HIR07]

Lipowsky stellt ein Konzept zur Zustandsüberwachung von Gasturbinen vor, das verschiedene Algorithmen integriert, um dadurch den Ansprüchen unterschiedlicher Aspekte der Zustandsüberwachung gerecht zu werden. Die Innovation dieses Konzeptes besteht in der funktionalen Trennung von Alterungs- und Einzelereignisdiagnose. Die Ergebniszusammenführung ermöglicht es, einzelne Ereignisse sowie alterungsbedingte Veränderungen zu bewerten, selbst wenn diese in überlagerter Form in Erscheinung treten. [LIP10]

Am Beispiel einer hydrostatischen Fahrantriebspumpe mit mechatronischer Regelung zeigt Boog Wege zur Erhöhung der Verfügbarkeit mobiler Arbeitsmaschinen auf. Hierfür stellt er zwei verschiedene Ansätze vor. Der erste Ansatz ermöglicht es, mittels eines Erkennungs- und Identifikationsverfahrens Fehler während des Betriebs dezentral auf dem Steuergerät zu analysieren und damit angemessen auf Fehler zu reagieren. Hierfür wird keine zusätzliche Sensorik benötigt. Der zweite Ansatz basiert auf der gezielten Erfassung von Betriebslasten durch ein „Load Cycle Monitoring" zur Restlebensdauerabschätzung und zur präventiven, belastungsabhängigen Instandhaltung. [BOO11]

Torikka entwickelt in seiner Arbeit Methoden zur Fehlerdiagnose an Axialkolbenpumpen und ermöglicht eine Vorauserkennung von Pumpenausfällen auf Basis von Betriebs- und Körperschalldaten. Der Erkennungsprozess setzt sich aus der Datenerfassung, der Merkmalsextraktion und -reduktion sowie der Klassifikation zusammen. Bei der Merkmalserzeugung verwendet er Verfahren im Zeit- und Frequenzbereich (FFT und Waveletanalyse). Für die Klassifikation betrachtet und vergleicht er verschiedene Techniken, darunter auch KNN. Die besten Ergebnisse erzielt er mit der Support Vector Machine. [TOR11]

Die Arbeit von Walther behandelt die antriebsbasierte Diagnose von Werkzeugmaschinen. Mit der vorgestellten Systematik kann der aktuelle Zustand eines Antriebsstranges erfasst und bewertet werden. Dieser lässt sich durch die spektrale Zusammensetzung der übertragenen Leistung bestimmen und diagnostizieren. Die Ergebnisse werden zu einer allgemeingültigen, skalaren Kenngröße abstrahiert. Ferner identifiziert er einen direkten Zusammenhang zwischen einem sich verschlechternden Zustand des Wälzkontaktes und einem erhöhten Schwingungsverhalten. Nähert sich die Abnutzung dem Endstadium, erzeugt ein sich stark veränderndes mechanisches Übertragungsverhalten Schwingungen. Des Weiteren konnten im Spektrum der durch Störungen erzeugten Schwingungen einzelne Frequenzen den entsprechenden Ursachen zugeordnet werden. [WAL11]

Werner entwickelt und erprobt in seiner Arbeit ein störungstolerantes Sensorsystem zur Zustandsüberwachung rotodynamischer Pumpen. Die Basis dieser Überwachung stellt die Erfassung der elektrischen Größen Wirkstrom, Scheinstrom und Spannung am Motor, der Drücke im Pumpeninneren und am Ein- und Austritt des Fluids sowie der Fluidtemperatur dar. Drehzahl und Volumenstrom werden anhand dieser Messwerte abgeleitet. Die häufig vorkommende Störung durch Kavitation wird anhand einer Auswertung des Drucksignalspektrums am Fluideintritt ermittelt und hinsichtlich deren Intensität klassifiziert. Ferner werden anhand der Messdaten Rückschlüsse über den Betriebszustand der Pumpe gezogen. Aufgrund der Störungstoleranz kann das Sensorsystem im Fehlerfall weiter betrieben werden, bis der störbehaftete Sensor ausgetauscht wird. Zur Überbrückung wird dieser hierzu durch einen virtuellen Sensor ersetzt. Das Sensorsystem stellt die Grundlage für eine Schadensfrüherkennung an einer Kreiselpumpe dar. Anhand weiterer Entwicklungsarbeiten soll dadurch eine voraussagende Wartung ermöglicht werden. [WER11]

Die Möglichkeit einer sensorlosen online Zustandserfassung von Vorschubantriebskomponenten in Werkzeugmaschinen beschreibt Maier in seiner Dissertation. Dabei zeigt er einen Weg auf, die Anforderungen der zustandsorientierten Instandhaltung zu erfüllen, indem der Vorschubantrieb als ein rein kinematisches System modelliert wird, das nur durch physikalisch statische und persistente Eigenschaften beschrieben wird. Hierzu nutzt er ausschließlich die in der Anlage vorhandenen Sensoren und bildet Kennwerte aus den physikalischen Messgrößen. Fokus seiner Forschung ist eine Verfügbarkeitssteigerung an Maschinenachsen mit Kugelgewindeantrieb. Die Datenerfassung erfolgt dabei während des Regelbetriebs der Maschine. Die Abnutzung wird v. a. in frühen Stadien untersucht, wobei sehr gute Ergebnisse erzielt werden. Offen bleibt die Frage, ob sich die entwickelten Kenngrößen für spätere Stadien der Abnutzung ebenso gut eignen. [MAI15]

Die modell- und signalbasierte Fehlerdiagnose in Nutzfahrzeugen untersucht Alfes in seiner Abhandlung. Er beschreibt und implementiert unterschiedliche Diagnosemethoden für das automatisierte Getriebe in Nutzfahrzeugen und stellt diese gegenüber. Anhand von Diagnoseroutinen können Einzelsysteme angesteuert und in einen übereinstimmenden Betriebszustand überführt werden. Mit der modellbasierten Fehlererkennung ermöglicht er eine dynamische Detektion während der Fahrt. Die Symptomgenerierung erfolgt dabei durch Paritätsgleichungen oder einer Parameterschätzung. Die Paritätsgleichungen für verschiedene Luftdruck-, Positions- und Drehzahlsignale werden mit einer Schwellwertlogik weiter ausgewertet. Bei der Parameterschätzung werden u. a. pneumatische Leitwert-, mechanische Feder-, Reibungs- und Dämpfungsparameter unter Verwendung der Methode der kleinsten Quadrate zur Fehlerermittlung verwendet. Die signalbasierte Fehlererkennung dient insbesondere der Auswertung der Diagnoseroutinen. Die Flächen unterhalb der Messsignalverläufe werden als Symptome verwendet und sind für alle Getriebekomponenten in Fehler-Symptom-Tabellen aufgeführt. Die Fehler-Symptom-Zusammenhänge werden durch Fuzzy-Mengen mittels der Fuzzy-Logik interpretiert. Die signal- und modellbasierten Fehlererkennungsverfahren werden an einem Getriebeprüfstand verifiziert und validiert. Verschiedene Fehlerarten können mit den entwickelten Verfahren am Prüfstand erfolgreich erkannt und lokalisiert werden. [ALF17]

Helwig beschreibt in seiner Arbeit ein teilautomatisiertes Vorgehen zur Merkmalsextraktion, -selektion und Klassifikation für die Zustandsüberwachung industrieller Anwendungen mit zyklischem Prozessablauf. Dabei extrahiert er aus multivariaten Sensorsignalen breitbandig statistische und formbeschreibende Merkmale, die er auf der Grundlage statistischer Kriterien filtert und anhand der überwachten Dimensionsreduktion in niedrigdimensionale Darstellungsräume überführt und somit schließlich eine Zustandsbewertung ermöglicht. Das Vorgehen evaluiert er mit Hilfe zweier Anwendungen. Die erste Anwendung dient der Detektion und Quantifizierung von typischen Schäden eines hydraulischen Systems mittels Prozesssensoren, wobei die untersuchten Schadenszustände mit hoher Sensitivität quantifiziert werden können und gleichzeitig auftretende Schäden selektiv unterscheidbar sind. Die zweite Anwendung behandelt die Verschleißerkennung elektromechanischer Zylinder mit dem Schwerpunkt an Kugelgewindetrieben. Dabei wird ein Analysemodell zylinderspezifisch für eine mögliche Interpolation generiert. Anhand der Messgrößen werden Merkmale mit hoher Korrelation zur Laufleistung abgeleitet, die potenzielle Zustandsindikatoren darstellen. [HEL19]

Die betrachteten Monographien sind abschließend in Abbildung 37 dargestellt und hinsichtlich der Übereinstimmung mit den Forschungsschwerpunkten (vgl. Kapitel 3) bewertet und somit von der vorliegenden eigenen Arbeit (eig. Arb.) abgegrenzt.

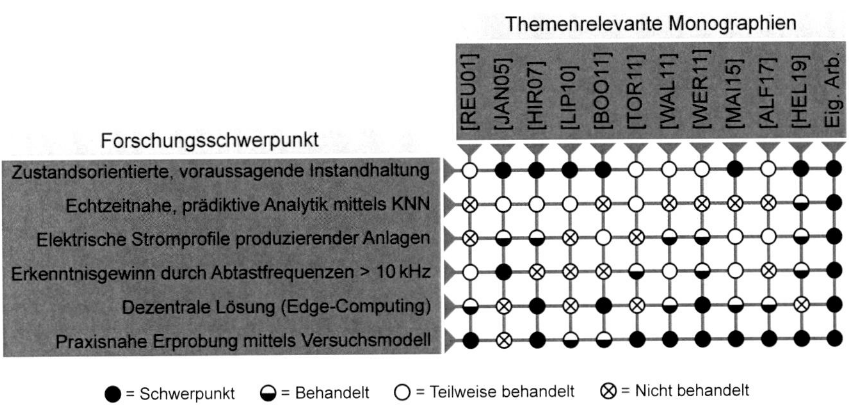

Abb. 37: Übersicht und Abgrenzung themenrelevanter Monographien

3.5 Zwischenfazit

Anhand des Stands der Erkenntnisse kann gezeigt werden, dass elektrische Messgrößen und insbesondere Stromprofile für die Zustandserfassung und -beurteilung gut geeignet sind. Die aufgeführten Veröffentlichungen belegen in diesem Kontext den hohen instandhaltungsrelevanten Informationsgehalt in Stromprofilen. Zudem weisen Stromprofile in den elektrischen Anlagen der produzierenden Unternehmen per se eine hohe Verfügbarkeit auf und können vergleichsweise kostengünstig erfasst werden. Insgesamt stellen elektrische Stromprofile eine hervorragende Messgröße für die zustandsorientierte, voraussagende Instandhaltung dar. Trotz der nachweislich guten Eignung und den genannten Vorteilen gegenüber anderen indirekten Messgrößen sind Stromprofile bei der zustandsorientierten, voraussagenden Instandhaltung unterrepräsentiert. Während erste Veröffentlichungen in diesem Bereich bereits vor mehreren Jahrzehnten erfolgten und es bereits eine Vielzahl initialer Anwendungen gibt, befinden sich die Verfahren zur Zustandsdetektion, -beurteilung sowie -prognose anhand von Stromprofilen elektrischer Anlagen mit Hilfe künstlicher neuronaler Netze noch in der Entwicklungsphase [DIN18b, S. 32].

Ferner kann festgestellt werden, dass die Zustandsüberwachung mittels KNN in eingebetteten Systemen für ausgewählte Anwendungsbereiche bereits erprobt wird. Jedoch sind alle zum aktuellen Zeitpunkt vorliegenden Veröffentlichungen auf spezielle Anwendungsfälle zugeschnitten. Die Potenziale dieses Ansatzes, wie die Fähigkeit der eingebetteten Modelle, mit geringem Trainingsaufwand unmittelbar am Ort der Signaldatenerfassung zur Lösung unterschiedlicher Aufgabenstellungen aus dem Bereich der zustandsorientierten, voraussagenden Instandhaltung beizutragen, werden aktuell nicht zufriedenstellend ausgeschöpft.

Weiter ist zum jetzigen Zeitpunkt keine Lösung bekannt, welche die

- zustandsorientierte, voraussagende Instandhaltung
- anhand echtzeitnaher, prädiktiver Analytik mittels ML-Verfahren (insbesondere KNN)
- basierend auf Merkmalen elektrischer Stromprofile der Hauptzuleitung produzierender Anlagen im Frequenzbereich $> 10\,\mathrm{kHz}$
- mit dem Fokus auf elektrische Verbraucher sowie verschleißbehaftete Komponenten in produzierenden Anlagen
- in einer dezentralen Sensor- und Auswerteeinrichtung (Edge-Device)

vollständig integriert.

Werden die Stromprofile der elektrischen Verbraucher einzeln erfasst und ausgewertet, ergeben sich bei komplexen Anlagen mit zahlreichen Verbrauchern entsprechend viele einzelne Mess- und Auswertepunkte, um die Diagnoseinformationen aller Verbraucher zu ermitteln. Aufgrund der resultierenden hohen Anzahl an Sensor- und Auswerteeinheiten sowie durch die dabei entstehenden Mehraufwände bei Installation und Wartung dieser Systeme ergeben sich hohe Gesamtkosten. Durch die Diagnose unterschiedlicher elektrischer Verbraucher in der Hauptzuleitung einer Anlage kann dieser Aufwand auf eine Sensor- und Auswerteeinheit reduziert werden. All diese Tatsachen attestierten die Neuartigkeit und Relevanz der zu Beginn dieses Kapitels formulierten Forschungsschwerpunkte dieser Arbeit.

4 Verfahrensentwicklung und Lösungsansatz

In den vorangegangenen Kapiteln konnte dargestellt werden, dass die aktuellen Herausforderungen bei der wertschöpfenden Nutzung von Daten, z. B. bei der Entscheidungsunterstützung in produzierenden Unternehmen, nicht vollständig gelöst sind. Mit den Konzepten des Big Data und des Smart Data existieren hierzu zwar vielversprechende Ansätze (vgl. Unterabschnitt 2.1.2), jedoch lassen diese noch einige Fragen bei deren Umsetzung in der Produktion unbeantwortet. Im Folgenden wird aufgezeigt, welche Lücken bei den etablierten Konzepten in Bezug auf die Zielkriterien dieser Arbeit bestehen und es wird ein neuer Ansatz eingeführt und beschrieben, der diese schließen soll.

4.1 Von Big Data und Smart Data zu Lean Data

Der im Folgenden beschriebene Ansatz ist an das Lean Management bzw. an dessen Philosophie angelehnt. Als Analogie zu den Begriffen Big Data und Smart Data wird für diesen daher die Bezeichnung Lean Data gewählt. Der Lean-Data-Ansatz wurde in [KÜF18, S. 219] erstmalig in der hier vorgestellten Form eingeführt und berücksichtigt neben den drei Smart-Data-Attributen Velocity, Veracity und Value eine weitere wesentliche Dimension – die Verschwendung (Waste).

Das Lean Management, auf das sich der neue Begriff stützt, findet seine Ursprünge in der Studie „The machine that changed the world" des *MIT* (Massachusetts Institute of Technology) aus den frühen 1990er Jahren [WOM90] und erweiterte das Konzept des Total Quality Management (TQM), insbesondere um das Prinzip der Effizienz. Bis heute ist ein zentraler Gedanke des TQM ein umfassender Qualitätsbegriff, der neben der Produktqualität auch die Qualität der Mitarbeitenden und die Qualität des Leistungserstellungsprozesses in den Fokus stellt. Im Rahmen der *MIT*-Studie wurden die Prinzipien der schlanken Produktion (Lean Production) erarbeitet, die auf ein optimales Entwicklungs- und Produktionssystem in Bezug auf Qualität und Effizienz zurückzuführen sind. Das sogenannte „Toyota-Produktionssystem" [OHN13] galt dabei als globaler Maßstab. [MEI17, S. 93]

Neben der Null-Fehler-Strategie in Bezug auf die Qualität fordert die Strategie der schlanken Produktion auch einen möglichst störungsfreien Anlagenbetrieb. Beim Total Productive Maintenance (TPM), einem in Japan auf Basis der präventiven Instandhaltung entwickelten Konzept, wird daher das Ziel verfolgt, Störungen bereits durch vorbeugendes Handeln zu vermeiden. Hierzu werden die einzelnen Quellen, die eine Störung auslösen können, bspw. Verschleiß, Verunreinigungen oder defekte bzw. fehlende Teile, betrachtet und ggf. eliminiert. Dennoch auftretende Störungen werden als Chance verstanden, die zur Ableitung weiterer präventiver Maßnahmen genutzt werden. Das Konzept umfasst dabei jedoch mehr als die reine Instandhaltung (engl. maintenance). Um Verluste und Verschwendungen zu reduzieren, wird der Produktionsbereich ganzheitlich betrachtet. [BER18, S. 183], [PIS17, S. 164]

Das in diesen Konzepten angestrebte Ziel, ein Unternehmen produktiver bzw. „schlank" zu machen, wird durch die Reduzierung von Komplexität und die Vermeidung nicht notwendiger Arbeitsschritte erreicht. Schlank kann ein Unternehmen zudem durch Ressourcenschonung werden, etwa durch einen reduzierten Rohstoff-, Personal-, und Zeiteinsatz im Vergleich zur Massenfertigung. Die Befähigungen, Unternehmensressourcen effizient zu nutzen und zu optimieren, sind im Lean Management essenziell und werden durch die

Vermeidung von Muda (Verschwendung), Mura (Unausgeglichenheit) und Muri (Überbeanspruchung) erreicht. [MEI17, S. 93], [TOY10, S. 9, 18] Als Muda gilt alles, was nicht unmittelbar wertschöpfend ist [KOE17, S. 9]. Die beiden Japaner Taiichi Ohno und Shigeo Shingo formulierten vermutlich als erste die sieben heute etablierten Arten der Verschwendung [BER18, S. 26-27], [KOE17, S. 9], [OHN13, S. 25, 54], [TOY10, S. 9]:

- Überproduktion,
- Prozessübererfüllung,
- Bestände,
- Wartezeit,
- Transport,
- Fehler, Ausschuss und Nacharbeit sowie
- nicht wertschöpfende Bewegung.

Meudt et al. geben einen Literaturüberblick zur Übertragung der sieben Verschwendungsarten auf die Informationslogistik und zeigen, wie Verschwendungen im Umgang und der Nutzung von Informationen systematisch zu analysieren sind [MEU16]. Eine Gegenüberstellung von Big Data bzw. Smart Data und den sieben Arten der Verschwendung ist zum jetzigen Zeitpunkt nicht bekannt. Diese soll, ergänzt um den Lean-Data-Ansatz, im Folgenden vorgestellt werden.

Überproduktion und Prozessübererfüllung:
Die Überproduktion (von Daten) ist kennzeichnend für das Konzept des Big Data. Es werden meist mehr Daten erzeugt als genutzt [GAN12, S. 11]. Werden die erfassten Daten niemals wertschöpfend eingesetzt, kann deren Erfassung als Prozessübererfüllung verstanden werden. Bei Smart Data handelt es sich um eine Teilmenge von Daten, die in irgendeiner Art wertvoll für ein Unternehmen sind [IAF14, S. 26]. Meist werden hierfür benötigte Wissensinhalte aus vorhandenen Ausgangsdaten (Big Data) abgeleitet [HAA18, S. 50]. Bei Lean Data werden hingegen nur die zur Ableitung von Wissensinhalten notwendigen Daten erzeugt bzw. vorhandene Lücken in den Bestandsdaten geschlossen.

Bestände:
Die Bestände an Daten sind bei Big Data in der Regel sehr groß [HAA18, S. 45]. Für deren unternehmensinterne Haltung müssen bspw. physische Datenspeicher bereitgestellt werden, die mit hohen Kosten verbunden sein können (Investitionen, Fläche, elektrische Energie, Klimatisierung etc.) [FAL14, S. 35]. Die Datenbestände bei Smart Data beschränken sich in der Regel auf die abgeleiteten Wissensinhalte und sind verhältnismäßig gering. Was mit den notwendigen Ausgangsdaten (Big Data) geschieht, ist jedoch nicht eindeutig in der Literatur festgelegt. Bei Lean Data sind die Datenbestände auf die bedarfsgerecht abgeleiteten Wissensinhalte limitiert und im Verhältnis sehr gering, da auch die Ausgangsdaten unmittelbar nach der Nutzung verworfen werden.

Wartezeit und Transport:
Aufgrund getrennter Prozesse beim Data Mining (Geschäftsverständnis, Datenverständnis, Datenaufbereitung, Modellbildung etc.), bspw. bei Anwendung des Data-Mining-Referenzmodells CRISP-DM (engl. cross industry standard process for data mining), ergeben sich

bei Big Data und Smart Data oft nicht wertschöpfende Wartezeiten zwischen den einzelnen Phasen dieser Methodik [CHA00, S. 10]. Außerdem kann es zu Transportprozessen bei der Übertragung oder dem Austausch von Daten zwischen den verschiedenen Systemen der Datenerfassung, -speicherung, -aufbereitung und -analyse, Wissensvermittlung und -visualisierung etc. kommen. Insbesondere die Auswertung sehr großer Datenmengen ist mit hohen Rechenzeiten verbunden [BER19, S. 50] und deren zuverlässige Übertragung setzt eine entsprechende Informations- und Kommunikationsinfrastruktur voraus [BER19, S. 116]. Bei Lean Data wird die gesamte Datenwertschöpfung, von der Datenerfassung bis zur Wissenserzeugung und -weitergabe, dezentral und in nahezu Echtzeit an der Messstelle abgebildet. Dadurch werden unnötige Wartezeiten und Transportprozesse auf ein Minimum reduziert. Die Datenanalyse direkt an der Anlage führt zu einer Wissensverdichtung an der Messstelle und reduziert die final zu übertragende Datenmenge.

Fehler, Ausschuss und Nacharbeit:
Bei Big Data sind die Datenmengen häufig durch eine heterogene Datenqualität gekennzeichnet und müssen meist mit einem nicht zu vernachlässigbaren Aufwand aufbereitet werden [KIN14, S. 134,158]. Die eingesetzten Big-Data-Prozesse sind in der Regel nicht standardisiert [KIN14, S. 112]. Diese Nacharbeit ist bei Smart Data und Lean Data nicht notwendig, da die Daten bedarfsorientiert in der benötigten Form bereitgestellt werden.

Bewegung:
Es besteht kein wesentlicher Unterschied zwischen Big Data, Smart Data und Lean Data.

Basierend auf dieser Abhandlung wird für Lean Data die folgende Definition formuliert.

> **Lean Data:**
> Dezentraler Ansatz der Edge Analytik, der die Datenwertschöpfung mit Hilfe eingebetteter Systeme vollständig an die Messstelle in der Anlage verlegt (In-situ-Analyse). Alle notwendigen Analyseschritte werden lokal durchgeführt und die Datenmenge dadurch an der Messstelle auf die wesentlichen Inhalte reduziert, sodass nur relevantes Wissen (schlanke Daten bzw. Lean Data) an Anwendende übergeben bzw. gespeichert wird.

Der Ansatz vermeidet nachträgliches Data Mining sowie die Speicherung großer Datenmengen. Ferner wird der Datenverkehr zwischen den beteiligten Systemen minimiert. Anwendende von Lean Data benötigen zudem keine Analytik- oder Hintergrundkenntnisse in Bezug auf das zugrundeliegende Objekt.

4.2 Ableitung des Lean-Data-Verfahrens

Die wertschöpfende Nutzbarmachung von Daten ist ein umfangreicher Prozess der mehr als nur die Anwendung von Analysemodellen beinhaltet. Eine methodische Grundlage hierfür bieten die Referenzmodelle des Data Mining. Diese folgen meist einer ähnlichen Vorgehensweise, die sich von der Datenaufnahme, -selektion und -vorbereitung über die eigentliche Modellbildung und Evaluierung bis hin zur Bereitstellung der Erkenntnisse im Geschäftsbetrieb erstreckt. [AZE08, S. 185], [BER19, S. 58] Neben dem ursprünglichen KDD-Prozess (engl. knowledge discovery in databases) nach Fayyad et. al [FAY96] haben sich aus diesem der SEMMA-Prozess (engl. sample, explore, modify, model and assess) sowie der CRISP-DM entwickelt [AZE08, S. 185]. Der branchenübergreifende CRISP-DM zeichnet sich durch einen vergleichsweise ganzheitlichen Ansatz aus und hat sich heute als Standard durchgesetzt [BER19, S. 58]. Der CRISP-DM wird daher als methodische

Grundlage zur Ableitung des Lean-Data-Verfahrens dieser Arbeit verwendet. Die sechs ursprünglichen Phasen dieses Referenzmodells zeigt Abbildung 38 auf der linken Seite.

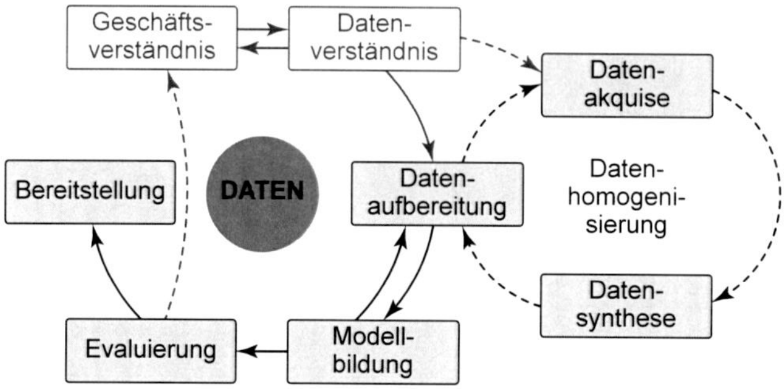

Abb. 38: Ausrichtung der methodischen Vorgehensweise am erweiterten Data-Mining-Referenzmodell CRISP-DM nach [CHA00, S. 10], [SCH19, S. 4]

Die genannten Referenzmodelle setzen in der Regel voraus, dass alle zur Problemlösung notwendigen Daten vorhanden und verfügbar sind. Insbesondere im industriellen Umfeld ist diese Voraussetzung jedoch nur selten erfüllt und die Referenzmodelle sind ohne entsprechende Adaptionen nur bedingt in diesem Bereich einsetzbar. Der CRISP-DM wurde daher von der *Fraunhofer-Projektgruppe Prozessinnovation* um die Phasen Datenakquise und -synthese erweitert [SCH19, S. 4]. Der Fokus dieser Adaption liegt in der Schaffung einer homogenen, hochqualitativen Datenbasis für die nachgelagerte Phase der Modellbildung. Abbildung 38 zeigt auf der rechten Seite die zwei Erweiterungsschritte zur Datenhomogenisierung des CRISP-DM. Da für das in dieser Arbeit beschriebene Verfahren von einem bekannten Geschäftsziel (Erhöhung der Anlagenverfügbarkeit durch die zustandsorientierte, voraussagende Instandhaltung) ausgegangen wird und die kontinuierlich erfasste, analysierte und im Anschluss wieder verworfene Datenbasis ausschließlich aus Stromprofilen (inklusive Ereignislabels) der untersuchten Anlagen besteht, werden die zwei initialen Prozessschritte (Geschäfts- und Datenverständnis) zur Ableitung des Lean-Data-Verfahrens ausgeklammert. In Abbildung 39 ist dargestellt, wie die verbleibenden sechs Prozessschritte des erweiterten CRISP-DM in das Lean-Data-Verfahren überführt werden. Dies führt zu den drei im Folgenden beschriebenen Kernoperationen.

Datenhomogenisierung:
Die erste Kernoperation beginnt mit der Datenakquise, also der messtechnischen Erfassung und Digitalisierung der Stromprofile der Hauptzuleitung einer Anlage bzw. der Stromprofile eines zu untersuchenden Objekts. Neben diesen kontinuierlich erfassten Zeitreihen werden sogenannte Ereignislabels aufgenommen, die eine zeitsynchrone Annotation eines zustandsrelevanten Kontextes aus anderen Quellen (z. B. Mitarbeitererfahrung, Prozessereignisse) ermöglichen. Durch die Synthese dieser beiden Dateninstanzen entstehen gekennzeichnete (gelabelte) Trainingsdaten, die im nächsten Prozessschritt aufbereitet werden. Dabei handelt es sich ausschließlich um die Extraktion von Merkmalen aus den zuvor erfassten Zeitreihen. Gemäß der Wissenspyramide (vgl. Unterabschnitt 2.1.1) werden in dieser ersten Operation aus messtechnisch erhobenen Zeichen Messdaten gewonnen, die durch die Ergänzung der Ereignislabels zu einzelnen Informationen weiter verarbeitet werden.

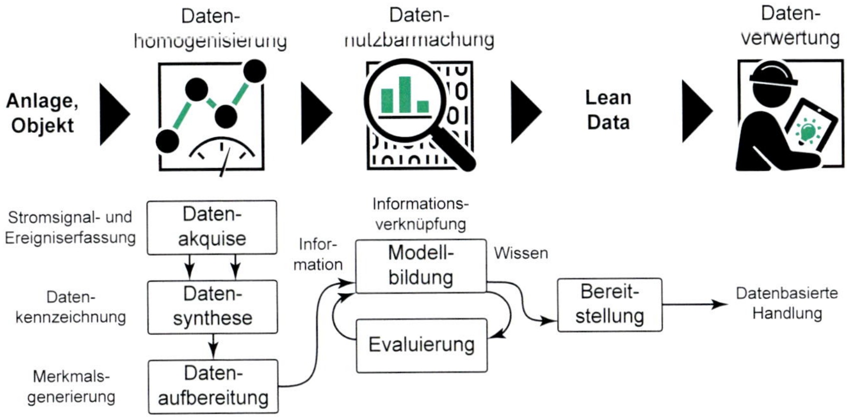

Abb. 39: Aus dem CRISP-DM abgeleitetes Lean-Data-Verfahren zur dezentralen, datenbasierten Wissenserzeugung, bestehend aus drei Kernoperationen mit dem Ziel der Bereitstellung von Lean Data

Datennutzbarmachung:
In der zweiten Kernoperation wird durch die Verknüpfung dieser Vielzahl an gewonnenen Einzelinformationen nutzbares Wissen generiert. Für diese weitestgehend automatisierte Erzeugung von Wissen aus Informationen werden Modelle des überwachten maschinellen Lernens, insbesondere KNN, verwendet. Diese erlernen die Muster und Gesetzmäßigkeiten der stetig anfallenden Einzelinformationen, bis sie in der Lage sind, diese zu verallgemeinern und neu anfallende Informationen zuverlässig beurteilen zu können. Hierzu dient die iterativ durchgeführte Evaluation.

Datenverwertung:
In der dritten Kernoperation wird das nutzbargemachte Wissen an den notwendigen Stellen im Unternehmen möglichst echtzeitnahe zur effizienten Verwertung als Lean Data, also in Form nutzbaren Wissens, bereitgestellt. Mit diesem können fundierte Aktionen ausgeführt bzw. wichtige Entscheidungen getroffen werden, sodass schließlich Wettbewerbsvorteile resultieren.

Die erste Kernoperation kann auch als Informationsverdichtung, die zweite als Wissensverdichtung interpretiert werden. In beiden Operationen findet eine Reduzierung der Datenmenge sowie deren unmittelbare Weiterleitung statt.

4.3 Lösungsansatz zur Umsetzung des Lean-Data-Verfahrens

Das Lean-Data-Verfahren stellt die Grundlage des Lösungsansatzes dar. In Kapitel 3 werden die Forschungsschwerpunkte aufgeführt, die gleichzeitig die Rahmenbedingungen für den Lösungsansatz abbilden. In Abschnitt 3.5 konnte anhand des Stands der Erkenntnisse die Neuartigkeit dieser Forschungsschwerpunkte verifiziert werden. Aus der Zielstellung in Abschnitt 1.3 abgeleitet, soll im Folgenden der Lösungsansatz beschrieben werden, der in Teilen gemeinsam mit Andreas Ermer, Geschäftsführer der *Maxsyma GmbH & Co. KG* am 25.09.2019 als Patent angemeldet und am 17.06.2021 vom Deutschen Patent- und Markenamt unter dem Aktenzeichen DE 10 2019 125 873 B4 als Patentschrift veröffentlicht wurde [KÜF21a].

Dem Lösungsansatz liegt die Aufgabe zugrunde, eine dezentrale Sensor- und Auswerteinrichtung für die zustandsorientierte, voraussagende Instandhaltung anhand echtzeitnaher, prädiktiver Analytik mittels maschineller Lernverfahren (insbesondere KNN) bereitzustellen. Die hierzu verwendete Messgröße sind elektrische Stromprofile der Hauptzuleitung mit Abtastfrequenzen > 10 kHz. Im Fokus der Analytik liegen elektrische Verbraucher sowie verschleißbehaftete Komponenten produzierender Anlagen. Abbildung 40 zeigt die Komposition des Lean-Data-Verfahrens mit der Sensor- und Auswerteeinrichtung zur Formulierung dieses Lösungsansatzes.

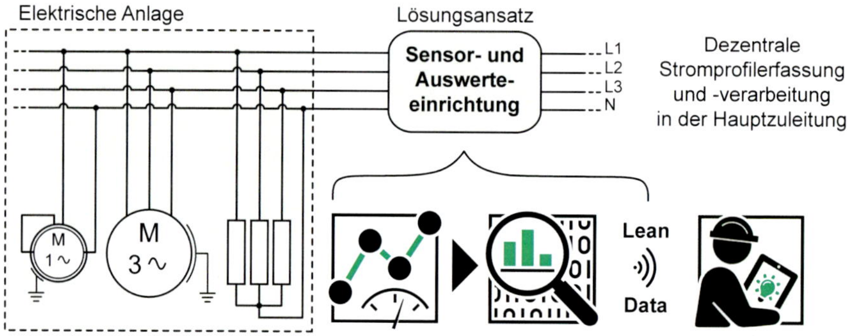

Abb. 40: Integration der drei Kernoperationen des Lean-Data-Verfahrens in die Sensor- und Auswerteeinrichtung zur Formulierung des Lösungsansatzes

Die Sensor- und Auswerteeinrichtung setzt sich aus einem Sensormodul, einem Vorverarbeitungsmodul und einem Hauptverarbeitungsmodul zusammen. Die Systemtopologie leitet sich dabei aus der Prozessarchitektur für die Zustandsüberwachung nach der ISO 13374 (vgl. Unterabschnitt 2.2.2) ab. Die sechs Prozessbestandteile dieser Architektur werden, wie in Abbildung 41 dargestellt, in drei Module überführt.

Die vom Sensormodul in ein analoges Spannungssignal konvertierten Stromprofile der Hauptzuleitung einer Anlage oder eines Objekts werden an das Vorverarbeitungsmodul übergeben. Dort findet die Abtastung und Digitalisierung der analogen Zeitreihen, deren Filterung sowie die dazu zeitsynchrone Erfassung der digitalen Ereignislabel statt. Anschließend werden beide Dateninstanzen zu gekennzeichneten Trainingsdaten synthetisiert, anhand derer Trainingsmerkmale für das Erlernen neuer Zustände generiert werden. Die Trainingsmerkmale können auch mit Hilfe einer Referenzanlage erfasst werden und nach der Lernphase zusammen mit der Sensor- und Auswerteeinrichtung an baugleichen oder ähnlichen Anlagen zum Einsatz kommen. Für den Detektions- und Prognosebetrieb werden keine Ereignislabels benötigt. Die Merkmale werden hierfür ausschließlich aus den Stromprofilen generiert und an das Hauptverarbeitungsmodul übergeben. Sensor- und Vorverarbeitungsmodul umfassen somit die Kernoperation Datenhomogenisierung des Lean-Data-Verfahrens. Das Hauptverarbeitungsmodul ist für das Erlernen neuer Zustände mittels Trainingsmerkmalen sowie für das Detektieren und Vorhersagen bekannter Zustände auf Basis der Merkmale konzipiert. Bei den hierfür eingesetzten maschinellen Lernverfahren ist das Zustandsdetektionsschema nicht durch eine implementierte Programmierung vordefiniert, sondern kann während der Trainingsphase an unterschiedliche Zustände angepasst werden. Daraus resultiert eine maximale Flexibilität in Bezug auf den Anwendungsbereich. Das Hauptverarbeitungsmodul umfasst die Kernoperation der Datennutzbarmachung. Durch die Übergabe der datenbasierten Erkenntnisse an eine übergeordnete Instanz wird schließlich die Operation Datenverwertung abgebildet. Insgesamt umfasst die Sensor- und Auswerteeinrichtung somit das gesamte Lean-Data-Verfahren.

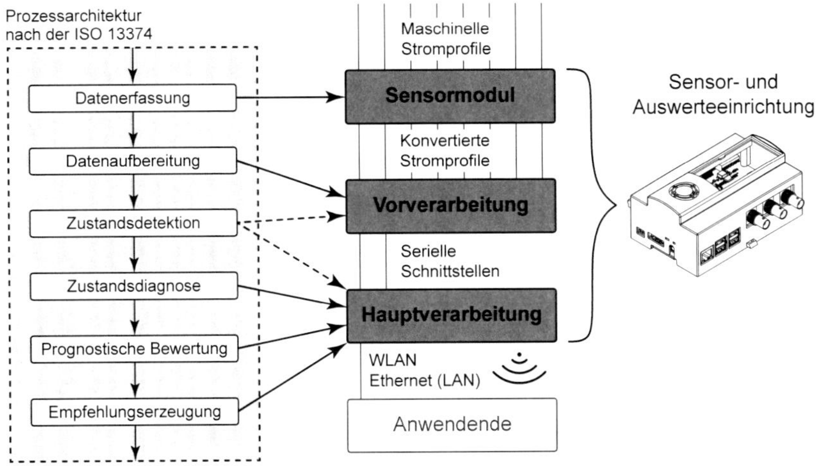

Abb. 41: Ableitung der Architektur für das Versuchsmodell aus der Prozessarchitektur der ISO 13374 [ISO07, S. 5]

Der Lösungsansatz beruht auf der Erkenntnis, dass in den Stromprofilen der Hauptzuleitung ein ausreichender Informationsgehalt zur Detektion aktueller Anlagenzustände sowie zur Ermittlung vorherrschender Stör- bzw. Verschleißzustände einzelner elektrischer Verbraucher vorliegt (vgl. Abschnitt 3.1). Die Signalerfassung in der Hauptzuleitung ermöglicht es, Zustände elektrischer Verbraucher einer Anlage zu erkennen und entsprechend zuzuordnen. Es bedarf daher nicht der individuellen Installation von Sensor- und Auswerteeinheiten an jedem einzelnen Verbraucher. Zudem werden, abgesehen vom elektrischen Strom keine weiteren Messgrößen benötigt. Die Sensor- und Auswerteeinrichtung ist als dezentrales System konzipiert und bildet das gesamte Lean-Data-Verfahren in einer kompakten Einheit, bestehend aus den genannten drei Modulen, ab. Hieraus resultieren Vorteile hinsichtlich reduzierter Kosten, geringerer Komplexität, minimierter Fehleranfälligkeit sowie reduziertem Installations- und Wartungsaufwand. Durch den dezentralen Charakter wird keine übergeordnete Cloud oder Recheneinheit benötigt und Latenzen bei der Datenübertragung werden minimiert.

5 Entwicklung eines Versuchsmodells für das Lean-Data-Verfahren

Um das in den vorangegangenen Kapiteln beschriebene Lean-Data-Verfahren im Rahmen experimenteller Erprobungen validieren und anschließend evaluieren zu können, wird ein praxisorientiertes Versuchsmodell konzipiert, entwickelt und prototypisch gefertigt. Die hierbei zugrundeliegende Vorgehensweise wird im Folgenden beschrieben. Die in diesem Abschnitt dargestellten Ausführungen wurden in Auszügen als Fachpublikation in dem renommierten, internationalen Forschungsjournal „Computers in Science" veröffentlicht [KÜF21c].

5.1 Anforderungen an das Verfahren

Dem Verfahren liegen spezielle Eigenschaften zugrunde, die sich aus den Leitlinien (vgl. Abschnitt 1.2) sowie den aus diesen abgeleiteten Zielen (vgl. Abschnitt 1.3) unter Berücksichtigung der Forschungsschwerpunkte dieser Arbeit (vgl. Kapitel 3) ergeben. Für die Konzeption des elektronischen Versuchsmodells können daraus die folgenden technischen Anforderungen formuliert werden:

- **Autonomes Lern- und Anpassungsvermögen**
  Integration von Modellierung, Training und Ausführung unterschiedlicher KI-Modelle, insbesondere KNN, innerhalb des Versuchsmodells.
- **Datenhomogenität und -kontinuität**
  Zeitsynchrone Erfassung von Stromprofilen und Ereignislabels anhand des Versuchsmodells. Kontinuität bei der Qualität und der Quantität der nutzbargemachten Daten.
- **Dezentralität**
  Abbildung der Signalerfassung, -vorverarbeitung und -analyse sowie der Ausgabe daraus abgeleiteter Erkenntnisse innerhalb des autonomen Versuchsmodells (Lean-Data-Verfahren) und unmittelbar an der Messstelle (In-situ-Analyse).
- **Merkmalsextraktionsvermögen anhand von Stromprofilen**
  Erfassung gefilterter Stromsignale mit Abtastfrequenzen $> 10\,\text{kHz}$ für die Erzeugung von Merkmalen (Signalvorverarbeitung). Ermöglichung der mehrdimensionalen Messung (z. B. dreiphasig) von Stromprofilen unterschiedlicher Messbereiche (mA bis kA).
- **Nahezu Echtzeitfähigkeit**
  Umsetzung des Lean-Data-Verfahrens mit minimaler Latenz bzw. in nahezu Echtzeit ($t_{\text{forecast\_max}} = 10\,\text{s}$).
- **Prädiktives Analytikvermögen**
  Befähigung zur Diagnose des Abnutzungsvorrats sowie zur Prognose von Abbau bzw. Ausfallwahrscheinlichkeit eines Objekts im Sinne der zustandsorientierten, voraussagenden Instandhaltung.

Da das entwickelte Lean-Data-Verfahren sowie das zugehörige Versuchsmodell für den Einsatz im industriellen Produktionsumfeld vorgesehen sind, werden neben diesen technischen Anforderungen folgende praktische Anforderungen formuliert:

- **Anwendungsunabhängigkeit bzw. Übertragbarkeit**
  Anwendungsübergreifende Einsatzmöglichkeit ohne Kenntnisse über das vorherrschende Prozessmodell.

- **Industrie- und Praxistauglichkeit**
  Integrationsfähigkeit im industriellen Umfeld, sowohl auf technischer Ebene (Installationsmöglichkeit des Versuchsmodells, z. B. in elektrischen Schaltanlagen) als auch aus Anwendersicht (Handhabung des Verfahrens bzw. des Versuchsmodells im Arbeitsalltag).

- **Prozesssicherheit**
  Anwendung des Verfahrens bzw. Installation des Versuchsmodells ohne Unterbrechung bzw. Beeinflussung des Prozesses.

- **Reduzierung von Verschwendung**
  Bedarfsorientierte Erzeugung, Speicherung und Nutzung relevanter und maximal vorverdichteter Daten (Lean Data).

- **Zuverlässigkeit und Fehlertoleranz**
  Bereitstellung aussagekräftiger, reproduzierbarer und allgemein verständlicher Versuchsmodellausgaben in hinreichender Güte bzw. Genauigkeit, bezogen auf den zugrundeliegenden Anwendungsfall. Robustheit des Verfahrens bzw. des Versuchsmodells gegenüber Störquellen, wie sie in der industriellen Fertigung vorherrschen.

Im Kontext der Informationsverarbeitung beschreibt der Duden den Begriff Echtzeit als eine „vorgegebene Zeit, die bestimmte Prozesse einer elektronischen Rechenanlage in der Realität verbrauchen dürfen“ [BIB20]. Nach der DIN 44300[11] sind Programme zur Verarbeitung anfallender Daten im Echtzeitbetrieb kontinuierlich betriebsbereit, sodass die Ergebnisse der Verarbeitung innerhalb eines festgelegten Zeitraums verfügbar sind. Abhängig vom Anwendungsfall können diese nach einer zufälligen zeitlichen Verteilung oder zu definierten Zeitpunkten anfallen. [WÖR05, S. 1] Aus diesen beiden Beschreibungen geht für das Zeitintervall der Echtzeit kein eindeutiger Wert hervor, vielmehr ist dieses anwendungsspezifisch zu definieren. Im Folgenden wird für die Zeitspanne, beginnend mit der Erfassung des letzten Messpunkts und endend mit der Ausgabe der Verarbeitungsergebnisse, ein Maximalwert von $t_{\text{forecast\_max}} = 10\,\text{s}$ festgelegt, um der Forderung nach einer nahezu Echtzeit für den Anwendungsbereich der zustandsorientierten, voraussagenden Instandhaltung nachzukommen. Dieser Wert ist im Vergleich zu zyklischen Wartungsintervallen, wie bei der autonomen Instandhaltung im Sinne des TPM, bei denen tägliche, wöchentliche, zweiwöchentliche oder sogar monatliche Abstände empfohlen werden, als sehr klein einzustufen [PIS17, S. 177].

5.2 Konzeption des elektronischen Versuchsmodells

Die Sensor- und Auswerteeinrichtung zur Umsetzung des Lean-Data-Verfahrens umfasst die Erfassung, Filterung, Voranalyse, Hauptanalyse und Speicherung von Stromprofilen sowie die Ausgabe daraus abgeleiteter Erkenntnisse und bildet somit die vertikale Datendurchgängigkeit in einem dezentralen, elektronischen System ab. Für die Erprobung des

[11] Abgelöst durch die DIN ISO/IEC 2382

Lösungsansatzes wird die Sensor- und Auswerteeinrichtung in prototypischer Form realisiert und im Folgenden als Versuchsmodell bezeichnet. Hierzu wird eine elektronische Schaltung entwickelt, welche die drei Module in Form einer Platine (im Folgenden Hauptplatine) zusammenführt. Ein Gesamtüberblick zu den Hauptkomponenten des Versuchsmodells zeigt Abbildung 42. Die Umsetzung der drei Module sowie deren Eigenschaften werden nachfolgend ausführlich beschrieben. Dabei erfolgt eine Zuordnung der dargestellten Hauptkomponenten zu den drei Modulen. Das entwickelte Versuchsmodell bildet das Lean-Data-Verfahren schließlich vollständig ab, sodass Verfahren sowie Sensor- und Auswerteeinrichtung ganzheitlich validiert werden können.

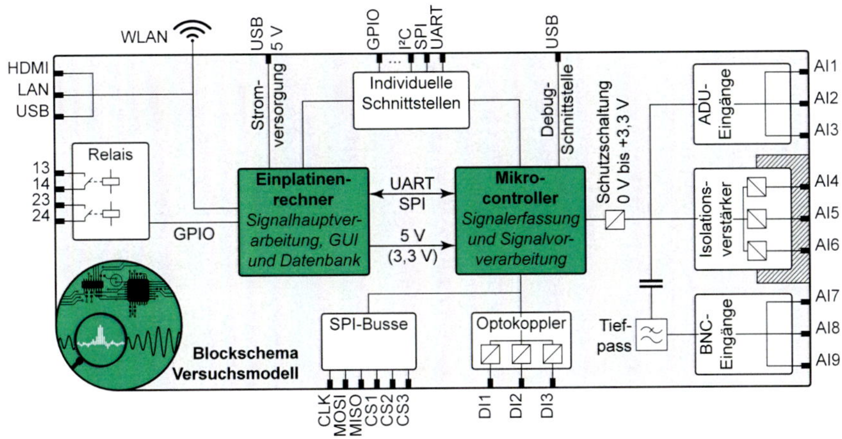

Abb. 42: Schematische Darstellung der Hauptkomponenten des Versuchsmodells (vgl. [KÜF21c])

5.2.1 Sensormodul

Die Aufgabe des Sensormoduls ist die möglichst verlustfreie Wandlung eines analogen Signals in eine skalierte, einfach messbare elektrische Spannung. In dieser Arbeit stehen elektrische Stromverlaufssignale (Stromprofile) als Messgröße im Fokus. Mit dem Sensormodul können prinzipiell auch andere physikalische Größen gewandelt werden. Die Konvertierung des Signals erfolgt daher insbesondere mit unterschiedlichen Arten von Stromwandlern. Amplitude und Frequenzspektrum des zu messenden Stromprofils können je nach Anlage und Messstelle stark variieren. Um im Hinblick auf diese Messparameter einen größtmöglichen Bereich abdecken zu können, umfasst das Sensormodul drei Arten von analogen Eingängen (engl. analog input, AI) und ist damit nicht auf einen bestimmten Wandler eingeschränkt. An AI1 bis AI3 können Spannungssignale in einem Bereich von -3,3 V bis +3,3 V angeschlossen werden. Durch einen Impedanzwandler wird das Eingangssignal von der Signalquelle leistungsunabhängig gemacht und anschließend mit Hilfe einer Differenzverstärkerschaltung in den Eingangsbereich des Analog-Digital-Umsetzer (ADU) des Mikrocontrollers (µC) von 0 V bis +3,3 V konvertiert. An AI4 bis AI6 können Spannungssignale von -250 mV bis +250 mV angeschlossen werden, die zusätzlich galvanisch von der Sensor- und Auswerteeinrichtung getrennt werden sollen. Dies ermöglicht es, Spannungen bis 1.000 V zu erfassen, vorausgesetzt diese werden auf den genannten Eingangsbereich des Isolationsverstärkers skaliert. Ein elektrischer Signalanschluss an AI1 bis AI6 erfolgt über Reihenanschlussklemmen. Die Eingänge AI7 bis AI9 sind hingegen als koaxiale Steckverbinder mit Bajonettverschluss (BNC) ausgeführt und erlauben die einfache Anbindung standardisierter Stromwandler mit einem Spannungsbereich von wahlweise ±3 V oder ±6 V. Aufgrund der elektrischen Schirmung des Anschlusskabels dieses Steckverbindersystems ist dieses besonders gut für empfindliche Messungen geeignet. Eine weitere Besonderheit der Eingänge AI7 bis AI9 ist der zusätzliche Tiefpassfilter, der Frequenzanteile oberhalb der Nyquist-Frequenz von 6 kHz[12] stark dämpft. Diese Grenzfrequenz kann optional über das Programm des µC angepasst werden. Der Phasengang des Filters ist linear in der Frequenz, was im Zeitbereich eine konstante Verschiebung des Signals bedeutet. Somit tritt keine Phasenverzerrung auf und das Signal wird im Durchlassbereich kaum verändert. Aufgrund der geringen Eingangsimpedanz des Filters wird ein Impedanzwandler vorgeschaltet. Um einen Gleichstromoffset zu unterdrücken, wird nach dem Filter ein entsprechend ausgelegter Hochpass ergänzt. Ein invertierender Verstärker skaliert das Signal schließlich auf den Eingangsbereich des ADU des µC. Für die Versuche werden ausschließlich gefilterte Stromprofile verwendet, die über die Eingänge AI7 bis AI9 erfasst werden. Eine Schutzbeschaltung vor dem ADU des µC verhindert Schäden durch Überspannung oder Polungsfehler und begrenzt die übergebene Spannung auf den Bereich 0 V bis +3,3 V. Eine weitere Möglichkeit zur Signalerfassung stellt die SPI-Schnittstelle (engl. serial peripheral interface) dar. Über diesen synchronen seriellen Datenbus können bis zu drei Sensoren angebunden werden.

Zum Sensormodul gehört schließlich noch ein geeigneter Messwandler. Basierend auf Anwendungsfall und daraus resultierenden Messparametern kann dabei aus einer Vielzahl von kommerziell erhältlichen Wandlern mit den entsprechenden Anschlussmöglichkeiten gewählt werden.

5.2.2 Vorverarbeitungsmodul

Die Hauptaufgaben des Vorverarbeitungsmoduls sind die Digitalisierung der vom Sensorsignal gewandelten Stromprofile (Signalerfassung) sowie deren Transformation in eine für die Hauptverarbeitung geeignete Form (Signalvorverarbeitung).

Kernelement dieses Moduls ist der hochperformante Mikrocontroller *SAM V71* des Halbleiterherstellers *Microchip Technology Inc.* Dieser basiert auf einem leistungsstarken 32-bit *ARM* Cortex-M7-Prozessor mit Gleitkommaeinheit in doppelter Genauigkeit. Der µC arbeitet mit einer Prozessortaktfrequenz von bis zu 300 MHz, verfügt über eine Programmspeichergröße von 2048 kB und einem statischen Speicher von 384 kB für den Einsatz als digitaler Signalprozessor. Der integrierte ADU besitzt 24 Eingänge mit einer Auflösung von bis zu 12 bit und einer maximalen Abtastfrequenz von 1,7 MHz. Alle Anforderungen an die Signalerfassung werden durch diesen ADU erfüllt. Daneben existieren Standardkommunikationsschnittstellen wie CAN (engl. controller area network), Ethernet, I^2C (engl. inter-integrated circuit), USB (engl. universal serial bus) und SPI. Weitere Eigenschaften sind dem Datenblatt [MIC20] zu entnehmen.

Über eine JTAG-Schnittstelle (*Joint Test Action Group*) kann das Programm in den Speicher des µC geschrieben werden. Die als Micro-USB-Anschluss ausgeführte Debug-Schnittstelle dient zur Überprüfung des Programms im Hinblick auf mögliche Fehler. Neben den neun analogen Eingängen zur Messung der Stromprofile sind drei digitale Eingänge DI1 bis

[12] Dies entspricht der halben Abtastfrequenz von 12 kHz nach dem Nyquist-Shannon-Abtasttheorem.

DI3 (engl. digital input, DI) zur zeitsynchronen Erfassung der Ereignislabels vorgesehen. Die hiermit erfassten Informationen werden binär codiert. Mit Hilfe der drei DI lassen sich acht verschiedene Zustände (3 bit) abbilden. Drei Optokoppler isolieren die zu erfassenden Signale galvanisch von der Elektronik und wechseln ab einer Spannung von $\geq$ 1,5 V in den High-Pegel. Der Spannungsbereich liegt zwischen 0 V und + 40 V.

Die Signalvorverarbeitung dient der Erzeugung von Merkmalen mittels im Stromprofil enthaltener Muster. Anhand dieser Merkmalserzeugung werden zum einen die erfassten Datenmengen auf das Wesentliche reduziert, zum anderen werden spezifische Zustandsindikatoren hervorgehoben, die für eine anschließende Modellbildung sowie darauf aufbauende Vorhersagen benötigt werden [CHO10, S. 683]. Basierend auf den Veröffentlichungen von Sharma et al., die einen umfassenden Überblick zu den etablierten Zustandsindikatoren im Bereich der Zustandsüberwachung geben sowie Cho et al., die einen umfangreichen Satz von Merkmalsextraktionsmethoden aus der aktuellen Literatur zusammenfassen, wird eine fundierte Auswahl geeigneter Verfahren der Merkmalserzeugung im Zeit- und Frequenzbereich getroffen [CHO10], [SHA16]. Die ausgewählten Verfahren werden hinsichtlich möglicher Einschränkungen bei der Anwendung mit dem µC getestet. Die schließlich als relevant und geeignet eingestuften Verfahren sind in Tabelle 5 aufgelistet. Die Vielzahl an Verfahren ermöglicht die Betrachtung eines breiten Spektrums unterschiedlicher Voranalyseszenarien. Zudem ist die Implementierung weiterer Verfahren möglich.

Vorverarbeitungsverfahren im Zeitbereich	**Vorverarbeitungsverfahren im Frequenzbereich**
Arithmetisches Mittel (engl. mean)	Daubechies-Wavelets
Formfaktor (engl. shape factor)	Frequency center
Minimum, Maximum	Haar-Wavelet
Mittlere absolute Abweichung (engl. mean absolute deviation)	Kurzzeit-Fourier-Transformation (engl. short-time Fourier transform, STFT)
Quadratisches Mittel (engl. root mean square, RMS)	RMS frequency center
Scheitelfaktor (engl. crest factor)	Schnelle Fourier-Transformation (engl. fast Fourier transform, FFT)
Schiefe (engl. skewness)	
Schwingungsbreite	
Standardabweichung, Varianz	
Wölbung (engl. kurtosis)	

Tab. 5: Implementierte Vorverarbeitungsverfahren im Zeit- und Frequenzbereich (vgl. [KÜF21c])

Gemäß den Erkenntnissen aus Kapitel 3 werden in dieser Arbeit insbesondere Merkmale im Frequenzbereich betrachtet, die anhand der FFT bzw. der STFT erzeugt werden.

Der Datenaustausch zwischen µC und Einplatinenrechner erfolgt anhand zweier Datenübertragungsprotokolle. Die Konfigurationsparameter werden vom Einplatinenrechner via SPI an den µC gesendet. Rohe bzw. vorverarbeitete Messwerte werden vom µC via UART (engl. universal asynchronous receiver-transmitter) an den Einplatinenrechner übermittelt. In beiden Fällen wird vom µC ein Zeitstempel erzeugt und mitgesendet. Weitere individuelle Schnittstellen wie GPIO (engl. general-purpose input/output), I^2C, SPI und UART ermöglichen den Datenaustausch zwischen den beiden Recheneinheiten und sind zusätzlich über Reihenklemmen nach außen geführt. Die Spannungsversorgung des µC und dessen Peripherie mit 5 V und 3,3 V erfolgt im Normalbetrieb über den Einplatinenrechner. Ein Spannungsregler stabilisiert zusätzlich die Betriebsspannung des µC.

5.2.3 Programmstruktur

Das Programm des µC basiert auf der Programmiersprache C und stellt zwei Betriebsmodi bereit. Im Raw-Modus werden Sensordaten mit benutzerdefinierter Abtastfrequenz erfasst und unmittelbar ohne Vorverarbeitung kontinuierlich an den Einplatinenrechner gesendet und dort gespeichert. In diesem Modus fungiert die Sensor- und Auswerteeinrichtung als reiner Datenlogger. Im DSP-Modus wird mit benutzerdefinierter Abtastfrequenz gemessen, bis eine zuvor festgelegte Transportdatenmenge erreicht ist. Auf diesen Datenblock wird das zuvor ausgewählte Vorverarbeitungsverfahren angewendet, während parallel dazu bereits der nächste Datenblock erfasst wird. Die regelmäßig anfallenden Ergebnisse der Vorverarbeitung werden anschließend blockweise an den Einplatinenrechner gesendet. In Abbildung 43 ist der Initialisierungsprozess für das µC-Programm in Form eines Flussdiagramms dargestellt.

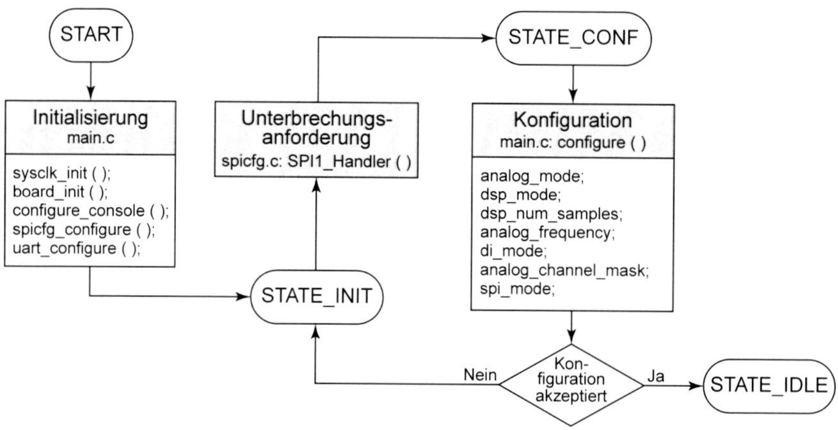

Abb. 43: Flussdiagramm des Initialisierungsprozesses des µC-Programms

Das Programm startet mit der Initialisierung der wichtigsten Funktion. Neben Standardroutinen zur Verwaltung der Systemuhr und der mit dem µC verbundenen Peripheriekomponenten (sysclk_init(), board_init()) sind folgende Konfigurationen relevant. Die Routine configure_console() initialisiert die serielle Debug-Schnittstelle. Mit spicfg_configure() werden die Einstellungen für das SPI-Kommunikationsprotokoll mit dem Einplatinenrechner geladen und uart_configure() ermöglicht die Datenübertragung zu diesem.

Nach der Initialisierung befindet sich das Programm in der Hauptschleife, in der es zunächst den Zustand STATE_INIT, einen der vier möglichen Programmzustände, annimmt und auf die Unterbrechungsanforderung durch den Einplatinenrechner wartet. Diese erfolgt, wenn Konfigurationsdaten für den weiteren Programmablauf via SPI vom Einplatinenrechner eintreffen. In der Unterbrechungsroutine werden diese Konfigurationsdaten abgespeichert, ehe das Programm in den Zustand STATE_CONFIGURE wechselt. Bevor die neue Konfiguration geladen wird, werden alle Variablen der bestehenden Konfiguration zurückgesetzt. Sind alle Konfigurationsdaten korrekt, findet die Neukonfiguration statt und es wird in den Zustand STATE_IDLE gewechselt. Bestehen Inkonsistenzen in diesen Daten, schaltet das Programm zurück in den Zustand SATE_INIT. Die wesentlichen Konfigurationsvariablen sind im Folgenden beschrieben.

analog_mode:
Festlegung des Betriebsmodus (Raw oder DSP).

dsp_mode:
Definition des Vorverarbeitungsverfahrens.

dsp_num_samples:
Bestimmung der Transportdatenmenge pro Datenblock.

analog_frequency:
Festlegung der Abtastfrequenz in Hz.

di_mode:
Aktivierung und Parametrisierung der drei DI. Im Logikmodus wird der aktuelle Wert der aktivierten DI versendet, nachdem ein Datenblock abgeschickt wurde. Im Aktivmodus geschieht dies nur, wenn Signalzustandsänderungen an den aktiven DI ausgelöst wurden (z. B. durch eine steigende oder fallende Flanke).

analog_channel_mask:
Aktivierung und Parametrisierung der verschiedenen AI. Festlegung der Grenzfrequenz des Tiefpassfilters (analog_freq_lowpass) sowie Einstellung des Eingangsspannungsbereichs der BNC-Eingänge (analog_BNC_switch).

spi_mode:
Aktivierung des SPI-Modus für den Anschluss entsprechender Sensorik.

Eine Zusammenfassung der vier möglichen Programmzustände ist in Tabelle 6 aufgeführt.

Programmzustand	Funktion
STATE_INIT	Initialisierung abgeschlossen. Unterbrechungsanforderung des Einplatinenrechners wird erwartet.
STATE_CONF	Konfigurationsdaten vom Einplatinenrechner empfangen und gespeichert. Konfiguration wird zurückgesetzt und neue Daten werden geladen.
STATE_IDLE	Neue Konfigurationsdaten akzeptiert, Konfiguration abgeschlossen. Leerlaufbetrieb aktiv. Unterbrechungsanforderungen für Abtast- und Sendevorgang werden erwartet.
STATE_DSP	Vorverarbeitung eines Datenblocks aktiv. Unterbrechungsanforderungen für Abtast- und Sendevorgang werden erwartet.

Tab. 6: Zustände des µC-Programms

Nach der erfolgreichen Initialisierung befindet sich das Programm im Leerlaufbetreib (Raw- oder DSP-Modus) und wartet auf Unterbrechungsanforderungen, die unterschiedliche Prioritäten aufweisen. Diese werden zyklisch abgefragt. Höchste Priorität hat der SPI-Interrupt zur Neukonfiguration. Zweithöchste Priorität hat der AI-Interrupt. Dieser löst die Analog-Digital-Wandlung aller aktivierten AI aus. Im Raw-Modus werden die Werte direkt im

UART-Zwischenspeicher abgelegt. Gleiches gilt für den DI-Interrupt, der die nächstniedrigere Priorität aufweist. Die geringste Priorität hat der UART-Interrupt, der bei jedem Auslösen ein Byte an den Einplatinenrechner sendet. Die Frequenz des UART-Interrupts wird beim Initialisieren anhand der Konfigurationsdaten so festgelegt, dass dessen Zwischenspeicher (Ringpuffer) nicht überlaufen kann.

Im DSP-Modus wird im AI-Interrupt zusätzlich zum Auslösen der Analog-Digital-Umwandlung ein inkrementeller Zähler implementiert. Dieser wird nach jedem Abtastvorgang der aktivierten AI um eins erhöht. Ist ein bestimmter Zählerstand und somit ein vollständiger Messdatenblock erreicht, wechselt das Programm in den STATE_DSP Zustand. Die Messwerte werden im Gegensatz zum Raw-Modus nicht direkt in den UART-Zwischenspeicher, sondern in den ADU-Doppelpuffer des zugehörigen AI geschrieben. Dieser hat den Vorteil, dass er gleichzeitig beschrieben und gelesen werden kann. Wenn der DI-Interrupt auslöst, wird der DI-Wert zwischengespeichert und eine boolesche Variable auf true gesetzt. Die ausgewählten Vorverarbeitungsverfahren werden nun auf den ADU-Doppelpuffer angewendet. Jedes dabei berechnete Merkmal wird nacheinander wieder in diesem Speicher abgelegt. Dies erfolgt getrennt nach den analogen Eingängen. Die einzelnen Gesamtergebnisblöcke sind wiederum durch Startkennzeichnungen voneinander separiert. Nach jedem dieser Gesamtergebnisblöcke wird die zwischengespeicherte Ausgabe des DI-Interrupts (Ereignislabel) eingetragen. Anschließend wechselt das Programm wieder in den STATE_IDLE Zustand. In niedrigster Priorität ist auch hier der UART-Interrupt eingestellt, der für das fortlaufende Senden des UART-Zwischenspeichers an den Einplatinenrechner zuständig ist.

5.2.4 Hauptverarbeitungsmodul

Die Kernaufgaben des Hauptverarbeitungsmoduls bestehen in der Anwendung der maschinellen Lernverfahren, insbesondere der KNN mit den vorverarbeiteten Stromprofilen als Eingangsdaten (Signalhauptverarbeitung), der Speicherung und Verwaltung von trainierten Modellen und Daten (Datenbank) sowie der Bereitstellung einer grafischen Benutzeroberfläche (engl. graphical user interface, GUI) zur Konfiguration des Versuchsmodells und zur Visualisierung von Ergebnissen.

Zentraler Bestandteil dieses Moduls ist ein Einplatinenrechner. Hierfür kann der Raspberry Pi in den Varianten 3 Modell B oder 4 Modell B eingesetzt werden. Im Rahmen dieser Arbeit wird die Raspberry-Pi-Variante 4 Modell B mit einem 8 GB Arbeitsspeicher verwendet. Dieser kann wahlweise drahtgebunden mittels Ethernet-Schnittstelle (local area network, LAN) oder drathlos via WLAN (engl. wireless local area network) mit einem Netzwerk verbunden werden. Über den HDMI-Anschluss (engl. high definition multimedia interface) kann ein Bildschirm angeschlossen werden, um direkt auf das Betriebssystem des Einplatinenrechners zugreifen zu können. Verschiedene USB-Schnittstellen erlauben den Anschluss weiterer Peripherie wie Maus und Tastatur. Die Energieversorgung erfolgt ebenfalls anhand eines USB-Anschlusses (5 V DC, mindestens 3 A). Eine Besonderheit stellt die Möglichkeit dar, zwei auf der Hauptplatine vorgesehene Relais anzusteuern. Dies befähigt das Versuchsmodell, autonom in einen Prozess einzugreifen oder eine Aktion auszulösen. Die Relais sind ausgelegt für Spannungen bis zu 125 V AC bzw. 60 V DC und Ströme bis 1 A. Die Schnittstellen der Relais können als digitaler Ausgang (engl. digital output, DO) betrachtet werden.

Der Betrieb des Versuchsmodells erfolgt über eine Anwendersoftware, welche aus zwei Komponenten besteht. Die Verwaltungskomponente stellt die Verbindung mit dem µC her und ermöglicht es, diesen zu konfigurieren sowie dessen Daten zu empfangen. Zudem verwaltet sie die ML-Modelle und speichert Daten und Ergebnisse in eine Datenbank. Die Betriebskomponente in Form einer Webapplikation ermöglicht es, beliebige stationäre oder mobile Endgeräte im gleichen Netzwerk zu verbinden, Ergebnisse der Modelle oder aufgezeichnete Daten anzusehen oder diese herunterzuladen. Der Zugriff auf das Versuchsmodell über die Benutzerschnittstelle ist mit einem Standard-Internet-Browser möglich.

Die Anwendung des Versuchsmodells kann in zwei Phasen unterteilt werden – die Trainings- und die Betriebsphase. Beide Phasen beginnen mit der Konfiguration des Versuchsmodells. Hierzu werden dem µC Einstellungsinformationen zur Abtastfrequenz, den aktiven AI und DI sowie den verwendeten Vorverarbeitungsverfahren übermittelt. Nach erfolgreicher Konfiguration sendet der µC die entsprechenden Daten via UART, sodass diese in der Datenbank abgelegt (Trainingsphase) bzw. direkt analysiert (Betriebsphase) werden können. Die Datenbank basiert auf der *SQLite* Programmbibliothek und ist dementsprechend als relationales Datenbanksystem ausgeführt. In der Trainingsphase werden die Stromprofil-Rohdaten (analoge Eingänge) zusammen mit den Ereignislabels (digitale Eingänge) zeitsynchron erfasst. Mit dem passenden Vorverarbeitungsverfahren werden mit dem µC aus beiden Datenströmen gekennzeichnete Merkmale erzeugt. Diese werden an den Einplatinenrechner übermittelt und in der Datenbank hinterlegt. Die Kennzeichnung erfolgt dabei anhand der Ereignislabels. Während die Menge an Trainingsdaten zunimmt findet ein iterativer Lernprozess statt. Dieser ist beendet, wenn die Genauigkeit des ausgewählten Modells eine individuell festzulegende Güte erreicht. In der anschließenden Betriebsphase kann das trainierte Modell dann die kontinuierlich anfallenden Merkmale (ohne Kennzeichnung durch Ereignislabels) entsprechend zuordnen bzw. darauf basierend Vorhersagen treffen. Neben den trainierten Modellen werden in der Datenbank auch deren Klassifikationen bzw. Vorhersagen gespeichert. Ergänzend zu der beschriebenen Vorgehensweise, bei der die Modelle mit dem Versuchsmodell trainiert werden, ist es auch möglich, extern erstellte Modelle in die Datenbank zu laden.

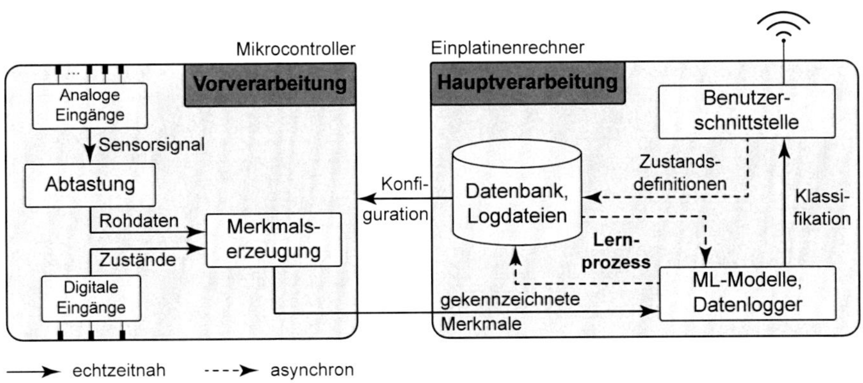

Abb. 44: Zusammenspiel von Vor- und Hauptverarbeitungsmodul (vgl. [KÜF21c])

Abbildung 44 zeigt das Zusammenspiel von Vor- und Hauptverarbeitungsmodul. In der

Trainingsphase werden die Daten asynchron ausgetauscht, während der Betriebsphase werden die Analysen bzw. Prognosen in nahezu Echtzeit durchgeführt.

Die Benutzerschnittstelle basiert auf dem Webframework *Flask* und der *JavaScript* Softwarebibliothek *React* und stellt eine REST-Schnittstelle (engl. representational state transfer) bereit, um Ergebnisse abzufragen, Daten und Modelle herunterzuladen, den allgemeinen Status zu überwachen oder um manuell Zustandsdefinitionen zu ergänzen [GRI18]. Diese manuell hinzugefügten Kennzeichnungen können als Ausgabedaten für das interne Training verwendet werden und sind notwendig, wenn keine Ereignislabels über die DI des µC aufgenommen werden können. Die Datenexportfunktion kann genutzt werden, um Modelle extern zu trainieren. Die Benutzerschnittstelle erlaubt es zudem, gekennzeichnete Merkmale mit zusätzlichen Anmerkungen zu versehen, um diese in einen verständlichen Kontext zu überführen.

Ein wesentlicher Forschungsschwerpunkt dieser Arbeit sind KNN. Das entwickelte Versuchsmodell ist jedoch nicht auf dieses ML-Verfahren eingeschränkt und ermöglicht grundsätzlich die Anwendung unterschiedlicher Analysemodelle. Einen limitierenden Faktor stellen dabei lediglich die Ressourcen des Einplatinenrechners dar, wobei dieser Nachteil durch die Möglichkeit eines externen Modelltrainings größtenteils kompensiert wird. Eine weitere Einschränkung ist die Festlegung auf überwachte Lernverfahren. Als Softwarebibliotheken für die ML-Verfahren kommen u. a. *TensorFlow* und *Scikit-learn* für *Python* zum Einsatz [ABA15], [PED11], [VAN95]. Bei den intern trainierten Modellen kann aus drei etablierten Verfahren ausgewählt werden. Neben KNN stehen vorimplementierte Entscheidungsbäume (engl. decision trees, DT) und Stützvektormaschinen (engl. support vector machines, SVM) zur Auswahl. Die Parameter dieser Modelle sind bereits vorbelegt.

Bei der SVM wird die Klassifikationsimplementierung SVC von *Scikit-learn* 0.22 mit der radialen Basisfunktion, einem c-Wert = 1,0 und einem gamma-Wert = auto gewählt. Der ausgeglichene Modus verwendet die Zielwerte, um die Gewichte automatisch umgekehrt proportional zu den Klassenhäufigkeiten in den Eingabedaten anzupassen (Parameter: class_weight = 'balanced'). Alle weiteren Parameter sind gemäß der Standardeinstellungen vorbestimmt.

Für den Entscheidungsbaum wird die *Scikit-learn*-Implementierung DecisionTreeClassifier verwendet. Die maximale Baumzweigtiefe ist auf drei begrenzt, ein Gini-Split-Kriterium wird verwendet und jede Klasse wird umgekehrt proportional zu ihrer Häufigkeit in den Trainingsdaten gewichtet (Parameter: class_weight = 'balanced').

KNN weisen aufgrund ihrer variablen Anzahl an Schichten und Neuronen mit unterschiedlichen Aktivierungsfunktionen relativ viele Parameter auf. Bei der vorimplementierten Variante wird daher nur ein untrainiertes KNN mit vorbestimmter Netzarchitektur und Topologie bereitgestellt, basierend auf *Tensorflow* 2.1. Dieses mehrschichtige vorwärtsgerichtete KNN setzt sich aus drei Schichten zusammen. Die ersten beiden Schichten verwenden eine hyperbolische Tangensfunktion zur Aktivierung und ihre Neuronenanzahl wird anhand der Eingabedimension festgelegt. Die Ausgabeschicht verwendet die Softmax-Aktivierungsfunktion. Die Anzahl an Ausgabeklassen bestimmt die Menge der Neuronen in dieser Schicht. Das KNN wird unter Verwendung des ADAM-Verfahrens (engl. adaptive moment estimation) trainiert. Dieser Optimierungsalgorithmus passt die zu verwendende Lernrate während des Trainings an [GHA19, S. 113]. Im Vergleich zu einer vorbelegten, unveränderlichen Lernrate werden dabei sowohl ein zu langsames Lernen als auch eine zu große Lernrate, die zu mangelhaften Ergebnissen führen kann, vermieden. In dieser Arbeit werden intern und extern trainierte Modelle eingesetzt. Der Schwerpunkt liegt aufgrund der Komplexität der Zielstellung jedoch auf den externen Varianten. Die jeweiligen Parameter der KNN-Modelle werden in den entsprechenden Kapiteln ausführlich erläutert.

5.3 Entwicklung und prototypischer Aufbau des Versuchsmodells

5.3.1 Entwicklung der Hauptplatine

Die Schaltplan-Erfassung und das Layout-Design der Hauptplatine werden mit der CAD-Software *Altium Designer* von *Altium Limited*, einem Programm zur Leiterplattenentwicklung in der Elektronik, durchgeführt. Die Schaltpläne weisen alle verwendeten elektronischen und elektromechanischen Komponenten der Hauptplatine auf und stellen deren elektrische Verschaltung dar. Die Bauteile sind durch definierte Symbole dargestellt und werden logisch miteinander verknüpft, sodass die gewünschten Funktionen gegeben sind. Die tatsächliche physische Anordnung der Komponenten auf der Platine geht aus den Schaltplänen nicht hervor. Diese wird erst im Platinenlayout definiert. Dabei werden die Komponenten in tatsächlicher Größe und Form dargestellt und nach den Vorgaben der Stromlaufpläne miteinander elektrisch verbunden. Das zweidimensionale Layout der Hauptplatine ist in Abbildung 45 dargestellt.

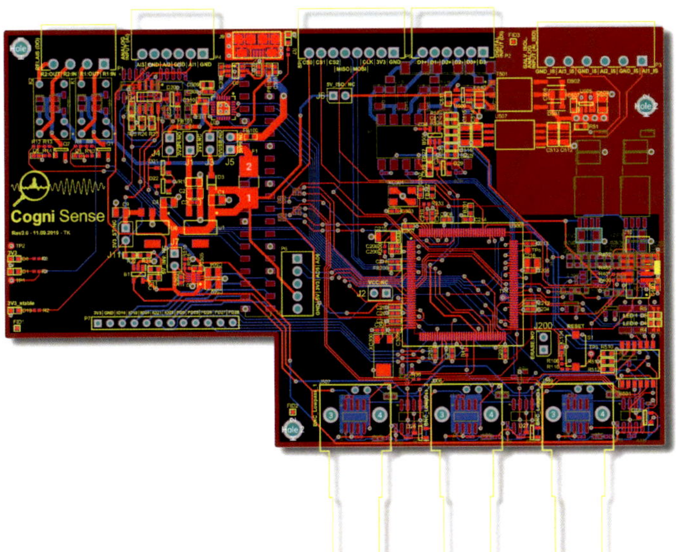

Abb. 45: 2D-CAD-Layout der Hauptplatine des Versuchsmodells mit Hervorhebung des Lagenaufbaus

Die Platine setzt sich aus vier Lagen zusammen (Mehrlagenplatine). Diese bestehen aus 35 μm dicken Kupferbahnen, führen verschiedene elektrische Potenziale und können mittels Durchkontaktierungen miteinander verbunden werden. Die in Rot dargestellten Kupferflächen und -leiterbahnen sind auf der Platinenvorderseite zu finden und werden Top-Layer bezeichnet. Das Bottom-Layer ist dessen Pendant auf der Leiterplattenrückseite und hier in Blau abgebildet. Top- und Bottom-Layer setzen sich überwiegend aus Signalübertragungsleiterbahnen zusammen. Zwischen diesen Lagen befinden sich noch zwei großflächige Kupferschichten, sogenannte Mid-Layer. Diese sind zur besseren Anschaulichkeit in der Abbildung ausgeblendet. Eine dieser Lagen führt die 3,3 V Hauptversorgungsspannung, die andere das Bezugspotenzial 0 V (GND). Neben diesen Signal- und Versorgungsschichten existieren weitere Lagen, wie etwa das Top-Overlay für die Platinenbeschriftung (gelb) sowie mechanische Layer, z. B. für Bohrungen.

Die Hauptplatine weist alle Komponenten in elektronischer Form auf, die in Abschnitt 5.2 ausführlich beschrieben und den drei Modulen zugeordnet werden. Das dreidimensionale Layout der Platine, mit Kennzeichnung der verschiedenen Hauptbestandteile (vgl. Abbildung 42), ist in Abbildung 46 dargestellt.

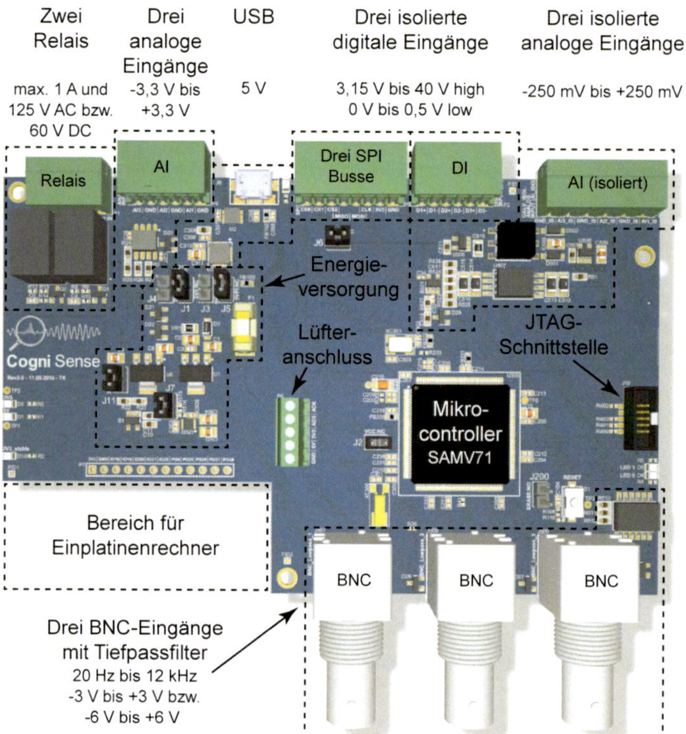

Abb. 46: 3D-CAD-Layout der Hauptplatine des Versuchsmodells mit Kennzeichnung der unterschiedlichen Segmente und Schnittstellen

Der zentrale Bestandteil der Platine ist der µC, der anhand der JTAG-Schnittstelle programmiert werden kann. Ein Reset-Taster ermöglicht ein Zurücksetzen des Programms während des Betriebs. Durch das Kurzschließen einer Steckbrücke kann das Programm des µC dauerhaft gelöscht werden. Am rechten unteren Platinenrand sind zwei freiprogrammierbare Leuchtdioden (grün und rot) angebracht. Unterhalb des µC befinden sich die drei BNC-Eingänge. Eine Schraubklemme auf der Platinenmitte stellt 3,3 V oder 5 V zur Verfügung und ermöglicht den Anschluss eines Lüfters. Unterhalb des linken Platinenbereichs befindet sich die Anschlussmöglichkeit für den Einplatinenrechner. Darüber ist die Elektronik für die Energieversorgung vorgesehen, welche neben Spannungsreglern u. a. auch eine Feinsicherung (1,5 A) aufweist. Darunter befinden sich die Kontakte für die individuellen Schnittstellen. Auf der linken Platinenseite sind drei Leuchtdioden zur Statusanzeige der Spannungsebenen 5 V, 3,3 V und stabilisierten 3,3 V vorgesehen. Die Spannungen -5 V sowie die mit Hilfe des Trenntransformators galvanisch isolierten 5 V können optional über Steckverbinder aktiviert werden. Am oberen Platinenrand befinden sich Reihenanschlussklemmen der übrigen Schnittstellen. Der Anschluss kann mit Hilfe von Steckverbindern erfolgen. Über die USB-Debug-Schnittstelle kann die Hauptplatine unabhängig vom Einplatinenrechner mit Strom versorgt und betrieben werden. Auf der Platinenunterseite befinden sich weitere elektronische Komponenten wie die integrierten Schaltkreise (engl. integrated circuits, IC) der Filter, Isolationsverstärker der galvanischen Trennung, ein Optokoppler-IC für die DI, Operationsverstärker der AI sowie die Buchsenleiste zur Anbindung des Einplatinenrechners. Die Hauptplatine weist eine Länge von 135,50 mm und eine Breite von 84,0 mm auf. Bestückt ergibt sich eine Höhe von 24,3 mm. Weitere Daten zur Platine sind im Anhang in Abbildung A1 (Abschnitt A.1) aufgeführt.

5.3.2 Gesamtaufbau des Versuchsmodells

Über die Buchsenleiste der Hauptplatine und die Steckerleiste des Einplatinenrechners werden die beiden Platinen elektrisch und mechanisch miteinander verbunden. Dies ermöglicht den Datenaustausch (UART, SPI, GPIO etc.) und versorgt die Hauptplatine mit elektrischer Energie. Gleichzeitig sind beide Platinen mechanisch stabil zusammengefügt. An die Hauptplatine können die individuellen Stromwandler angeschlossen werden.

Abb. 47: Versuchsmodell bestehend aus der bestückten Platine und dem Einplatinenrechner

In Abbildung 47 ist die vollständig bestückte Hauptplatine zusammen mit dem Einplatinenrechner dargestellt.

Um das Versuchsmodell in industrieller Umgebung einsetzen zu können, wird ein passender Gehäusekorpus konstruiert und additiv aus stabilem Kunststoff gefertigt. Dieser schützt die empfindliche Elektronik und verhindert gleichzeitig ein versehentliches Berühren spannungsführender Teile. Ein im Gehäusekorpus integrierter Lüfter ermöglicht zudem eine aktive Kühlung der Elektronikkomponenten und kann wahlweise mit 3,3 V oder 5 V betrieben werden. Eine Abdeckung aus transparentem Kunststoff erlaubt einen Zugriff auf die Hauptplatine. Die Leuchtdioden für die unterschiedlichen Statusanzeigen sind an den entsprechenden Stellen durch das Gehäuse geführt und von außen sichtbar. Für die Installationsmöglichkeit in Schaltanlagen wird das Versuchsmodell zusätzlich noch um eine Bodenplatte zur Hutschienenmontage erweitert. Hierfür wird eine kommerziell verfügbare Komponente eingesetzt. Das vollständig aufgebaute Versuchsmodell bestehend aus Bodenplatte, Einplatinenrechner, Hauptplatine, Lüfter und Gehäusekorpus ist im Anhang in Abbildung A2 (Abschnitt A.1) dargestellt.

6 Anwendungsbasierte Modellentwicklung und Verfahrensvalidierung

In den folgenden drei Anwendungsszenarien wird das Versuchsmodell und damit das Lean-Data-Verfahren technisch erprobt und zielorientiert validiert. Die Szenarien bilden dabei unterschiedliche praxisbezogene Aspekte aus dem Bereich der Produktion mit dem Fokus auf der zustandsorientierten, voraussagenden Instandhaltung ab, um insbesondere den Anforderungen nach einer generischen Lösung gerecht zu werden. Da das Lean-Data-Verfahren und damit auch das Versuchsmodell für den anwendungsunabhängigen und unkomplizierten Einsatz ausgelegt sind, werden für das Erzeugen der individuellen Ereignislabels für die Kennzeichnung der Trainingsdaten die Aufwände minimal gehalten und einfache Techniken und Methoden bevorzugt. Die Ermöglichung eines praxisgerechten und anwendungsübergreifenden Einsatzes des Lean-Data-Verfahrens mit dem Versuchsmodell steht somit im Hinblick auf die Zielerreichung auf gleicher Höhe mit der Qualität der einzelnen Modellergebnisse der drei Anwendungsszenarien. Eine aufwändige Optimierung der Modellergebnisse außerhalb der Möglichkeiten, wie sie in der industriellen Praxis gegeben sind, wird im Folgenden daher nicht fokussiert.

Anhand der Szenarien erfolgt die Adaptierung sowie eine praxisorientierte sukzessive Entwicklung und Optimierung der künstlichen neuronalen Netzwerke. Die KNN-Modelle sowie das vollständige Lean-Data-Verfahren, repräsentiert durch das Versuchsmodell, werden zudem hinsichtlich deren Leistungsfähigkeit qualitativ überprüft und mit etablierten Gütemaßen bewertet. Dabei stehen sowohl die Eignung des Verfahrens zur Klassifizierung unterschiedlicher Anlagenzustände, die Fähigkeit zur Prognose verschiedener Verschleißszenarien und Abnutzungsvorräte anhand von Stromprofilen sowie der anwendungsübergreifende und unkomplizierte Einsatz im produzierenden Umfeld im Fokus.

6.1 Anwendungsszenario I: Klassifikation von Anlagenzuständen

Die in diesem Abschnitt vorgestellten Ausführungen sind in Teilen als Fachpublikationen in [KÜF18] und [KÜF20] einem breiten wissenschaftlichen Publikum zur Diskussion vorgestellt worden.[13]

6.1.1 Validierungskriterien

Anhand der experimentellen Erprobung des Versuchsmodells an einem Antriebstechniksystem sollen folgende Teilaspekte der in dieser Arbeit behandelten Forschungsschwerpunkte (vgl. Kapitel 3) untersucht und validiert werden:

- **Forschungsgegenstand: Teilaspekt A1**
  Validierung der Detektion elektrischer Verbraucher sowie unterschiedlicher Betriebsszenarien mit dem Fokus auf der Zuverlässigkeit der Klassifizierung.
- **Forschungsinstrumente: Teilaspekt A2**
  Erprobung der Eignung von KNN für die echtzeitnahe Klassifizierung von Betriebsszenarien.
- **Messgröße und Merkmalserzeugung: Teilaspekt A3**
  Validierung der Eignung von Stromprofilen der Hauptzuleitung mit Abtastfrequenzen $> 10\,\text{kHz}$ für die Detektion von Betriebsszenarien.

[13] Dem Kapitel liegen Teile der studentischen Arbeiten [ZIE17] und [TRE18] zugrunde (vgl. Abschnitt B.1 im Anhang), die vom Autor eng betreut und deren Inhalte zusammen mit dem Autor erarbeitet wurden.

- **Forschungsfokus: Teilaspekt A4**
  Validierung der Detektion von Betriebsszenarien mit dem Versuchsmodell.

Die Erfüllung des Kriteriums der Zuverlässigkeit bei der Klassifizierung setzt voraus, dass die im Folgenden beschriebenen Klassifizierungsaufgaben mit dem Versuchsmodell eine Korrektklassifizierungsrate von mindestens 95 % erzielen. Bei vergleichbaren Klassifizierungsaufgaben wie bei der Bilderkennung werden *KKR* von bis zu 97 % erreicht [HE15, S. 1026], [LAN19a, S. 781], [RUS15, S. 235]. Die menschliche Klassifizierungsleistung, bei der die Fehlerrate bei etwa 5 % liegt, ist hier bereits überholt [LAN15, S. 782]. Bei den automatischen Spracherkennungssystemen liegen die Wortfehlerraten ebenso in einem Bereich von 5 % [XIO17, S. 2420], [XIO18, S. 5934].

6.1.2 Beschreibung des Versuchaufbaus

Das Antriebstechniksystem umfasst einen elektrischen Generator und drei unterschiedliche Drehstrom-Asynchronmaschinen, die in Sternschaltung an das Drehstromnetz angeschlossen und mittels Schraubverbindungen parallel auf einer Arbeitsplatte montiert sind. Der elektrische und der mechanische Aufbau des Antriebstechniksystems sind schematisch in Abbildung 48 dargestellt. Das Versuchsmodell ist hierbei in der Hauptzuleitung des Antriebstechniksystems installiert.

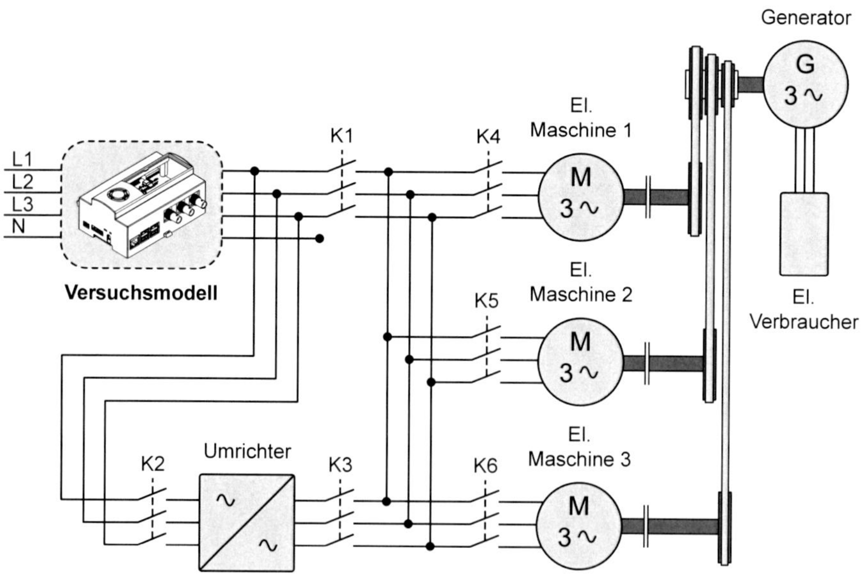

Abb. 48: Schematischer Aufbau des Antriebstechniksystems (vgl. [KÜF18], [KÜF20])

Die Antriebswellen der drei elektrischen Maschinen führen in einen Acrylglaskasten und werden dort mittels elektromagnetischer Kupplungen jeweils mit einer gelagerten Welle verbunden. Die mittlere dieser drei ebenfalls parallel angeordneten Wellen (Hauptwelle) treibt über eine Ausgleichskupplung den Generator an. Die zwei verbleibenden Wellen sind jeweils über einen Zahnriemen mit der Hauptwelle verbunden. An den Generator können einphasige elektrische Verbraucher angeschlossen werden. Die drei elektrischen Maschinen werden wahlweise direkt oder durch einen Wechselstromumrichter betrieben. Beide Möglichkeiten sind über die Hauptschütze K1 und K2 steuerbar. Gleichzeitig ermöglichen diese eine gegenseitige Verriegelung, sodass nur eine der beiden Möglichkeiten ausführbar ist. Gleiches gilt für die Schütze K4, K5 und K6. Diese steuern die drei elektrischen Maschinen an und werden zur gegenseitigen Verriegelung genutzt. Die technischen Eigenschaften der drei elektrischen Maschinen sind in Tabelle 7 aufgeführt.

Eigenschaft gemäß Typenschild	El. Maschine 1	El. Maschine 2	El. Maschine 3
Hersteller	Westinghouse	Siemens	Siemens
Nennstrom in A	3,11	5,6	3,0
Nennleistung in kW	1,5	3,0	1,5
Nenndrehzahl in min^{-1}	2865	2920	2910
Leistungsfaktor	0,855	0,88	0,86
Wirkungsgrad in %	81,3	87,1	84,1
Effizienzklasse	IE2	IE3	IE3

Tab. 7: Eigenschaften der drei Drehstrom-Asynchronmaschinen des Versuchsaufbaus

Es befindet sich nur die elektromagnetische Kupplung der in Betrieb genommenen elektrischen Maschine im Eingriff. Die zwei verbleibenden Antriebe sind in Leerlaufstellung, sodass nur eine elektrische Maschine die Hauptwelle und den Generator antreibt. Zeitgleich kann somit maximal eine der drei elektrischen Maschinen, wahlweise mit oder ohne Wechselstromumrichter, betrieben werden. Beim Anschluss der elektrischen Verbraucher an den Generator bestehen hingegen keine Einschränkungen.

6.1.3 Beschreibung der Versuchsdurchführung

Die fünf Taster der Bedieneinheit des Antriebstechniksystems ermöglichen die reproduzierbare Durchführung verschiedener Betriebsarten. Ein Hinzu- bzw. Abschalten unterschiedlicher elektrischer Verbraucher vor oder während des Betriebs erweitert diese um eine Vielzahl von zusätzlichen Belastungsvarianten. Auf dieser Grundlage werden 26 Betriebsszenarien (BS) definiert. Diese unterscheiden sich hinsichtlich des Einsatzes des Umrichters sowie des Hinzu- bzw. Abschaltens verschiedener elektrischer Verbraucher zu unterschiedlichen Zeiten.

Für die Versuche werden zwei ohmsche Verbraucher mit einer Wirkleistungsaufnahme von $P_{\text{o\_1}} = P_{\text{o\_2}} \approx 250\,\text{W}$ sowie ein ohmsch-kapazitiver Verbraucher mit variabler Wirkleistungsaufnahme von $P_{\text{o-k}} \leq 195\,\text{W}$ verwendet. Zur Erprobung der Detektion der unterschiedlichen Betriebsszenarien werden deren Stromprofile mit dem Versuchsmodell erfasst und ausgewertet.

Da der Umrichter nur für die elektrischen Maschinen 1 und 3 ausgelegt ist, wird dieser mit der elektrischen Maschine 2 ausschließlich ohne Verbraucher betrieben. Somit ergeben sich sechs BS ohne elektrischen Verbraucher (Szenario A) und jeweils fünf BS mit verschiedenen Belastungsvarianten (Szenarien B–E). Die elektrischen Maschinen werden grundsätzlich aus dem Stillstand gestartet und vor jeder Messdatenerhebung auf Betriebstemperatur gebracht. Die 26 BS sind zusammengefasst in Tabelle 8 gegenübergestellt.

Betriebs-szenarium	Szenario-typ	El. Maschine	Umrichter-betrieb	Aktive el. Verbraucher	Aktivzeiten der el. Verbraucher in s
BS1	A	1	-	-	-
BS2	A	2	-	-	-
BS3	A	3	-	-	-
BS4	A	1	aktiv	-	-
BS5	A	2	aktiv	-	-
BS6	A	3	aktiv	-	-
BS7	B	1	-	P_{o_1}	6–12
BS8	B	2	-	P_{o_1}	6–12
BS9	B	3	-	P_{o_1}	6–12
BS10	B	1	aktiv	P_{o_1}	6–12
BS11	B	3	aktiv	P_{o_1}	6–12
BS12	C	1	-	P_{o_1}	0–3 (Anlauf)
BS13	C	2	-	P_{o_1}	0–3 (Anlauf)
BS14	C	3	-	P_{o_1}	0–3 (Anlauf)
BS15	C	1	aktiv	P_{o_1}	0–3 (Anlauf)
BS16	C	3	aktiv	P_{o_1}	0–3 (Anlauf)
BS17	D	1	-	P_{o_1}, P_{o_2}	3–12, 6–12
BS18	D	2	-	P_{o_1}, P_{o_2}	3–12, 6–12
BS19	D	3	-	P_{o_1}, P_{o_2}	3–12, 6–12
BS20	D	1	aktiv	P_{o_1}, P_{o_2}	3–12, 6–12
BS21	D	3	aktiv	P_{o_1}, P_{o_2}	3–12, 6–12
BS22	E	1	-	$P_{o\text{-}k}$	6–12
BS23	E	2	-	$P_{o\text{-}k}$	6–12
BS24	E	3	-	$P_{o\text{-}k}$	6–12
BS25	E	1	aktiv	$P_{o\text{-}k}$	6–12
BS26	E	3	aktiv	$P_{o\text{-}k}$	6–12

Tab. 8: Übersicht der definierten Betriebsszenarien des Antriebstechniksystems

Szenario A:
Die elektrische Maschine wird für zwölf Sekunden im Leerlauf betrieben.

Szenario B:
Die elektrische Maschine wird zunächst im Leerlauf betrieben. Zu Beginn der sechsten Sekunde nach dem Start wird an den Generator ein Verbraucher P_{o_1} hinzugeschaltet, der bis zum Ende des BS aktiv bleibt.

Szenario C:
Beim Start der elektrischen Maschine wird ein Verbraucher P_{o_1} hinzu- und nach Ablauf von drei Sekunden wieder abgeschaltet. Die verbleibenden neun Sekunden des BS wird der Motor im Leerlauf betrieben.

Szenario D:
Die elektrische Maschine wird zunächst im Leerlauf betrieben. Zu Beginn der dritten Se-

kunde nach dem Start wird an dem Generator ein Verbraucher P_{o_1} hinzugeschaltet. Zu Beginn der sechsten Sekunde nach dem Start wird ein zweiter identischer Verbraucher P_{o_2} hinzugeschaltet. Beide Verbraucher bleiben bis zum Ende des BS aktiv.

Szenario E:
Die elektrische Maschine wird zunächst im Leerlauf betrieben. Zu Beginn der sechsten Sekunde nach dem Start wird an dem Generator ein Verbraucher $P_{o\text{-}k}$ hinzugeschaltet, der bis zum Ende des BS aktiv bleibt.

Die Erfassung der Stromsignale erfolgt mit einem Stromwandler vom Typ *LEM LTS25-NP*. Dieser überführt das zu messende Stromsignal in ein analoges Spannungssignal. Drei dieser Wandler erfassen die Ströme der Außenleiter L1, L2 und L3. Die Abtastfrequenz beträgt hierbei 12,210 kHz. Daraus ergibt sich ein Abtastintervall von 81,9 µs. Für jedes BS werden 100 Messreihen aufgezeichnet. Für den Versuch ergeben sich somit 2.600 Messreihen – diese Gesamtheit bildet den Trainingsdatensatz. Signalaufzeichnung und BS werden voneinander unabhängig gestartet, wodurch sich zeitliche Abweichungen in den Messreihen ergeben. Die Zeitdauer eines BS beträgt zwölf Sekunden. Die Messzeit und somit die Dauer einer Messreihe wird auf 14 Sekunden festgelegt, sodass vor und nach jedem BS jeweils eine Sekunde Leerlaufbetrieb erfasst werden. Dadurch ist sichergestellt, dass die BS vollständig in den Messreihen enthalten sind. Je Außenleiter werden somit 170.941 Messpunkte pro BS erfasst.

An den Außenleitern L1 und L3 sind weitere elektrische Verbraucher, bspw. die Steuerung des Antriebstechniksystems oder ein Bildschirm angebracht. L2 versorgt lediglich die Verbraucher gemäß Abbildung 48. Da dieser daher das störungsärmste Signal aufweist, werden für das weitere Vorgehen die Stromprofile von L2 verwendet und im Folgenden als Effektivwerte dargestellt.

6.1.4 Diskussion der Messreihen

Im Folgenden wird ein Überblick zu den Messreihen gegeben. Dabei werden die Unterschiede in den Stromprofilen bei einem Betrieb der elektrischen Maschinen mit und ohne Umrichter erläutert sowie die Variationen der Stromprofile in unterschiedlichen BS beschrieben. Zudem wird die zeitliche Abweichung der Startzeiten der Messreihen diskutiert.

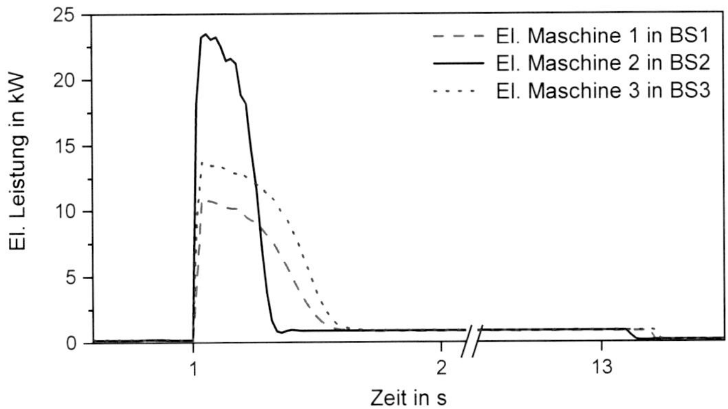

Abb. 49: Leistungsverläufe der drei el. Maschinen in Szenario A ohne Umrichterbetrieb (vgl. [KÜF18])

Die drei Drehstrom-Asynchronmaschinen besitzen aufgrund ihrer unterschiedlichen Effizienzklassen und Nennleistungen verschiedene Leistungsprofile (vgl. Abbildung 49). Diese unterscheiden sich insbesondere hinsichtlich ihres Anlaufverhaltens. Die elektrische Maschine 2 besitzt mit 3 kW die höchste Nennleistung (vgl. Tabelle 7), was sich in der Anlaufphase sichtbar auf die Leistungsaufnahme auswirkt. Zudem ist der Anlaufvorgang in BS2 schneller beendet als in BS1 und BS3. Im anschließenden Leerlauf setzen alle drei Maschinen eine vergleichbare elektrische Leistung zwischen 830 W und 930 W um.

Der Einsatz eines Frequenzumrichters ermöglicht es, Amplitude und Frequenz des Drehstromsystems, an das die elektrische Maschine angeschlossen ist, zu verändern. Dadurch können der Anlaufstrom beim Start der Maschine reduziert (Sanftanlauf) sowie Energieeinsparungen durch einen angepassten Betrieb erzielt werden. [HAG13, S. 162] Die Stromprofile von BS1 und BS4 zeigen dieses Verhalten in entsprechenden Messreihen (vgl. Abbildung 50).

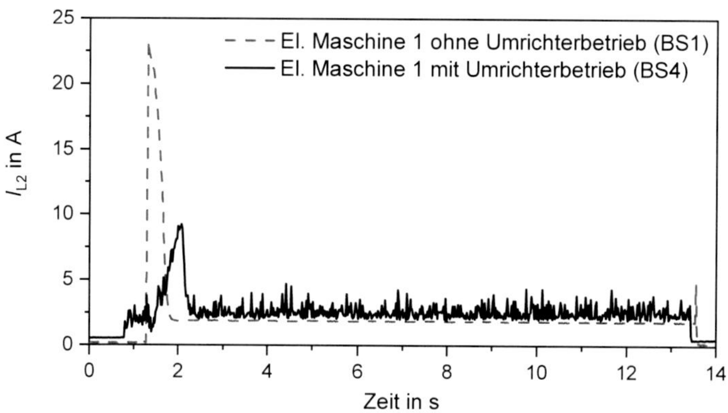

Abb. 50: Gegenüberstellung der Stromprofile der el. Maschine 1 ohne und mit Umrichterbetrieb

Die Gegenüberstellung der BS1, BS7, BS12, BS17 und BS22 (vgl. Abbildung 51) zeigt die Unterschiede in den Stromprofilen der verschiedenen Betriebsszenarien am Beispiel der elektrischen Maschine 1. Die Profile lassen sich in drei Zeitbereiche unterteilen:

Zeitbereich 0–4 s:

Die Verläufe sind in diesem Zeitintervall, abgesehen von geringen Schwankungen, nahezu identisch. Bei BS12 wird der Verbraucher P_{o_1} vor dem Start hinzugeschaltet, was einen größeren Effektivstrom I_{L2} nach dem Anlauf zur Folge hat.

Zeitbereich 4–7 s:

Etwa vier Sekunden nach dem Start der Messung wird der Verbraucher bei BS12 abgeschaltet, weshalb eine Abnahme von I_{L2} zu sehen ist. Zu diesem Zeitpunkt wird bei BS17 der erste Verbraucher hinzugeschaltet, was einen Anstieg des Effektivstroms bewirkt. Der Verlauf der anderen BS ist bis zu diesem Zeitpunkt nahezu identisch.

Zeitbereich 7–14 s:

Etwa sieben Sekunden nach dem Messstart wird der Verbraucher bei BS7 zugeschaltet, was einen Anstieg von I_{L2} zur Folge hat. Zum gleichen Zeitpunkt wird bei BS17 der zweite Verbraucher P_{o_2} hinzugeschaltet, was eine weitere Erhöhung des Effektivstroms verursacht.

Bei BS22 wird zu diesem Zeitpunkt der Verbraucher $P_{\text{o-k}}$ in Betrieb genommen, was einen langsamen, kontinuierlichen Anstieg bei I_{L2} in diesem Zeitbereich bewirkt. Die Verläufe von BS1 und BS12 sind nahezu identisch.

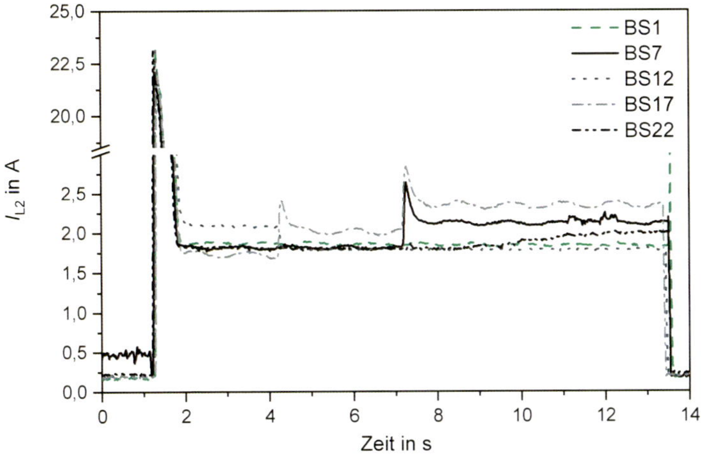

Abb. 51: Vergleich der Betriebsszenarien anhand von Stromprofilen der el. Maschine 1 (vgl. [KÜF20])

Auf das Problem der zeitlichen Abweichung der Startzeiten der Messreihen wurde bereits hingewiesen. In Abbildung 52 sind in diesem Kontext 100 Messreihen des BS1 dargestellt. Die zeitliche Abweichung beim Startpunkt des BS ist deutlich zu erkennen. Dies resultiert aus der getrennten Ansteuerung von Antriebstechnik- und Messsystem. Der Start wird manuell ausgeführt und ist folglich nicht zeitsynchron. Der Versatz zwischen zwei Profilen, der teilweise mehr als eine Sekunde betragen kann, hat eine große Auswirkung auf die Ergebnisse der nachgelagerten maschinellen Lernverfahren. Für diese müssen die Messreihen der einzelnen BS, die als Trainingsdaten dienen, von hoher Genauigkeit sein und sollten möglichst keine Abweichungen untereinander aufweisen. Um dieses Problem zu lösen, sind weitere Schritte der Datenaufbereitung notwendig.

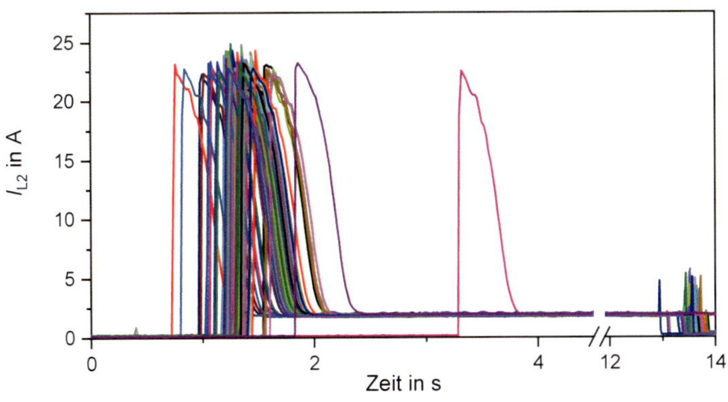

Abb. 52: Betrachtung der zeitlichen Abweichung der BS-Startzeitpunkte bei 100 Messreihen des BS1

6.1.5 Modellentwicklung und Ergebnisse

In diesem Unterabschnitt werden die Techniken zur Datenaufbereitung beschrieben und die entwickelten Modelle vorgestellt. Anschließend werden die Ergebnisse beschrieben und bewertet. Schließlich folgt eine Beschreibung der Lösungsumsetzung mit dem Versuchsmodell.

Datenaufbereitung: Fourier-Transformation

In Unterabschnitt 6.1.4 wurde das Problem der zeitlichen Abweichung der Startzeiten in den Messreihen erläutert. Um dieses zu beheben, wird das Zeitsignal mit Hilfe der FFT in den Frequenzbereich transformiert (vgl. Abbildung 53). Da jede Messreihe eine Länge von 14 s aufweist, ist gewährleistet, dass diese auch die vollständigen 12 s der jeweiligen BS enthält. Die verbleibenden 2 s sind Leerlaufbetrieb. Aufgrund dieser Tatsachen kann geschlossen werden, dass die zeitliche Abweichung nach der Transformation in den Frequenzbereich nicht mehr von Bedeutung ist.

Auf Grundlage des Nyquist-Shannon-Abtasttheorems ergibt sich für die Abtastfrequenz von 12,210 kHz eine Nyquist-Frequenz von 6,105 kHz – Frequenzen über diesem Wert werden nicht betrachtet, um nichtlineare Verzerrungen im Signal auszuschließen [SHA49]. Eine visuelle Auswertung der Daten im Frequenzbereich hat ergeben, dass sich v. a. im Bereich bis 4 kHz charakteristische Merkmale zeigen. Im Bereich niedrigerer Frequenzen sind insbesondere die für das symmetrische Drehstromsystem typischen ungeraden Oberschwingungen der 3., 5. und 7. Ordnung gut in Abbildung 53 zu erkennen [KAM19].

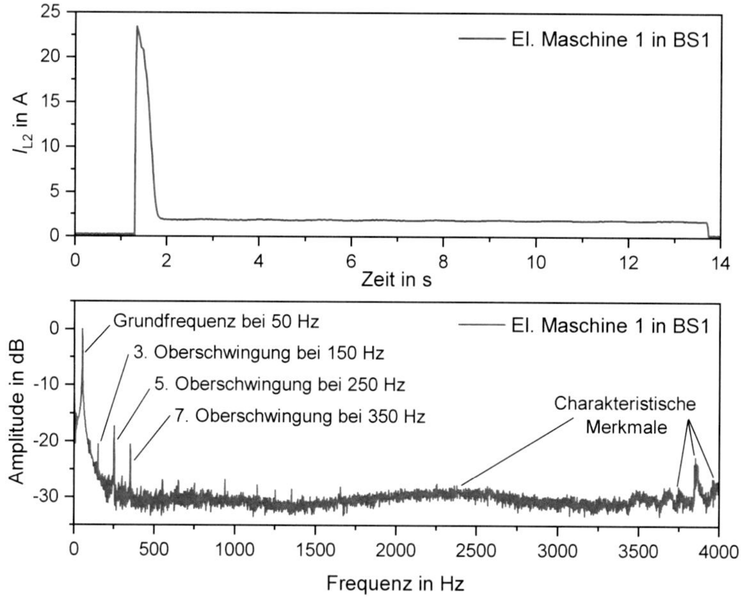

Abb. 53: Stromprofile der el. Maschine 1 in BS1 im Zeit- (oben) und Frequenzbereich (unten)

Um die Datenverarbeitung mit dem Versuchsmodell möglichst effizient zu gestalten, werden nicht relevante Daten entfernt und der betrachtete Frequenzbereich auf 0 bis 4 kHz festgelegt sowie auf 1 Hz-Intervalle gemittelt. Anschließend wird das arithmetische Mittel der Frequenzkomponenten von 0,5 Hz bis 1,5 Hz als der zur Frequenz von 1 Hz zugehörige Wert verwendet. Diese Regel wird auf den gesamten Frequenzbereich angewendet – je Messreihe werden die Daten somit auf insgesamt 4.000 Messpunkte reduziert.

Wie anhand des aktuellen Stands der Erkenntnisse in Abschnitt 3.1 belegt wird, haben verschiedene Belastungsszenarien an elektrischen Maschinen einen Einfluss auf deren Frequenzverhalten. Anhand der Frequenzspektren der drei elektrischen Maschinen des Antriebtechniksystems, dargestellt in Abbildung 54, kann dieser Sachverhalt bestätigt werden. Die Anwendung der FFT ist somit gerechtfertigt und für die weitere Analyse geeignet. Des Weiteren ermöglicht die FFT auch eine dezentrale Reduzierung der Datenmenge unter Beibehaltung der relevanten Informationen sowie eine Verringerung der Daten- und Analyselatenz gemäß Abbildung 9 in Unterabschnitt 2.1.3. Wertlose Daten werden demnach unmittelbar verworfen, was dem Lean-Data-Ansatz aus Abschnitt 4.1 entspricht. Gemäß der signalmodell-basierten Störungsdetektion werden aus periodischen Signalen Merkmale für die weitere Analyse im Frequenzbereich extrahiert (vgl. Unterunterabschnitt 2.2.5).

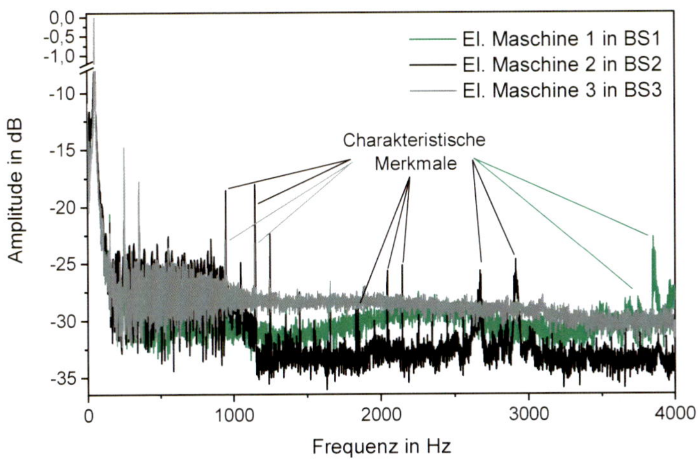

Abb. 54: Frequenzspektren der drei el. Maschinen in Szenario A ohne Umrichterbetrieb

Datenaufbereitung: Standardisierung

Bei Lernalgorithmen wie KNN ist es erforderlich die Eingangsmerkmale zu standardisieren, um optimale Ergebnisse zu erzielen [RAS17, S. 48]. Ein weiterer Schritt der Datenaufbereitung ist daher die Standardisierung. Als Merkmale werden im Folgenden die Amplitudenwerte der transformierten Messreihendaten bezeichnet. Die Merkmalsspalte enthält die zu einer bestimmten Frequenz gehörigen Merkmale aller Messreihen. Bei der Standardisierung werden die Werte der Merkmalsspalte so angepasst, dass sich ein Mittelwert von Null und eine Standardabweichung von eins ergeben. Der standardisierte Wert x_{std} wird folgendermaßen berechnet [RAS17, S. 48]:

$$x_{\text{std}} = \frac{x - \mu_x}{\sigma_x} \tag{6-1}$$

Hier bezeichnet x den ursprünglichen Merkmalswert, μ_x den Mittelwert und σ_x die Standardabweichung der Merkmalsspalte. Das Standardisierungsverfahren wird mit dem „StandardScaler“ der freien Software-Bibliothek *scikit-learn* implementiert.

Modellbildung: Topologie des KNN

Zur Klassifizierung der BS wird ein mehrschichtiges KNN entworfen. Hierzu wird die Open-Source Deep-Learning-Bibliothek *Keras* verwendet [CHO15]. Wie in Abbildung 55 dargestellt, ist das entwickelte Modell vollständig vernetzt, d. h. der Ausgang eines jeden Neurons einer Schicht ist mit allen Neuronen der nachfolgenden Schicht verbunden.

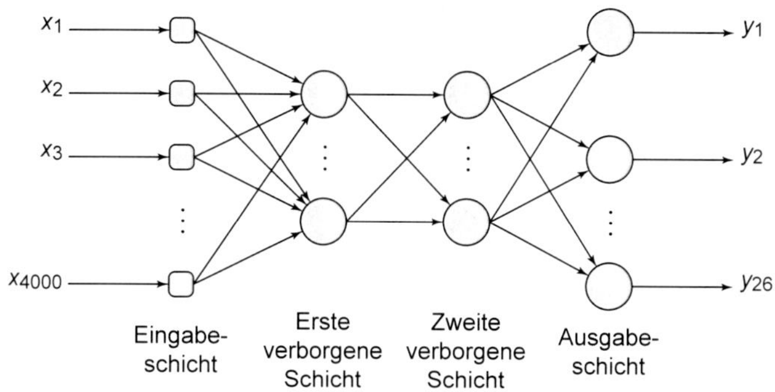

Abb. 55: Schematische Darstellung des vorwärtsgerichteten, mehrschichtigen KNN (vgl. [KÜF18])

An die Eingabeschicht des KNN wird ein 4.000-dimensionaler Vektor übergeben, der jeweils die 4.000 Werte der Frequenz-Analyse einer Messreihe enthält. Für das Training wird zusätzlich die Bezeichnung des jeweiligen BS übergeben. Die erste verborgene Schicht beinhaltet 2.000 Neuronen, die zweite verborgene Schicht 150 Neuronen. Die Ausgabeschicht besteht aus 26 Neuronen und stimmt somit mit der Anzahl der zu klassifizierenden BS überein. Da die Eingabeschicht nicht mitgezählt wird, handelt es sich somit um ein dreischichtiges MLP.

Die Optimierung der Neuronenanzahl in den verborgenen Schichten basiert auf iterativen Trainingsdurchläufen mit den Kriterien Trainingsdauer, Speicherbedarf und Genauigkeit. Dabei reduziert sich die *KKR* bei einer Verringerung der Neuronen deutlich, während sich bei einer größeren Anzahl an Neuronen der Speicherbedarf und die Trainingsdauer erhöhen. Im Hinblick auf den Einsatz des KNN in eingebetteten Systemen ist der Speicherbedarf ein kritisches Kriterium. Das optimierte Modell weist schließlich ca. 185 MB auf.

Die Wahl der optimalen Aktivierungsfunktion ist in der Literatur umstritten – sowohl die Tanh-, die Sigmoid-Funktion als auch die sogenannten Rectifier haben charakteristische Vor- und Nachteile [NWA18]. Basierend auf dem Stand der Erkenntnisse und iterativen Optimierungsdurchläufen wird als Aktivierungsfunktion in der Eingabeschicht ELU (Exponential Linear Unit), in den verborgenen Schichten die Tanh-Funktion und in der Ausgabeschicht die Softmax-Funktion verwendet. Softmax ist eine logistische Funktion die es bei Mehrfachklassifizierungsaufgaben ermöglicht, Pseudowahrscheinlichkeiten der Klassenzugehörigkeit zu berechnen [RAS17, S. 400-401]. Das Ergebnis eines Modelldurchlaufs ist eine Pseudowahrscheinlichkeit für jedes BS, die am jeweiligen Ausgangsneuron ausgegeben wird. Die Summe dieser Pseudowahrscheinlichkeiten beträgt 100 %.

Um die Leistungsfähigkeit des KNN weiter zu verbessern, wird das Dropout-Verfahren angewendet. Dieses verfolgt insbesondere das Ziel, das sogenannte Overfitting (Überanpassung an die Trainingsdaten) eines Modells zu verringern. Das Verfahren wurde von Srivastava et al. erstmals in den verborgenen Schichten eines KNN verwendet. Dazu wird ein festgelegter Anteil zufällig ausgewählter Neuronen während eines Trainingsvorgangs deaktiviert. Durch das Dropout-Verfahren kann das Modell unbekannte Eingangsdaten besser klassifizieren, jedoch erhöht sich auch die Trainingsdauer. [SRI14] Für das MLP wird ein Dropout von 50 % definiert.

Training und Test des KNN

Für den Lernprozess des KNN werden folgende Grundelemente festgelegt: Eine Straffunktion, ein Optimierungsalgorithmus und eine Metrik. Bei der Straffunktion handelt es sich um eine Zielfunktion des Modells, deren Ausgabewert während des Trainings minimiert werden soll. Dieser Wert stellt die Abweichung der vom Modell getroffenen Ausgabe zur gewünschten Ausgabe dar. Ziel der beschriebenen Klassifizierungsaufgabe ist es, dass die Straffunktion gegen Null konvergiert. [RAS17, S. 52-54] Die ausgewählte Straffunktion wird kategorische Kreuzentropie (engl. categorial crossentropy) bezeichnet. Diese Funktion einer logistischen Regression ist für die Vorhersage bei der Mehrfachklassifizierung via Softmax-Funktion geeignet [RAS17, S. 408]. Der Optimierungsalgorithmus ist für die Minimierung dieser Straffunktion zuständig [RAS17, S. 52]. Hierzu wird das stochastische Gradientenabstiegsverfahren verwendet. Die Metrik, mit deren Hilfe die Leistung der Modelle in der Trainingsphase beurteilt wird, ist die Korrektklassifizierungsrate (*KKR*), die dem Verhältnis von richtig zugeordneten Testsamples zu allen Testsamples entspricht.

Für die Trainings- und Testphase werden acht KNN-Varianten erstellt, die sich hinsichtlich der übergebenen Trainingssamples sowie der Anzahl an zu klassifizierenden BS unterscheiden. Die Aufteilung der Trainingsdaten (alle Messreihen) in Trainings- und Testsamples erfolgt randomisiert vor jedem Training. Um ein möglichst repräsentatives Ergebnis zu erzielen, werden für die Bewertung der verschiedenen KNN fünf identische Modelle erstellt, trainiert und getestet. Anschließend wird ein Durchschnittswert aus den Kennzahlen dieser fünf Modelle gebildet und als gemitteltes Ergebnis eines KNN-Modells verwendet. In der Trainingsphase variiert dabei die Anzahl der Trainingssamples jedes KNN, in der Testphase beträgt sie für alle KNN jeweils 25 Samples. Für die fünf Modelle eines jeden KNN ist die Trainings- und Testsamplemenge identisch.

Ergebnisse der KNN-Varianten

Für die *KKR* wird ein Mindestwert von 95 % festgelegt. Die acht KNN-Varianten (KNN1–KNN8) werden mit unterschiedlichem Fokus auf diese Zielgröße hin optimiert. Bei KNN1 und KNN2 liegt der Schwerpunkt auf einer möglichst hohen *KKR*. Dahingegen sollen bei KNN3 bis KNN8 die Trainingsdatenmengen unter Einhaltung des *KKR*-Mindestwerts auf ein Minimum reduziert werden.

KNN1 wird für Szenario A ausgelegt, bei KNN2 werden die BS aus Szenario B ergänzt. Es werden jeweils 70 Trainingssamples pro BS übergeben. Mit KNN1 wird bei 150 Testsamples eine *KKR* von 99,33 % erreicht. Aufgrund der größeren Anzahl an BS fällt die *KKR* bei KNN2 mit 98,04 % erwartungsgemäß niedriger aus. Die Parameter aus dem Training sowie die Ergebnisse aus der Testphase der KNN-Varianten KNN1 und KNN2 sind in Tabelle 9 aufgeführt.

KNN-Variante	Trainingssamples		Lernphase			Testsamples		Korrektklassifizierungsrate (*KKR*) in %
	Gesamt	Pro BS	Epochen	Batchgröße	Iterationen	Gesamt	Pro BS	
KNN1 (BS1–BS6)	420	70	100	60	700	150	25	**99,33**
KNN2 (BS1–BS11)	770	70	100	55	1400	275	25	**98,04**

Tab. 9: Parameter der Trainings- und Ergebnisse der Testphase von KNN1 und KNN2

Eine genauere Betrachtung der Resultate zeigt, dass bei KNN1 jedes der fünf Modelle die gleiche Messreihe, die eigentlich BS3 zuzuordnen ist, fälschlicherweise als BS4 klassifiziert. Diese 69. Messreihe von BS3 wird auch von KNN2 bei vier von fünf Modellen falsch interpretiert. In Abbildung 56 ist der Stromverlauf während des Startvorgangs von fünf Messreihen des BS3 gezeigt. Der Anlaufstrom der 69. Messreihe weist zu Beginn einen verhältnismäßig hohen Wert auf. Diese Anomalie erklärt die falsche Zuordnung. Alle restlichen 149 Testsamples wurden von KNN1 bei jedem Modell richtig klassifiziert. Somit kommt die *KKR* dem Optimum von 100 % sehr nahe.

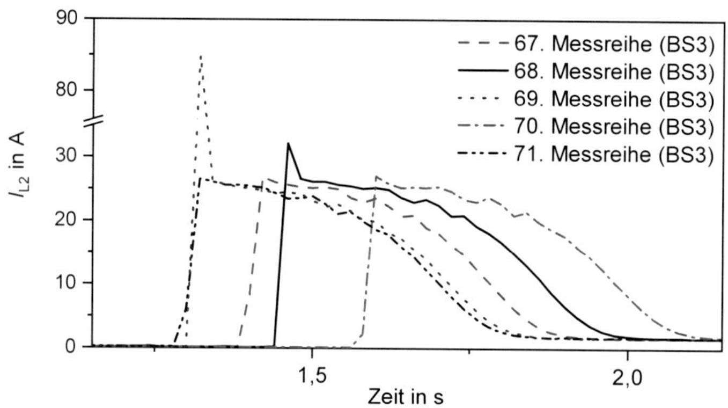

Abb. 56: Stromverlauf der anomalen 69. Messreihe im Vergleich zu vier regulären Verläufen aus BS3

Bei KNN2 konnte festgestellt werden, dass falsch klassifizierte Messreihen zwar korrekt der entsprechenden elektrischen Maschine zugeordnet werden können und dass der Umrichterbetrieb detektierbar ist, jedoch wurden einige Testsamples den falschen Belastungsvarianten zugeordnet. Es konnten keine Anomalien (vgl. Abbildung 56) bei diesen Messreihen identifiziert werden. Die geringere *KKR* ist somit durch die Erhöhung der Anzahl an BS zu erklären. Aus KNN1 und KNN2 lässt sich die Tendenz ableiten, dass mit Zunahme zu klassifizierender BS die *KKR* der KNN bei sonst gleichbleibenden Parametern sinkt. Dieser Sachverhalt soll im Folgenden näher untersucht werden.

Bei den Varianten KNN3 bis KNN7 wird die Anzahl der zu klassifizierenden BS, ausgehend von KNN3 mit sechs BS, sukzessive um je fünf BS pro KNN-Variante erhöht. KNN7 umfasst mit 26 BS schließlich alle definierten Szenarien. KNN8 ist mit Ausnahme der Anzahl an Trainingssamples identisch zu KNN7. Eine Übersicht zu den KNN-Varianten, einschließlich deren Parameter der Trainingsphase sowie den Kennzahlen der Testphase, gibt Tabelle 10.

KNN-Variante	Trainings-samples		Lernphase			Test-samples		Korrekt-klassifizierungsrate (*KKR*) in %
	Gesamt	Pro BS	Epochen	Batch-größe	Iterationen	Gesamt	Pro BS	
KNN3 (BS1–BS6)	78	13	225	39	450	150	25	**95,33**
KNN4 (BS1–BS11)	198	18	225	33	1350	275	25	**95,85**
KNN5 (BS1–BS16)	880	55	225	80	2475	400	25	**95,45**
KNN6 (BS1–BS21)	1344	64	225	84	3600	525	25	**95,31**
KNN7 (BS1–BS26)	1950	75	225	78	5625	650	25	**95,23**
KNN8 (BS1–BS26)	1924	74	225	78	5625	650	25	**94,83**

Tab. 10: Parameter der Trainingsphase und Ergebnisse der Testphase von KNN3 bis KNN8

Für KNN3 bis KNN7 besteht die Forderung nach einer möglichst geringen Anzahl an Trainingsdaten unter Einhaltung der *KKR* von über 95 %. KNN3 klassifiziert wie KNN1 sechs BS, wobei die Anzahl an Trainingsdaten von 70 auf 13 Trainingssamples pro BS verringert wird. Trotz dieser Einschränkung bei der Trainingsdatenmenge wird eine *KKR* von 95,33 % erreicht. Die Anzahl der Epochen in der Lernphase muss hierfür jedoch erhöht werden. Gleiches gilt für KNN4, bei dem elf BS betrachtet werden und bei dem im Vergleich zu KNN2 die Trainingsdatenmenge pro BS auf 18 minimiert wird. Die *KKR* liegt auch hier noch oberhalb des Zielwerts. Dies bestätigt, dass das KNN bei einer geringen Anzahl an BS nur eine niedrige Menge an Trainingssamples pro Szenario benötigt. Bei Betrachtung von KNN5, KNN6 und KNN7 ist festzustellen, dass bei einer weiteren Erhöhung der BS die Gesamtanzahl der benötigten Trainingssamples für eine zuverlässige Klassifizierung erheblich ansteigt. Zudem erfolgt der Lernprozess bei KNN7 deutlich langsamer als bei KNN3, da die Anzahl an Iterationen um das 12-fache vergrößert und die Batchgröße verdoppelt werden muss, um die aufgeführte *KKR* zu erreichen. Die Durchführung einer Iteration nimmt dadurch doppelt so viel Zeit in der Lernphase in Anspruch. KNN8 wird mit 74, KNN7 mit 75 Trainingssamples pro BZ trainiert. KNN8 kann bei zwei von fünf KNN die untere Grenze der *KKR* nicht erreichen. Auch über alle fünf Modelle gemittelt wird die Grenze mit 94,38 % unterschritten. Zur Klassifizierung der 26 BS des Antriebtechniksystems sind somit mindestens 75 Trainingssamples je BS notwendig.

Die Verarbeitungszeit mit dem Versuchsmodell, also die Zeitspanne zwischen Erfassung des letzten Messpunkts bis zur Klassifizierung des vorliegenden BS, beträgt durchschnittlich $t_{\mathrm{classify}} = 3{,}4\,\mathrm{s}$. Diese Zeit setzt sich maßgeblich aus dem Laden der Rohwerte (ca. 2,3 s), der Durchführung der FFT (ca. 0,25 s) sowie der eigentlichen Klassifizierung durch das

KNN (ca. 0,75 s) zusammen.

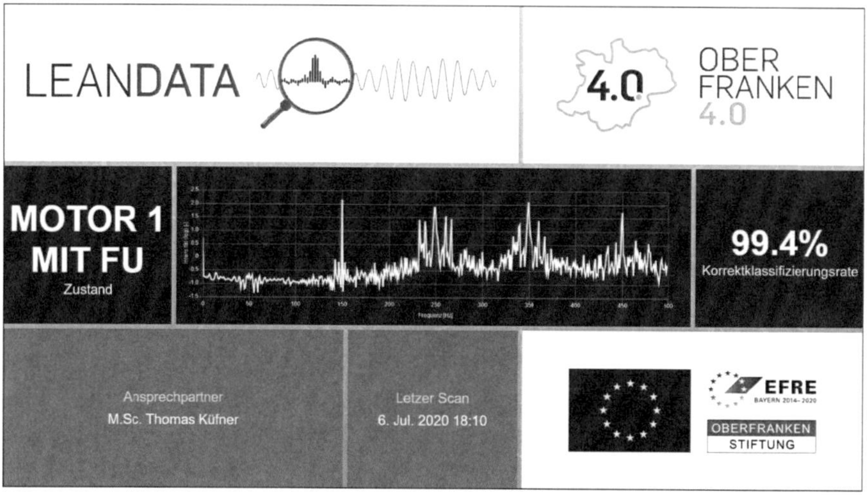

Abb. 57: Grafische Oberfläche am Antriebstechniksystem mit Ausgabe einer aktuellen Klassifizierung

Im unmittelbaren Anschluss an die Klassifizierung werden die Ergebnisse an einen Server übermittelt. Dieser ist mit einem Router über WLAN verbunden. Anwendende können somit drahtlos auf die Web-Oberfläche des Servers zugreifen und sich aktuelle BS ausgeben lassen. Abbildung 57 zeigt diese Nutzeroberfläche, auf der zusätzliche Informationen zum klassifizierten BS wie der Frequenzbereich des Messsignals bis 500 Hz, Datum und Uhrzeit des letzten Durchlaufs (Scan) sowie die *KKR* aufgeführt sind. Im abgebildeten Beispiel wurde BS4 mit einer *KKR* von 99,4 % ermittelt.

6.1.6 Zusammenfassung und Bewertung

Die in Unterabschnitt 6.1.1 aufgeführten Teilaspekte der in dieser Arbeit behandelten Forschungsschwerpunkte konnten mit dem Versuchsmodell anhand des Antriebstechniksystems vollständig validiert werden. Eine Zusammenfassung der Ergebnisse der experimentellen Erprobung ist im Folgenden dargestellt:

- **Teilaspekt A1**
  Der Teilaspekt einer zuverlässigen Klassifizierung (*KKR* > 95 %) wird anhand von insgesamt 26 Betriebsszenarien, die aus dem Zusammenspiel unterschiedlicher elektrischer Verbraucher resultieren, mit einer Mindestanzahl von 75 Trainingssamples je BS erreicht.

- **Teilaspekt A2**
  Die Eignung von KNN für die vorliegende Klassifizierungsaufgabe wird belegt. Die Forderung der nahezu Echtzeitfähigkeit wird mit der erreichten durchschnittlichen Klassifizierungszeit $t_{\text{classify}} = 3{,}4\,\text{s} < t_{\text{forecast\_max}} = 10\,\text{s}$ eingehalten.

- **Teilaspekt A3**
  Die Stromprofile der Hauptzuleitung werden zur Merkmalserzeugung mit einer Ab-

tastfrequenz von 12,210 kHz erfasst und deren Eignung für die vorgestellte Klassifizierungsaufgabe wird bestätigt.

- **Teilaspekt A4**
  Die Teilaspekte A1–A3 werden vollständig dezentral, also unmittelbar an der Messstelle, mit dem Versuchsmodell umgesetzt. Die dezentrale Detektion der BS wird somit belegt.

Insgesamt können im Rahmen der experimentellen Erprobung anhand des Antriebstechniksystems mit dem Versuchsmodell alle Teilaspekte A1–A4 validiert werden.

6.2 Anwendungsszenario II: Prognose des Bremsenverschleißes

Die in diesem Abschnitt vorgestellten Beschreibungen und Ergebnisse sind in Teilen als Fachveröffentlichungen in [KÜF21c] und [KÜF21b] einer wissenschaftlichen Hörerschaft zum Diskurs vorgestellt worden.[14]

6.2.1 Validierungskriterien

Im Rahmen der experimentellen Erprobung des Versuchsmodells an einem System zur Verschleißsimulation werden folgende Teilaspekte der in dieser Arbeit behandelten Forschungsschwerpunkte untersucht und validiert:

- **Forschungsgegenstand: Teilaspekt B1**
  Validierung der Detektion unterschiedlicher Verschleißarten mit dem Fokus auf der Funktionsfähigkeit des Versuchsmodells unter Verwendung der vorimplementierten ML-Modelle.
- **Forschungsgegenstand: Teilaspekt B2**
  Erprobung der Detektion des Abnutzungsvorrats sowie Prognose der Restnutzungsdauer verschleißbehafteter Komponenten, die durch eine elektrische Maschine mit Frequenzumrichter betrieben werden, mit dem Fokus auf Zuverlässigkeit und Performanz der Ergebnisse und unter Verwendung extern optimierter Modelle.
- **Forschungsinstrumente: Teilaspekt B3**
  Validierung der Eignung von KNN für die echtzeitnahe Detektion von Abnutzungsvorräten sowie die Vorhersage der *RUL*.
- **Messgröße und Merkmalserzeugung: Teilaspekt B4**
  Erprobung der Eignung von Stromprofilen eines Frequenzumrichters zur Merkmalsgenerierung mit Abtastfrequenzen $> 10\,\text{kHz}$ für die Detektion von Abnutzungsvorräten sowie die Prognose der *RUL*.
- **Forschungsfokus: Teilaspekt B5**
  Validierung der Detektion des Abnutzungsvorrats sowie der Vorhersage der Restnutzungsdauer mit dem dezentralen Versuchsmodell.

Das Zuverlässigkeitskriterium gilt auch in diesem Abschnitt als erfüllt, wenn die im Folgenden beschriebenen Detektions- und Prognoseaufgaben mit dem Versuchsmodell eine *KKR* von mindestens 95 % erzielen (vgl. Abschnitt 6.1).

[14] Dem Kapitel liegen Teile der studentischen Arbeiten [BEC19], [MÜL20] und [MUN20] zugrunde (vgl. Abschnitt B.1), die vom Autor eng betreut und deren Inhalte zusammen mit dem Autor erarbeitet wurden.

6.2.2 Beschreibung des Versuchaufbaus

Das System zur Verschleißsimulation umfasst eine Drehstrom-Asynchronmaschine (El. Maschine 4) mit Schneckengetriebe, die über eine gelagerte Welle mit einer Scheibenbremse verbunden ist. Die Drehfrequenz der elektrischen Maschine 4, die ausschließlich im motorischen Betrieb verwendet wird, wird über einen Frequenzumrichter geregelt. Die Drehfrequenz des Systems kann somit in einem Bereich von 10 % bis 100 % der Getriebedrehzahl variiert werden. Eine Federsteg-Ausgleichskupplung zwischen Getriebe- und Bremsenwelle gleicht einen möglichen axialen, radialen und angularen Wellenversatz aus. Die technischen Eigenschaften der Maschine 4 in Verbindung mit dem Schneckengetriebe sind in Tabelle 7 aufgeführt.

Eigenschaft gemäß Typenschild	El. Maschine 4
Hersteller	Ruhrgetriebe KG
Typ	Drehstrom Schneckengetriebe-Motor SN 3 F
Nennstrom in A	1,25
Nennleistung in W	180
Nenndrehzahl in min^{-1}	1360
Leistungsfaktor	0,69
Getriebeübersetzung	15:1
Getriebedrehzahl in min^{-1}	90
Getriebemoment in Nm	12

Tab. 11: Eigenschaften des Drehstrom Schneckengetriebe-Motors

Die Scheibenbremse umfasst die verschleißbehafteten Komponenten Bremsscheibe und zwei Bremsbeläge sowie die verschleißfreien Bestandteile Bremskolben und Bremssattel. Die Kraftübertragung für das Auslösen des Bremsvorgangs erfolgt über ein Hydrauliksystem, welches bei variabler Energiezufuhr die beiden Bremsbeläge über die Bremskolben axial gegen die Bremsscheibe drückt. Durch die resultierende variable Reibungskraft können unterschiedliche Bremsvorgänge abgebildet werden. Die Energie für das Hydrauliksystem wird über einen einfach-wirkenden Pneumatik-Zylinder mit Rückhubfeder zugeführt. Eine pneumatische Wartungseinheit ermöglicht eine Regulierung des dem Pneumatik-Zylinder zugeführten Luftdrucks zwischen 0 und 10 bar und erlaubt somit die Simulation stabiler und reproduzierbarer Bremsvorgänge. Um Schäden an Motor und Getriebe zu vermeiden, wird der zulässige Luftdruck auf maximal 2 bar festgelegt, da hier Brems- und Getriebemoment in etwa übereinstimmen. Ein Absperrventil dient zum Halten und Einstellen der Bremsvorgänge, ein Ventil mit Schalldämpfer entlüftet das Bremsensystem und führt es zurück in die Ausgangsposition.

Mit dem Versuchsmodell werden über die BNC-Schnittstellen die Ströme der drei Außenleiter in der Zuleitung der elektrischen Maschine 4, die vom Frequenzumrichter erzeugt werden, erfasst. Brems- bzw. Verschleißzustand werden somit indirekt ermittelt. Die Messungen werden mit Stromwandlern vom Typ *LEM HX 03-P* durchgeführt. Diese werden mit einer Spannung von ±15 V versorgt und erzeugen ein Ausgangssignal von maximal ±4 V bei Messung des Nenneffektivstroms von 3 A. Der Messbereich dieser Wandler beträgt bis zu ±9 A bei einer maximalen Frequenz von 50 kHz.

Alle beweglichen Teile des Systems sind in einem Acrylglaskasten untergebracht. Der elektrische, der hydraulische und der pneumatische Aufbau sind schematisch in Abbildung 58 dargestellt. Eine vollständige Auflistung der verwendeten Komponenten des Bremsensystems zeigt Tabelle A1 (Abschnitt A.2) im Anhang.

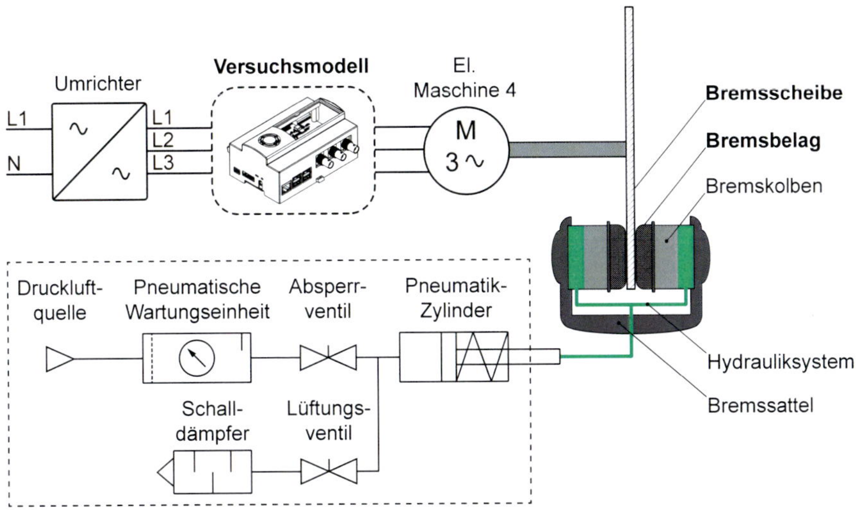

Abb. 58: Schema des Systems zur Verschleißsimulation (vgl. [KÜF21b])

Mit dem System zur Verschleißsimulation werden zwei wesentliche Kriterien des Versuchsmodells validiert. Zum einen wird die grundlegende Funktionstüchtigkeit der Sensor- und Auswerteeinrichtung überprüft, wie sie in Kapitel 5 dargestellt wird. Zum anderen werden die Zuverlässigkeit bzw. die Performanz der Klassifizierungen und Vorhersagen analysiert und beurteilt. Die Funktionstüchtigkeit wird mittels der Detektion unterschiedlicher Verschleißarten an den verschleißbehafteten Komponenten überprüft. Zuverlässigkeit und Performanz des Versuchsmodells werden anhand von Detektion und Prognose des Abnutzungsvorrats an den Bremsbelägen begutachtet. Beide Validierungen werden im Folgenden getrennt voneinander beschrieben.

6.2.3 Überprüfung der Funktionsfähigkeit des Versuchsmodells

Anhand der Detektion ausgewählter Verschleißarten an Bremsscheibe und -belägen sollen die Kernfunktionen des Versuchsmodells validiert werden. Die folgenden Beschreibungen und Ergebnisse sind in Teilen als Fachpublikation in [KÜF21c] veröffentlicht.

Beschreibung der Versuchsdurchführung

Mit dem Bremsensystem können elf reproduzierbare Verschleißarten simuliert werden. Dabei ergeben sich fünf Verschleißszenarien für die Bremsbeläge (VB1–VB5) und weitere fünf für die Bremsscheibe (VS1–VS5). Tabelle 12 gibt eine Übersicht zu den Verschleißarten an Bremsscheibe und -belägen und stellt mögliche Verschleißszenarien dar.

Verschleiß-szenarium	Verschleißbehaftete Komponente	Verschleißart
VB1	Bremsbelag	Betriebsbereit
VB2	Bremsbelag	Abgenutzt
VB3	Bremsbelag	Verunreinigt
VB4	Bremsbelag	Defekt
VB5	Bremsbelag	Überhitzt
VB6	Bremsbelag	Verglast
VS1	Bremsscheibe	Betriebsbereit
VS2	Bremsscheibe	Abgenutzt
VS3	Bremsscheibe	Verunreinigt
VS4	Bremsscheibe	Defekt
VS5	Bremsscheibe	Korrodiert

Tab. 12: Übersicht zu den Verschleißarten an Bremsscheibe und -belägen

Bei VB1 und VS1 liegen neue Komponenten vor, die jedoch bereits eingebremst und somit voll funktionsfähig sind. Bei VB2 und VS2 weisen die Komponenten einen reduzierten Abnutzungsvorrat in Prozent auf. Bei VB3 und VS3 wird an den Kontaktflächen der Komponenten ein definierter Schmierstofffilm aufgetragen. Bei VB4 liegt ein mechanisch defekter Bremsbelag vor, der definierte Kantenausbrüche am Reibbelag aufweist. VB5 stellt einen thermisch überlasteten Bremsbelag dar, der durch einen festgelegten Dauerbremsvorgang entstanden ist. Bei VB6 liegt ein verglaster Belag vor, der z. B. durch unzureichendes Einbremsen entstehen kann. Bei VS4 ist die Bremsscheibe mechanisch defekt und weist einen definierten Riss auf. In VS5 wird eine stark korrodierte Bremsscheibe verwendet. Neuwertige Bremsbeläge und -scheiben können durch ein für jedes Szenario festgelegtes Schema in den entsprechenden Verschleißzustand versetzt werden. Neben diesen elf reproduzierbaren Verschleißszenarien können durch die Kombination der genannten Verschleißarten an Belägen und Bremsscheibe weitere Szenarien mit dem System betrachtet werden.

Binär-code	Betriebsart bzw. Verschleißszenarien	Bremsbelag / -scheibe	El. Maschine 4	Scheiben-bremse
000	Stillstand	- / -	Stillstand	geöffnet
001	Leerlauf	- / -	Betrieb (100 %)	geöffnet
010	VB1 / VS1	Betriebsbereit / Betriebsbereit	Betrieb (100 %)	geschl. (1,15 bar)
011	VB4 / VS4	Defekt / Defekt	Betrieb (100 %)	geschl. (1,15 bar)
100	VB2 / VS4	Abgenutzt (*AV* 0 %) / Defekt	Betrieb (100 %)	geschl. (1,15 bar)
101	VB3 / VS4	Verunreinigt / Defekt	Betrieb (100 %)	geschl. (1,15 bar)

Tab. 13: Klassen zur Validierung der Funktionsfähigkeit des Versuchsmodells

Für die Validierung der Funktionsfähigkeit des Versuchsmodells wird eine reduzierte Auswahl von vier Verschleißszenarien verwendet, ergänzt um die zwei Zustände Stillstand und Leerlauf. Diese sechs definierten Klassen erhalten je einen Binärcode, sodass diese während der Trainingsphase über die digitalen Eingänge des Versuchsmodells entsprechend annotiert werden können (vgl. Tabelle 13). Die Klasse mit dem Binärcode 100 weist einen vollständig abgenutzten Belag auf (Abnutzungsvorrat 0 %). Im geschlossenen Zustand wird die Scheibenbremse mit einem konstanten Luftdruck von 1,15 bar versorgt. Dieser Wert liegt unter dem Maximalwert (2 bar) und ermöglicht ein gleichmäßiges, moderates Bremsen, welches deutlich im Stromprofil messbar ist.

Die Messung der Stromprofile erfolgt bei einer Abtastfrequenz von 500 Hz. Abgesehen von STFT, Haar-Wavelet und Daubechies-Wavelets werden alle weiteren Vorverarbeitungsverfahren gemäß Tabelle 5 aus Abschnitt 5.2 auf die Messwerte angewendet. Für die weiteren Beschreibungen wird exemplarisch die RMS-Bildung als Vorverarbeitungsverfahren ausgewählt. Anhand der Abtastwerte können 23.920 Merkmale abgeleitet werden. Diese dienen als Basis für das Erzeugen der Modelle von DT, SVM und KNN.

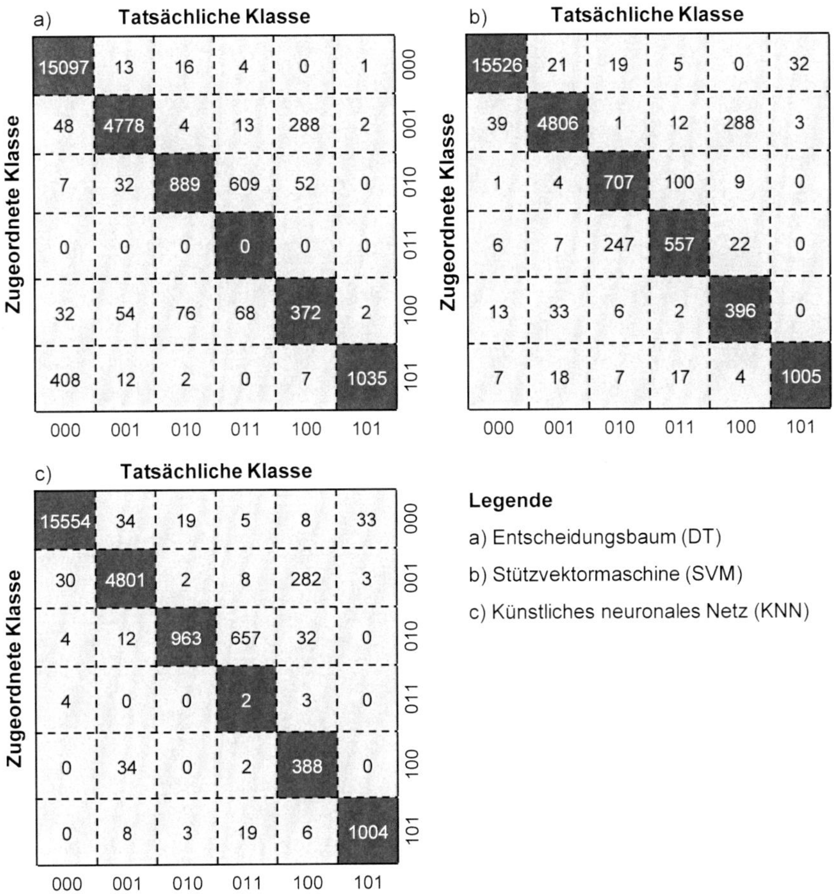

Abb. 59: Konfusionsmatrizen der drei Modelle DT, SVM und KNN für die Validierung der Funktionsfähigkeit des Versuchsmodells (vgl. [KÜF21c])

Training und Evaluierung dieser drei Modelle erfolgen in diesem Fall mit Hilfe der Kreuzvalidierung. Die sich anhand dieses Validierungsverfahrens ergebenden vorhergesagten Klassen sind in den drei Konfusionsmatrizen in Abbildung 59 den tatsächlichen Klassen gegenübergestellt. Die Werte der drei Matrizen werden verwendet, um Gütemaße für die Modelle zu erzeugen, um diese schließlich quantitativ beurteilen zu können.

Beschreibung der Ergebnisse

Die Ergebnisse der drei Modelle DT, SVM und KNN sind in Tabelle 14 dargestellt.

Modell	Metrik	Klasse 000	001	010	011	100	101
a) DT	*GEN* in %	99,8	93,1	56,0	0,0	61,6	70,7
	SEN in %	96,8	97,7	90,1	0,0	51,7	99,5
	F_1 in %	98,3	95,3	69,1	0,0	56,2	82,7
	***KKR* in %**	**92,7**					
b) SVM	*GEN* in %	99,5	93,3	86,1	66,4	88,0	95,0
	SEN in %	99,6	98,3	71,6	80,4	55,1	96,6
	F_1 in %	99,6	95,7	78,2	72,7	67,8	95,8
	***KKR* in %**	**96,1**					
c) KNN	*GEN* in %	99,4	93,7	57,7	22,2	91,5	96,5
	SEN in %	99,8	98,2	97,6	0,3	54,0	96,5
	F_1 in %	99,6	95,9	72,5	0,6	67,9	96,5
	***KKR* in %**	**95,0**					

Tab. 14: Werte der Metriken zur Beurteilung der drei Modelle DT, SVM und KNN für die Validierung der Funktionsfähigkeit des Versuchsmodells (vgl. [KÜF21c])

Aus der Gegenüberstellung der Gütemaße geht hervor, dass für alle drei Modelle eine relativ hohe *KKR* von über 90 % erzielt werden kann. Das Kriterium der Zuverlässigkeit wird durch das SVM-Modell mit einer *KKR* von 96,1 % erreicht, das KNN-Modell liegt mit 94,95 % knapp unterhalb des Zielwerts. Der Entscheidungsbaum weist mit 92,7 % die niedrigste *KKR* der drei Modelle auf und erfüllt das Kriterium nicht. Diese Reihenfolge spiegelt sich auch in den drei weiteren Metriken wider. Das SVM-Modell erzielt über alle Klassen hinweg ein relativ stabiles F-Maß. Insbesondere in Klasse 011, in der die Modelle von DT und KNN nahezu keine korrekte Zuordnung ermöglichen, liefert das SVM-Modell mit einem F_1 von über 70 % ein eindeutiges Ergebnis. Ein möglicher Grund für diese Abweichungen sind die vorbelegten Parameter der Modelle, insbesondere die geringen Tiefen von DT und KNN. Eine Möglichkeit der Optimierung bestünde in der externen Anpassung der beiden Modelle. Dies ist jedoch nicht Fokus der Validierung in diesem Versuch.

Die Abweichungen in den Ergebnissen der drei Modelle zeigen schließlich die Stärke des Verfahrens, welches aufgrund der vorimplementierten Vorverarbeitungs- und ML-Verfahren für grundverschiedene Anwendungsfälle eine Vielzahl an Kombinationsmöglichkeiten dieser Verfahren bereitstellt, die wiederum zu unterschiedlichen Lösungen mit unterschiedlicher Performanz führen. Da der Schwerpunkt dieser Validierung nicht auf der Optimierung der Modelle liegt, kann somit anhand der beschriebenen Ergebnisse geschlossen werden, dass die Kernfunktionen des Versuchsmodells wie gefordert und gemäß der Beschreibungen in Kapitel 5 gegeben sind.

Beschreibung des Temperaturverhaltens

Zur Validierung der Funktionsfähigkeit wird zudem das Temperaturverhalten des Versuchsmodells während des Betriebs der Datenerfassung und -verarbeitung betrachtet. Hierzu werden die Temperaturen am Einplatinenrechner im Abstand von je 30 Sekunden erfasst. Bei einer Umgebungstemperatur von 20 °C ergibt sich der in Abbildung 60 dargestellte Verlauf. Die visualisierte Messung erfolgte am System zur Verschleißsimulation mit aktiver Kühlung. Der empfohlene Temperaturbereich des verwendeten Einplatinenrechners liegt zwischen 0 °C und 50 °C. Wird dieser Bereich überschritten, drosselt die Recheneinheit automatisch Prozessorgeschwindigkeit und Spannung, um den Maximalwert von 85 °C nicht zu überschreiten [RAS19, S. 11]. Weitere Temperaturtests wurden mit einer Abtastfrequenz von 12 kHz bei gleichzeitiger Anwendung eines Vorverarbeitungsverfahrens (z. B. RMS) durchgeführt, um das Temperaturverhalten bei erhöhter Prozessorauslastung zu überprüfen. Bei allen durchgeführten Versuchen zeigen sich Temperaturverläufe wie in Abbildung 60 dargestellt, die innerhalb des zulässigen Bereichs liegen. Das Design des Versuchsmodells, insbesondere der Gehäusekorpus mit Luftführung und aktiver Kühlung anhand eines elektrischen Lüfters, wird somit als geeignet bewertet.

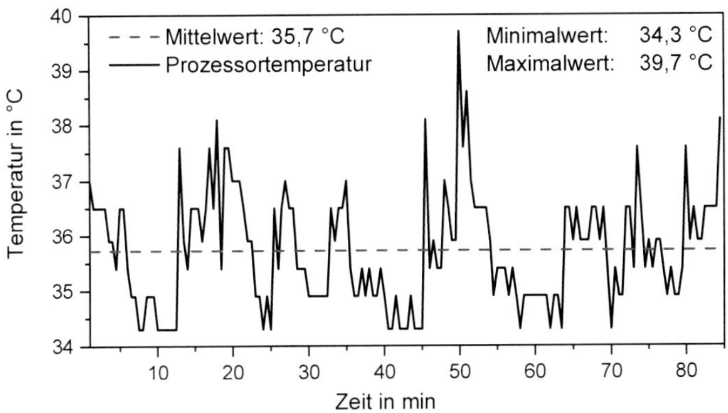

Abb. 60: Temperaturverlauf am Prozessor des Einplatinenrechners im Betrieb

6.2.4 Entwicklung und Erprobung der Prognosefähigkeit des Verfahrens

Anhand der Detektion des Abnutzungsvorrats (*AV*) sowie der darauf aufbauenden Vorhersage der Restnutzungsdauer (*RUL*) von Bremsbelägen sollen in diesem Abschnitt die Zuverlässigkeit sowie die Performanz des Versuchsmodells und somit des Verfahrens validiert werden. Aufgrund der Komplexität der Aufgabe sowie der Limitierung der Performanz der vorimplementierten ML-Modelle (vgl. Unterabschnitt 6.2.3) werden die nachfolgend beschriebenen KNN-Modelle außerhalb des Versuchsmodells entwickelt und optimiert. Anschließend werden diese auf dem Versuchsmodell installiert und ausgeführt, sodass eine Validierung für beide Bestandteile durchgeführt werden kann.

Die Umsetzung der Modelle erfolgt in zwei Schritten – im ersten Schritt wird mit Hilfe eines rekurrenten neuronalen Netzes (RNN) die Klassifikation des *AV* auf Basis des vorverarbeiteten Stromprofils ermöglicht, sodass darauf aufbauend im zweiten Schritt ein Prognosealgorithmus die *RUL* ermitteln kann.

Beschreibung der Versuchsdurchführung

Den folgenden Versuchen liegt das System zur Verschleißsimulation gemäß den Beschreibungen in Unterabschnitt 6.2.2 zugrunde, wobei nun ausschließlich das Verschleißszenarium VB2, also unterschiedlich abgenutzte Bremsbeläge, betrachtet werden. Hierzu wird der Verlauf des Abnutzungsvorrats (vgl. Abbildung 21) der Bremsbeläge bis hin zur Schadensgrenze nachgebildet. Da der *AV* der Bremsbeläge nicht kontinuierlich erfasst werden kann, werden sechs diskrete Abnutzungsstufen an den Bremsbelägen definiert und präpariert.

Die betrachteten Bremsbeläge setzen sich zusammen aus Trägerplatte und Reibbelag. Alle im Folgenden genannten Abnutzungsstufen der Bremsbeläge beziehen sich auf den verbleibenden Reibbelag einschließlich der Trägerplatte und werden fortan als Bremsbelagstärken bezeichnet. Neben der maximalen Bremsbelagstärke $s_0 = 3{,}7\,\text{mm}$ eines neuen Belags werden die Abnutzungsstufen $s_1 = 3{,}5\,\text{mm}$, $s_2 = 2{,}8\,\text{mm}$, $s_3 = 2{,}6\,\text{mm}$, $s_4 = 2{,}4\,\text{mm}$ und $s_5 = 2{,}2\,\text{mm}$ betrachtet. Eine weitere Reduzierung des Reibbelags wäre zwar möglich, jedoch kommt es dabei beim Bremsvorgang zu Deformationen an der Spreizfeder, die zur Fixierung des Bremsbelags dient. s_5 wird daher als Schadensgrenze festgelegt. Ist diese Abnutzungsstufe erreicht, muss der Bremsbelag ausgetauscht werden.

Für die Präparation der Abnutzungsstufen wird der Reibbelag manuell abgetragen, bis die entsprechende Belagstärke erreicht ist. Um ein hohes Maß an Reproduzierbarkeit und eine möglichst homogene Oberfläche zu erzielen, wird der Bremsbelag an neun gleichmäßig über die Oberfläche verteilten Messpunkten bestimmt. Die Abweichung der einzelnen Messpunkte in Bezug auf die Sollwerte liegt dabei im Bereich von ca. $\pm 40\,\mu\text{m}$. Derzeit existieren keine Erkenntnisse darüber, wie exakt sich Abnutzungsvorräte anhand von Stromprofilen bestimmen lassen. Es wird daher ein Intervall von mindestens 0,2 mm zwischen den Abnutzungsstufen gewählt, da sich damit eindeutige Ergebnisse erzielen lassen.

In Tabelle 15 werden die zwei Zustände sowie deren Parameter am System zur Verschleißsimulation dargestellt, die im Folgenden betrachtet werden. Während des Bremsvorgangs variieren dabei die Bremsbelagstärken, sodass sich unterschiedliche *AV* ergeben.

Binärcode	Betriebsart bzw. Verschleißszenarien	Bremsbelag / -scheibe	El. Maschine 4	Scheibenbremse
001	Leerlauf	- / -	Betrieb (100 %)	geöffnet
111	VB2 / VS1	Fortschreitende Abnutzung / Betriebsbereit	Betrieb (100 %)	geschl. (1,15 bar)

Tab. 15: Übersicht der zwei Klassen für die Versuche zur Vorhersage des *AV* der Bremsbeläge

Neben der Erfassung der Stromprofile mit dem Versuchsmodell erfolgt diese zusätzlich noch mit einem kommerziellen Messsystem von *National Instruments*, bestehend aus dem CompactDAQ-Chassis *cDAQ-9188* und dem BNC-Spannungseingangsmodul *NI-9222* mit einer Auflösung von 16 bit. In beiden Fällen werden die Stromsignale dreiphasig über die Stromwandler vom Typ *LEM HX 03-P* erfasst. Die Abtastfrequenz des BNC-Spannungseingangsmoduls *cDAQ-9188* wird auf 20 kHz eingestellt. Die Messdaten des kommerziellen Messsystems dienen in erster Linie zur externen Entwicklung und Optimierung der Modelle, die anschließend mit dem Versuchsmodell angewendet und validiert werden.

Eine Messreihe besteht aus 30 Bremsvorgängen mit einer Dauer von ca. ein bis zwei Sekunden. Für jede Bremsbelagstärke werden somit 90 Bremsvorgänge erfasst. Aufgrund der Symmetrie des Dreiphasenwechselstromsystems können die Ströme der drei Außenleiter L1, L2 und L3 als Datenbasis verwendet werden. Die Anzahl der verfügbaren Bremsvorgänge pro Bremsbelagstärke beträgt damit 270. Die Ereignislabels dieser Messdaten sind die jeweiligen Bremsbelagstärken. In Tabelle 16 ist die Versuchsplanung dargestellt.

Messreihe	Montage-nummer	Bremsbelagstärke Bezeichnung	Bremsbelagstärke in mm	Anzahl Bremsvorgänge
1	1	s_0	3,7	30
2	2	s_0	3,7	30
3	3	s_0	3,7	30
4	1	s_1	3,5	30
5	2	s_1	3,5	30
6	3	s_1	3,5	30
7	1	s_2	2,8	30
8	2	s_2	2,8	30
9	3	s_2	2,8	30
10	1	s_3	2,6	30
11	2	s_3	2,6	30
12	3	s_3	2,6	30
13	1	s_4	2,4	30
14	2	s_4	2,4	30
15	3	s_4	2,4	30
16	1	s_5	2,2	30
17	2	s_5	2,2	30
18	3	s_5	2,2	30

Tab. 16: Plan für die Versuche zur Vorhersage des *AV* der Bremsbeläge

Um Scheinkorrelationen zwischen dem *AV* und den Stromprofilen auszuschließen bzw. zu reduzieren, werden folgende Vorkehrungen getroffen. Für jede Abnutzungsstufe der Bremsbeläge werden jeweils drei gleichwertige und unabhängige Messreihen durchgeführt. Vor jeder Messreihe findet hierzu eine Montage der jeweiligen Bremsbeläge im Bremsensystem statt. Dadurch wird verhindert, dass die einzelnen Abnutzungsstufen, die im Stromprofil detektiert werden, mit Abweichungen bei der Montage der Bremsbeläge korrelieren. Um mögliche Auswirkungen einer sich verändernden Motortemperatur und -dynamik auf die Trainingsdaten einzudämmen, werden die drei Messreihen einer Abnutzungsstufe nicht unmittelbar nacheinander durchgeführt. Die Reihenfolge der Messreihen erfolgt stattdessen zufällig, um auch hier mögliche Scheinkorrelationen zu reduzieren.

Kenngrößen für die Vorhersage der Restnutzungsdauer

Zur Vorhersage der *RUL* werden zwei Kennzahlen definiert. Die Restbelagstärke (*RBS*) in mm beschreibt den verbleibenden Reibbelag, der noch verfügbar ist, bis die Schadensgrenze und somit der Austauschzeitpunkt erreicht ist. Die *RBS* ist definiert als die Differenz aus der aktuellen Bremsbelagstärke s_{aktuell} und der Bremsbelagstärke der Schadensgrenze s_5.

$$RBS = s_{\text{aktuell}} - s_5 \tag{6-2}$$

Der Abnutzungsvorrat beschreibt in einem Bereich zwischen 0 und 100 % die noch zur Verfügung stehende Restbelagstärke. Aus der Differenz der maximalen Bremsbelagstärke $s_0 = 3{,}7\,\text{mm}$ und der Bremsbelagstärke der Schadensgrenze $s_5 = 2{,}2\,\text{mm}$ ergibt sich die maximale Restbelagstärke von $RBS_{\text{max}} = 1{,}5\,\text{mm}$. Der *AV* ist das Verhältnis aus aktuell vorherrschender Restbelagstärke und maximaler Restbelagstärke.

$$AV = \frac{RBS}{RBS_{\text{max}}} \cdot 100\,\% \tag{6-3}$$

Der Wert s_0 entspricht somit einem *AV* von 100 %, s_5 entspricht einem *AV* von 0 %.

Modellentwicklung und Ergebnisse

Neben der Modellierung wird auch die Aufbereitung der Daten aufgrund der Komplexität zunächst extern durchgeführt. Die Datenaufbereitung besteht aus drei aufeinander aufbauenden Schritten (vgl. Abbildung 61).

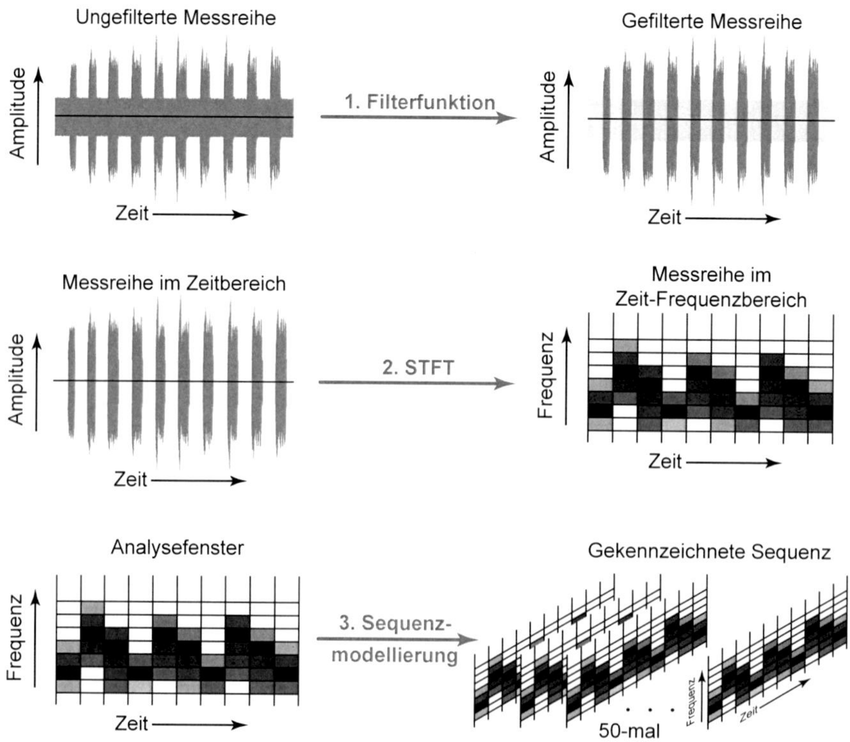

Abb. 61: Übersicht der drei Datenaufbereitungsschritte (vgl. [KÜF21b])

Im ersten Schritt erfolgt eine Filterung der Messreihe im Zeitbereich. Hierbei werden unnötige Informationen aus dem Signal entfernt, um ausschließlich die Stromverläufe der 30 Bremsvorgänge zu erhalten. Im zweiten Schritt werden die gefilterten Messreihen mittels der STFT in den Zeit-Frequenz-Bereich transformiert. Der dritte Schritt beinhaltet eine Sequenzmodellierung und überführt die einzelnen Analysefenster der STFT in für das Training des RNN-Modells geeignete, gekennzeichnete Sequenzen.

Datenaufbereitung: 1. Filterfunktion

Die Stromprofile der Messreihen weisen Bereiche auf, die für die Vorhersage des *AV* nicht notwendig sind bzw. für die Entwicklung eines effizienten Modells aufgrund des irrelevanten Informationsinhalts sogar nachteilig sein können. Der während des unbelasteten Betriebs aufgenommene Leerlaufstrom gehört zu diesem unnötigen Messbereich, den es daher zu entfernen gilt. Das Detektieren sowie das Entfernen dieser Bereiche lässt sich im Zeitbereich durchführen. Anhand des Signalverlaufs in Abbildung 62 lassen sich die Bereiche Bremsen und Leerlauf eindeutig unterscheiden. Der Spitze-Spitze-Wert des Stroms beträgt im Leerlauf ca. 5,0 A. Bei Bremsvorgängen erhöht sich dieser Wert sprunghaft um das Drei- bis Fünffache. Die Unterschiede in den Amplituden werden genutzt, um beide Bereiche voneinander zu trennen. Hierzu wird ein Fenster mit 2.000 Messpunkten (10 % der Abtastfrequenz) definiert, welches vom Anfang bis zum Ende der Messreihe gleitend über alle Werte verschoben wird. Nach jeder Verschiebung wird der Mittelwert über alle Absolutwerte eines Fensters berechnet und mit einem definierten Schwellwert verglichen. Wird dieser unterschritten, wird das Fenster dem Bereich Leerlauf zugeordnet und die Messwerte des jeweiligen Fensters werden gelöscht. Wird der Schwellwert überschritten, werden die Werte innerhalb des Fensters dem Bereich Bremsen zugeordnet. Schwellwert und Fensterüberlappung sind so angepasst, dass nach dem Filtern ausschließlich Bremsvorgänge in den Messreihen enthalten sind.

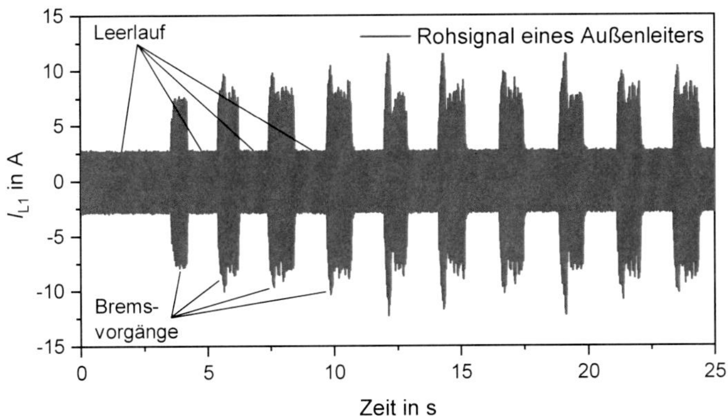

Abb. 62: Ausschnitt eines ungefilterten Rohsignals des Stromprofils am Außenleiter L1

Datenaufbereitung: 2. Kurzzeit-Fourier-Transformation

Eine Analyse des Frequenzspektrums der Messreihen mit Hilfe der FFT zeigt, dass der Großteil der Frequenzanteile im Bereich bis ca. 500 Hz verteilt ist. Oberhalb dieser Frequenz sind die Anteile vernachlässigbar gering. Unterhalb der 500 Hz liegt der Hauptanteil der Frequenzen in einem Bereich zwischen 25 Hz und 80 Hz mit Spitzen bei ca. 58 Hz und ca. 70 Hz. Das Maximum und somit der Hauptfrequenzanteil wird bei 70 Hz erreicht.

Das Frequenzspektrum bis 500 Hz ist für eine beispielhafte Messreihe in Abbildung A3 (Abschnitt A.2) im Anhang dargestellt. Da die FFT keine Rückschlüsse auf die zeitliche Veränderung dieser Frequenzanteile erlaubt, wird im 2. Schritt der Messdatenaufbereitung die STFT eingesetzt. Diese ermöglicht die Betrachtung und Analyse der Frequenzanteile über einen zeitlichen Verlauf (vgl. Unterabschnitt 2.2.5). Die Umsetzung der STFT erfolgt mit der *Python*-Bibliothek *SciPy* [VIR20]. Als Fensterfunktion wird das Von-Hann-Fenster ausgewählt. Das Analysefenster hat eine Länge von 1.024 Messpunkten (51,2 ms) mit einer Überlappung von 50 %, also 512 Messpunkten. In Abbildung 63 ist beispielhaft das STFT-Spektrogramm einer Messreihe dargestellt, jedoch mit einem Analysefenster von 4.096 Messpunkten bei einer Überlappung von 50 %, um die Frequenzanteile im Signal deutlich hervorzuheben. Analog zur FFT lässt sich hierbei die Frequenzverteilung ablesen, in dieser Darstellung entlang der y-Achse. Diese ist um die zeitliche Dimension auf der x-Achse erweitert, sodass die Veränderung der Frequenz über die gesamte Messdauer betrachtet werden kann. Die Amplitude wird anhand eines farblichen Verlaufs in dB dargestellt. Nachteilig hierbei ist die reduzierte Auflösung im Zeitbereich aufgrund des relativ großen Analysefensters, weshalb für die weiteren Versuche die oben genannte Parameterkonstellation gewählt wird, welche einen Kompromiss aus Zeit- und Frequenzauflösung darstellt. Die Festlegung auf diese Länge des Analysefensters erfolgt auf Basis einer iterativen Optimierung mit dem Fokus auf die Modellausgabequalität im Trainingsprozess.

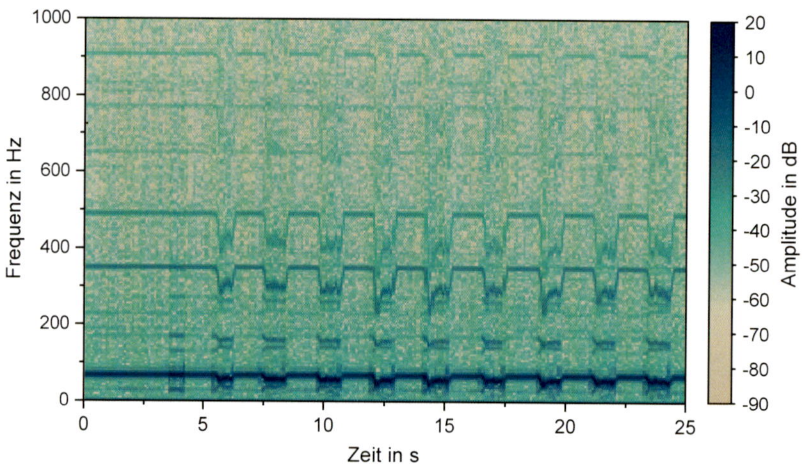

Abb. 63: STFT-Spektrogramm des Stromprofils einer Bremsbelag-Messreihe

Nach dem 2. Aufbereitungsschritt liegen die Daten der Stromprofile als zweidimensionales Array vor, wobei sich die Zeilen aus der Anzahl der notwendigen Analysefenster zur Betrachtung der vollständigen Messzeit der gefilterten Stromprofile ergeben und die Spalten die jeweiligen Amplitudenwerte eines Fensters enthalten. Vor dem 3. Aufbereitungsschritt erfolgt schließlich noch die Kennzeichnung jedes Analysefensters mit der entsprechenden Bremsbelagstärke.

Datenaufbereitung: 3. Sequenzmodellierung

Um signifikante Veränderungen der Spektraleigenschaften über die Zeit detektieren zu können, werden mehrere aufeinanderfolgende Analysefenster benötigt. Hierzu wird eine Anzahl von 50 Analysefenstern zu einer gekennzeichneten Sequenz modelliert, anhand derer das RNN trainiert werden kann. Eine Sequenz bildet aufgrund der Überlappung der Fenster somit einen Zeitbereich von $t_{\text{Sequenz}} = 1{,}28\,\text{s}$ ab. Jede neu erzeugte Sequenz erhält die übergeordnete Kennzeichnung der Bremsbelagstärke der zugrundeliegenden Analysefenster und liegt schließlich als dreidimensionales Array vor.

Topologie des RNN

Für die Modellbildung der rekurrenten neuronalen Netze wird die Open-Source Deep-Learning-Bibliothek *Keras* verwendet. Die Modelle werden iterativ entwickelt und dabei schrittweise optimiert, bis bestmögliche Ergebnisse erzielt werden. Dabei werden LSTM und GRU gegenübergestellt. Da GRU für den vorliegenden Anwendungsfall bessere Resultate bei gleichzeitig geringerer Ressourcenauslastung während des Trainings erzielen, werden diese für die weiteren Experimente verwendet. Am Ende der Modellierungsphase besteht schließlich das GRU-Modell mit der in Abbildung 64 dargestellten Topologie. Aufgrund der Komplexität der Topologie wird hier der *Python*-Code als Darstellungsform gewählt.

```
model=Sequential()
model.add(GRU(1024, activation='relu', return_sequences=True,
        input_shape=(num_steps, num_features)))
model.add(BatchNormalization())
model.add(GRU(512, activation='relu', return_sequences=True))
model.add(BatchNormalization())
model.add(GRU(512, activation='relu', return_sequences=True))
model.add(BatchNormalization())
model.add(GRU(256, activation='relu', return_sequences=True))
model.add(BatchNormalization())
model.add(GRU(256, activation='relu', return_sequences=True))
model.add(BatchNormalization())
model.add(GRU(128, activation='relu', return_sequences=True))
model.add(Flatten())
model.add(Dense(6, activation='softmax'))
```

Abb. 64: Topologie des RNN-Modells der GRU-Variante (vgl. [KÜF21b])

Die bei GRU verwendete Tanh-Funktion wird, abgesehen von der Ausgabeschicht, vollständig durch die ReLU-Funktion ersetzt, da im vorliegenden Anwendungsfall mit dieser Aktivierungsfunktion bessere Ergebnisse erzielt werden. In der Eingabeschicht und den verdeckten Schichten wird zudem der Parameter return_sequences auf True gesetzt. Dadurch werden die Werte aller Zeitschritte einer Sequenz ausgegeben. Die Einführung der Batch-Normalisierung zwischen den Schichten führt zu einer Beschleunigung des Trainingsprozesses und beugt einem Overfitting des Modells vor. Auf das Dropout-Verfahren kann daher verzichtet werden. Mit Hilfe der Flatten-Schicht werden die Ausgabewerte in die passende Dimension gewandelt. Die Anzahl der Neuronen der Ausgabeschicht ist schließlich von anfänglich 1.024 in der Eingabeschicht auf sechs reduziert – jedes Neuron repräsentiert dabei eine Bremsbelagstärke. Die Softmax-Funktion wird auch hier als Aktivierungsfunktion der Ausgabeschicht gewählt. Somit entspricht jeder Ausgabewert der Pseudowahrscheinlichkeit einer Klasse.

Training des RNN

Das Training wird unter Verwendung des ADAM-Optimierungsalgorithmus durchgeführt. Als Straffunktion wird die kategorische Kreuzentropie (engl. categorial crossentropy) verwendet. Die Anzahl der Epochen in der Lernphase beträgt vier. Das Optimum zwischen Trainingsfehler und Testfehler liegt zwar bei zwei Epochen, die Genauigkeit der Modelle ist jedoch bei vier Epochen größer, weshalb ein geringfügiges Overfitting für die weiteren Beschreibungen in Kauf genommen wird. Die Batchgröße wird auf den Wert 32 festgelegt. Bei einer Batchgröße von 16 konvergiert die Straffunktion nicht, bei einem Wert von 128 sind die Modellergebnisse nicht zufriedenstellend. Ein weiterer wichtiger Trainingsparameter ist die Länge des Analysefensters der STFT. Dieser Wert wird daher bei sonst gleichbleibenden Trainingsparametern sowie unveränderter Netztopologie variiert. Für eine Fensterlänge von 1.024 Messpunkten wird dabei das Optimum festgestellt und als Wert für das Training der finalen Modelle verwendet. Vor dem Lernprozess werden die Daten in einem Verhältnis von 80:20 in Trainings- und Testdaten aufgeteilt.

Ergebnisse der Modelle

Zunächst erfolgt eine Auswertung der Modelle außerhalb des Versuchsmodells und unter Verwendung des für die Modelle unbekannten Testdatensatzes. Für die Gewährleistung der Reproduzierbarkeit erfolgt das Training fünf identischer RNN-Modelle (einheitliche Topologie und Parametereinstellungen), anhand derer ein Durchschnittsergebnis gebildet wird. Die *KKR* der fünf Modelle sowie die sich daraus ergebende durchschnittliche *KKR* sind in Tabelle 17 aufgeführt.

	Modellnummer					
Metrik	**1**	**2**	**3**	**4**	**5**	**Durchschnitt**
KKR in %	91,44	92,27	85,34	91,86	90,37	**90,26**

Tab. 17: *KKR* der fünf RNN-Modelle sowie resultierender Durchschnitt

Mit einer Standardabweichung von 2,54 liefern die Modelle verhältnismäßig ähnlich verteilte Werte für die *KKR*. Lediglich eins der fünf Modelle weist mit 85,34 % eine *KKR* unter 90 % auf. Der Durchschnittswert von 90,26 % ist somit belastbar und entspricht einer vergleichsweise hohen Modellgüte, wenngleich die hochgesteckten Ziele einer KKR > 95 % zunächst nicht erreicht werden.

Im Folgenden wird beschrieben, wie sich die Werte aus Tabelle 17 zusammensetzen. Die Ausgaben der Modelle werden zunächst wieder in Konfusionsmatrizen dargestellt, anhand derer die Bewertungsmaße abgeleitet werden. Die Matrizen der fünf trainierten RNN sind im Einzelnen in Abbildung A5 (Abschnitt A.3) im Anhang aufgeführt. Für die abschließende Beurteilung werden die vorhergesagten Werte dieser fünf Matrizen in einer übergeordneten Matrix zusammengefasst. Diese ist in Abbildung 65 dargestellt. Es ergeben sich insgesamt 20.609 Vorhersagen, von denen 18.601 auch der tatsächlichen Klasse entsprechen. Aus dem Verhältnis lässt sich ebenfalls die durchschnittliche KKR von 90,26 % ermitteln. Unterhalb der Matrix werden die tatsächlichen Werte einer Klasse (Bremsbelagstärken s_5 bis s_0) aufsummiert dargestellt. Analog hierzu sind alle vorhergesagten Werte der jeweiligen Klasse rechts neben der Matrix kumuliert aufgelistet. Neben den absoluten Vorhersagen werden in der Matrix auch die prozentualen Anteile dargestellt. Die gleichmäßige Verteilung der Anteile auf der grün hinterlegten Diagonale weist bereits auf eine hohe Güte der Vorhersagen hin. Die große Anzahl an absoluten Vorhersagen spricht für die Belastbarkeit der Ergebnisse.

Zugeordnete Klasse \ Tatsächliche Klasse	s_5	s_4	s_3	s_2	s_1	s_0	Gesamt: 20609
s_5	3912 18,98 %	78 0,38 %	11 0,05 %	15 0,07 %	1 0,01 %	19 0,09 %	4035
s_4	3 0,02 %	3040 14,75 %	24 0,12 %	60 0,29 %	19 0,09 %	4 0,01 %	3151
s_3	39 0,19 %	220 1,07 %	2809 13,63 %	102 0,50 %	19 0,09 %	0	3189
s_2	0	136 0,66 %	213 1,03 %	3127 15,17 %	95 0,46 %	21 0,10 %	3592
s_1	2 0,01 %	208 1,01 %	94 0,46 %	44 0,21 %	2970 14,41 %	110 0,54 %	3428
s_0	40 0,20 %	99 0,48 %	61 0,30 %	44 0,21 %	227 1,10 %	2743 13,31 %	3214
	3996	3781	3212	3392	3331	2897	**18601** **90,26 %**

Abb. 65: Konfusionsmatrix der gesamten Vorhersagen der fünf RNN-Modelle (vgl. [KÜF21b])

Anhand der zusammengefassten Matrix werden die weiteren Bewertungsmaße Genauigkeit, Sensitivität und F-Maß für die sechs Bremsbelagstärken berechnet. Diese sind zusammen mit der *KKR* in Tabelle 18 aufgelistet.

Modell	Metrik	Klasse s_0	s_1	s_2	s_3	s_4	s_5
RNN (Durchschnitt)	*GEN* in %	85,35	86,64	87,05	88,08	96,51	96,93
	SEN in %	94,68	89,16	92,19	87,45	80,40	97,90
	F_1 in %	89,77	87,88	89,55	87,77	87,72	97,41
	***KKR* in %**	**90,26**					

Tab. 18: Werte der Metriken zur Beurteilung des gemittelten RNN-Modells basierend auf den fünf Einzelmodellen

Die Genauigkeit weist über alle Klassen hinweg Werte über 85 % auf. Das Gütemaß entspricht dem positiven Vorhersagewert. Der Anteil an korrekt positiv vorhergesagten Werten im Verhältnis zu allen positiv zugeordneten Werten ist demnach durchgängig hoch. Mit einer geringfügigen Abweichung bei s_4 werden auch bei der Sensitivität stets Werte über

85 % erzielt. Die Pseudowahrscheinlichkeit, mit der ein positiver Wert korrekt als positiv vorhergesagt wird, ist dennoch über alle Bremsbelagstärken hinweg relativ groß. Anhand der Matrix lässt sich zudem eine Tendenz zur Häufung der wenigen falschen Vorhersagen in den Klassen unmittelbar vor und nach den tatsächlichen Klassen ausmachen, wie es bei einem fortschreitenden Verschleiß zu erwarten ist. Bei s_4 treten insbesondere fehlerhafte Zuordnungen zu den Klassen s_3, s_2 und s_1 auf, was den etwas geringeren Wert erklärt. Insgesamt ergibt sich ein vergleichsweise hohes F-Maß von über 85 % für alle Klassen.

Eine Besonderheit stellen die Werte für Genauigkeit, Sensitivität und F-Maß bei der Schadensgrenze s_5 dar, die jeweils über 95 % liegen. Da der *AV* bei s_5 vollständig aufgebraucht ist, markiert dieser Wert den Austauschzeitpunkt des Bremsbelags. Eine korrekte und gleichbleibend zuverlässige Vorhersage in diesem kritischen Verschleißbereich ist daher erstrebenswert. Dieses wichtige Kriterium wird von den Modellen erfüllt.

Prognosealgorithmus zur Ermittlung der *RUL*

Anhand des vorgestellten Modells lässt sich der vorherrschende Verschleißzustand in Form von sechs Abnutzungsstufen des Bremsbelags zuverlässig diagnostizieren. Das Modell erfüllt also die Anforderungen an ein System zur Zustandsüberwachung mittels elektrischer Stromprofile, wie es bei der zustandsorientierten Instandhaltung eingesetzt wird. Grundvoraussetzung für die Ermöglichung einer voraussagenden Instandhaltung, und somit der aktiven Instandhaltung zur Prävention, sind Prognosen zum Abbaufortschritt bzw. zum *AV* (vgl. Abbildung 18). Hierzu wird eine zeitliche Komponente benötigt, die es ermöglicht, einen Zusammenhang zwischen *AV* und Betriebsdauer abzuleiten (vgl. Abbildung 21), um daraus die Restnutzungsdauer (*RUL*) eines Bremsbelags zu ermitteln. Dies wird mit einem Algorithmus realisiert, der im Folgenden vorgestellt wird.

Kontinuierliche Verschleißdiagnose

Dem Diagnosemodell des vorherigen Abschnitts liegt eine Klassifizierung nach sechs wertdiskreten Abnutzungsstufen zugrunde. Für eine praktische Anwendung ist es jedoch notwendig, auch die Bereiche zwischen den diskreten Bremsbelagstärken zu berücksichtigen, um den *AV* und somit die *RUL* kontinuierlich über die Gesamtnutzungsdauer ermitteln zu können. Für das vorliegende Szenario wird ein lineares Abnutzungsverhalten angenommen. Dies ist durch die Homogenität des Bremsbelags sowie die gleichbleibenden Parameter am System zur Verschleißsimulation begründet. Allerdings wird dabei nicht der typische nichtlineare Zusammenhang zwischen *AV* und Betriebsdauer abgebildet. Für andere Anwendungsfälle muss daher individuell geprüft werden, welcher zeitliche Verlauf der Abnutzung zugrunde liegt. Auf diesen Vereinfachungen aufbauend wird ein Abnutzungskoeffizient (*AK*) ermittelt, der als der Quotient aus gemittelter Abnutzung der Bremsbelagstärke in mm und Zeitintervall in s definiert ist.

Ermittlung des Abnutzungskoeffizienten

Für die Berechnung des *AK* werden definierte Bremsbelagstärken im Bremsensystem montiert und Bremsvorgangmessreihen mit den bekannten Einstellungen (vgl. Tabelle 15) mit festgelegten Zeiträumen durchgeführt, bis Abnutzungserscheinungen nachweisbar sind. Parallel dazu wird die Stromaufnahme an der elektrischen Maschine 4 erfasst. Dabei werden die Beläge zwischen den einzelnen Messreihen ausgewechselt, um ungleichmäßige Abnutzungen an der Belagoberfläche auszugleichen. Nach jeder Messreihe wird die reduzierte Bremsbelagstärke an neun gleichmäßig verteilten Messpunkten an der Oberfläche des Belags erfasst und ein Mittelwert gebildet. Die Differenz aus der ursprünglichen Bremsbelagstärke und dem ermittelten Wert ist die gemittelte Abnutzung. Anhand der erfassten und gefilterten Stromprofile kann ein exaktes Zeitintervall der Bremsdauer ausgelesen und schließlich der *AK* berechnet werden.

$$AK = \frac{\text{Gemittelte Abnutzung in mm}}{\text{Bremsdauer in s}} = 0,22\,\frac{\mu\text{m}}{\text{s}} \approx 0,2\,\frac{\mu\text{m}}{\text{s}} \tag{6-4}$$

Grundlage der Berechnung ist eine gemittelte Abnutzung von 0,027 mm und eine Bremsdauer von 122 s.[15] Mit Hilfe des *AK* kann nun die fortschreitende Abnutzung zwischen den diskreten Stufen und somit die *RUL* stetig bestimmt werden. Basierend auf der maximalen Restbelagstärke RBS_{max} und dem Abnutzungskoeffizienten *AK* lässt sich die maximale Nutzungsdauer RUL_{max} eines Bremsbelags berechnen.

$$RUL_{\text{max}} = \frac{RBS_{\text{max}}}{AK} = \frac{1,5\text{ mm}}{0,2\,\frac{\mu\text{m}}{\text{s}}} = 125\text{ Minuten} \tag{6-5}$$

Klassifikation der Betriebsart

Eine Zunahme des Verschleißes und somit eine Veränderung der *RUL* tritt nur auf, wenn ein Bremsvorgang stattfindet. Initialer Bestandteil des Algorithmus ist daher eine Klassifikation nach den Betriebsarten Bremsen und Leerlauf, ebenfalls basierend auf einer neuen Sequenz von Analysefenstern als Eingangsdatensatz (vgl. Abbildung 61). Bei der Datenaufbereitung wird jedoch der erste Schritt (Filterfunktion) weggelassen, da für die Klassifikation nun auch die Messbereiche außerhalb des Bremsvorgangs relevant sind. Bei der Unterscheidung der beiden Betriebsarten spielt der *AV* zunächst keine Rolle. Abbildung 62 verdeutlicht, dass eine Unterscheidung der beiden Betriebsarten aufgrund der großen relativen Abweichungen der Amplituden einfach zu realisieren ist. Basierend auf den Erkenntnissen der Versuche mit dem Antriebstechniksystem (Abschnitt 6.1) wird ein vereinfachtes RNN-Modell generiert, welches die initiale Klassifikationsaufgabe erfüllt. Dieses ermöglicht eine schnellere Differenzierung der Betriebsarten als die Filterfunktion und ist daher besser für den Algorithmus geeignet. Das Modell besteht aus einer verdeckten Schicht mit 128 GRU-Zellen. Die Eingabeschicht setzt sich aus 256 GRU-Zellen zusammen. Die Aktivierungsfunktion, das Analysefenster und der Optimierungsalgorithmus werden analog zu dem RNN-Modell in Abbildung 64 festgelegt. Da nun eine binäre Klassifikation zugrunde liegt, wird als Straffunktion die binäre Kreuzentropie verwendet. Der Aufbau des RNN ist in Abbildung 66 dargestellt.

```
model=Sequential()
model.add(GRU(256, activation='relu', return_sequences=True,
        input_shape=(num_steps, num_features)))
model.add(BatchNormalization())
model.add(GRU(128, activation='relu', return_sequences=True))
model.add(Flatten())
model.add(Dense(2, activation='sigmoid'))
```

Abb. 66: Topologie des RNN-Modells für die Betriebsartklassifikation

[15] Die vorliegende Datenmenge für die Ermittlung des *AK* ist für die weiteren Experimente ausreichend. Für eine exaktere Berechnung des *AK* sind weitere Messdaten zu erheben und auszuwerten.

Für das Training des RNN wird eine Batchgröße von 32 ausgewählt und die Epochenanzahl wird auf zwei festgelegt. Das Verhältnis von Trainings- zu Testdaten beträgt 80:20. Es werden fünf Modelle trainiert. Mit Hilfe der resultierenden Konfusionsmatrizen wird erneut die durchschnittliche Modellgüte ermittelt. Die Matrizen der fünf Modelle sind im Anhang in Abbildung A4 (Abschnitt A.3) aufgeführt. Die *KKR* der fünf Modelle sowie die sich daraus ergebende durchschnittliche *KKR* sind in Tabelle 19 aufgelistet.

	Modellnummer					
Metrik	**1**	**2**	**3**	**4**	**5**	**Durchschnitt**
KKR in %	98,47	98,79	98,85	99,09	98,94	**98,83**

Tab. 19: *KKR* der fünf RNN-Modelle für die binäre Klassifikation sowie resultierender Durchschnitt

Die Standardabweichung liegt bei 0,2 %. Die Modelle liefern somit gleichbleibende Ergebnisse, die zudem mit einer durchschnittlichen *KKR* von 98,83 % eine hohe Güte aufweisen.

Beschreibung des Prognosealgorithmus

Die in den vorherigen Abschnitten entwickelten Modelle und Beschreibungen werden nun in einem Algorithmus für die Verschleißprognose zusammengeführt. Als Eingangsdaten des Algorithmus dienen die aufbereiteten Stromprofile in Form modellierter Sequenzen. Innerhalb des Algorithmus wird jeweils das gewichtete Modell zur Verschleiß- bzw. Betriebsartklassifikation mit der höchsten *KKR* eingesetzt. Abbildung 67 zeigt den Ablauf des Algorithmus. Die einzelnen Schritte werden im Folgenden erläutert.

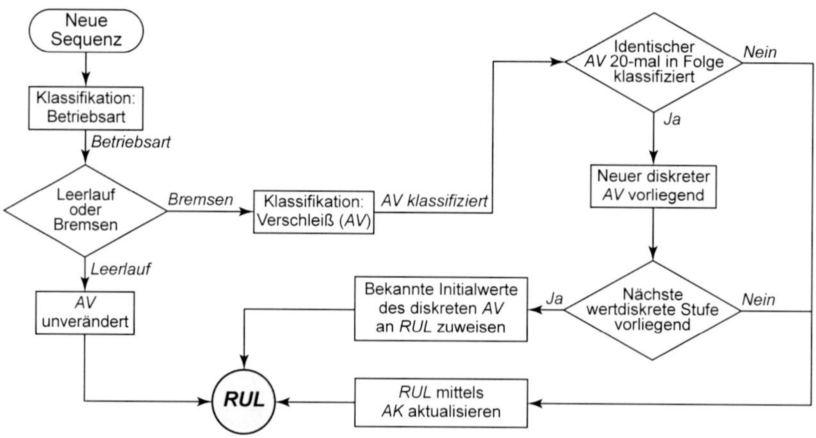

Abb. 67: Flussdiagramm des Prognosealgorithmus (vgl. [KÜF21b])

Jede neu anfallende Sequenz wird zu Beginn des Algorithmus hinsichtlich der vorherrschenden Betriebsart untersucht. Wird mit dem RNN-Modell zur binären Klassifikation die Betriebsart Leerlauf identifiziert, so verbleiben der *AV* und somit die *RUL* unverändert, behalten den Wert des Ausgangszustands bei und die Sequenz wird verworfen.

Erfolgt eine Detektion des Bremsvorgangs, wird die Sequenz an das RNN-Modell zur Ermittlung des verbleibenden *AV* übergeben. Mit dem RNN-Modell wird die aktuelle Bremsbelagstärke klassifiziert, welche einer der sechs diskreten Abnutzungsstufen entspricht.

Anhand Gleichung 6-2 und Gleichung 6-3 wird daraus der *AV* ermittelt. Dieser wird anschließend in eine Klassenliste geschrieben. Diese bietet Platz für 1.000 Werte, wobei jeweils der älteste Wert überschrieben wird, sobald ein neuer hinzukommt. Die Liste stellt somit die Bremsbelagveränderung über einen Zeitraum von 21,33 Minuten dar.

Um den Einfluss fehlerhafter Klassifikationen des RNN auf ein Minimum zu reduzieren, enthält der Algorithmus einen zusätzlichen Prüfmechanismus. Dieser entnimmt die aktuellsten 20 Werte aus der Klassenliste und überprüft, ob es sich bei diesen um identische Werte des *AV* handelt. Kommt ein neuer *AV* hinzu, der mit den vorherigen 19 Werten übereinstimmt, ist die Prüfung erfolgreich und der Wert wird als neuer diskreter *AV* bestätigt.

Im nächsten Schritt des Algorithmus wird ermittelt, ob der bestätigte Wert der nächsten wertdiskreten Abnutzungsstufe entspricht. Dabei liegt eine Logik zugrunde, die überprüft, ob die neue Belagstärke unterhalb der vorherigen liegt und kontrolliert, dass keine diskrete Stufe übersprungen wird. Sind beide Kriterien erfüllt und es liegt tatsächlich der nächstniedrigere *AV* vor, so wird die *RUL* mit den Initialwerten dieser Stufe aktualisiert. Bei einer negativen Überprüfung verbleibt der *AV* in der vorherigen diskreten Stufe.

Bei einem negativen Ergebnis des Prüfmechanismus, also einer Ungleichheit der letzten 20 Klassifizierungen sowie bei einem als gleichbleibend bestätigten *AV*, befindet sich der Algorithmus entweder zwischen zwei diskreten *AV* oder es liegt exakt einer der diskreten Bremsbelagstärken zugrunde. In beiden Fällen wird der neue Ausgabewert des RNN in einer Liste abgelegt und anschließend die *RUL* anhand des *AK* sowie auf Basis der letzten bestätigten Stufe aktualisiert. Hierzu wird zunächst die aktuelle Restbelagstärke RBS_{aktuell} ermittelt. Diese ergibt sich aus der Differenz der zuletzt ermittelten diskreten *RBS* (entsprechend des zuletzt ermittelten diskreten *AV*) und dem Produkt aus Abnutzungskoeffizient *AK* und Zeitdauer einer Sequenz t_{Sequenz}. Für einen neuen Bremsbelag ergibt sich somit nach 100 Iteration (128 s) im Bremsbetrieb beispielhaft folgende Restbelagstärke:

$$RBS_{\text{aktuell}} = RBS_{\max} - AK \cdot 100 \cdot t_{\text{Sequenz}} = 1,5 \text{ mm} - 0,2 \,\frac{\text{µm}}{\text{s}} \cdot 128 \text{ s} = 1,47 \text{ mm} \tag{6-6}$$

Mit Gleichung 6-3 lässt sich daraus der folgende *AV* ableiten:

$$AV = \frac{1,47 \text{ mm}}{1,5 \text{ mm}} \cdot 100 \,\% = 98 \,\% \tag{6-7}$$

Für die *RUL* ergibt sich anhand der Gleichung 6-5 schließlich folgender Wert:

$$RUL = \frac{1,47 \text{ mm}}{0,2 \,\frac{\text{µm}}{\text{s}}} = 122,5 \text{ Minuten} \tag{6-8}$$

Die kontinuierliche Aktualisierung von *RBS* bzw. *AV* sowie *RUL* ermöglicht es somit, durchgehende Verschleißprognosen durchzuführen.

6.2.5 Validierung der Prognosefähigkeit mit dem Versuchsmodell

Die zuvor beschriebenen Prognosemodelle werden in der Sensor- und Auswerteeinrichtung implementiert, sodass die Prognosefähigkeit und somit das Lean-Data-Verfahren abschließend mit dem Versuchsmodell validiert werden können.

Versuchsbeschreibung

Zur Validierung mit dem Versuchsmodell werden der Belag im Neuzustand $s_0 = 3{,}7\,\text{mm}$ sowie die neu eingeführten Bremsbelagstärken $s_6 = 2{,}7\,\text{mm}$ und $s_7 = 2{,}3\,\text{mm}$ betrachtet. Zudem werden die Betriebsarten Leerlauf und Bremsen unterschieden. Der Versuchsdurchführung mit dem System zur Verschleißsimulation liegen die Parameter aus Tabelle 15 zugrunde. Die Strommessung wird mit Wandlern vom Typ *LEM HX 03-P* umgesetzt. Die Messreihen werden analog zu den Beschreibungen in Unterunterabschnitt 6.2.4 erfasst. Für jeden Bremsbelag werden 15 Bremsvorgänge mit einer Dauer von ca. 2–3 Sekunden durchgeführt. Diese Prozedur erfolgt pro Belagstärke in jeweils vier unabhängigen Messreihen. Insgesamt werden somit 60 Bremsvorgänge für jede Bremsbelagstärke erfasst.

Um die Vorverarbeitungsschritte echtzeitnah auf dem Versuchsmodell zu realisieren, müssen diese an die limitierte Rechenkapazität angepasst werden. Es wird daher nur das Stromsignal des Außenleiters L1 betrachtet. Zudem wird die Abtastfrequenz auf 12 kHz begrenzt. Zunächst wird mit dem µC eine STFT durchgeführt. Auf die initiale Filterung wird verzichtet. Die Frequenzauflösung der Transformation und das Zeitintervall eines Analysefenster werden auf 20 Hz bzw. 50 ms eingestellt. Die Abtastfrequenz wird auf 10,24 kHz reduziert und die Anzahl der Punkte eines Zeitfensters auf 512 halbiert. Die Auflösung der Werte beträgt 14 bit. Anstelle des von-Hann-Fensters wird das Rechteckfenster ohne Überlappung verwendet. Bei der Sequenzmodellierung werden nun zehn statt 50 Analysefenster zu einer Sequenz zusammengefasst. Daraus ergibt sich eine Sequenzdauer von 0,5 Sekunden.

Der RMS eines Analysefensters wird verwendet, um anhand einer Schwellwertanalyse die Datenkennzeichnung durchzuführen. Dadurch können die drei Zustände Aus, Leerlauf und Bremsen eindeutig unterschieden werden. Da für jede Messreihe und Belagstärke eine neue Datei angelegt wird, kann die Kennzeichnung des jeweiligen Belags aus dem Dateinamen ermittelt werden. Das RNN-Modell aus Unterabschnitt 6.2.4 wird dementsprechend angepasst. Dies betrifft die Menge der Analysefenster pro Sequenz, die Merkmale pro Analysefenster sowie die Anzahl der Ausgabeklassen, die nun auf fünf reduziert ist.

Drei Messreihen werden für das Training verwendet, eine weitere dient der Modellevaluierung. Aufgrund der reduzierten Datenmenge werden nun zehn Trainingsepochen benötigt. Um Overfitting auszuschließen, werden zehn separate Modelle mit identischen Parametern und Trainingsdaten trainiert. Als Straffunktion wird die kategorische Kreuzentropie verwendet. Nach jeder Epoche werden die Werte der Straffunktion (Loss bzw. Verlust) für die Trainings- und Testdaten der zehn Modelle ermittelt und daraus ein Median pro Epoche gebildet, um Ausreißer in den einzelnen Epochen der zehn Modelle auszugleichen.

Wie in Abbildung 68 zu sehen ist, liegt das Minimum des gemittelten Testverlustes im Bereich der fünften Epoche. Der Trainingsverlust konvergiert nach etwa 15 Epochen gegen Null. Die optimale Epochenzahl liegt in einem Bereich, indem ein möglichst geringer Abstand zwischen Trainings- und Testverlustkurve vorherrscht und gleichzeitig der Testverlust minimal ausfällt. Dieses Optimum liegt bei den gemittelten Werten im Bereich der fünften Epoche. Bei geringeren Epochen findet eine Unteranpassung (Underfitting) des Modells in Bezug auf die Zielgrößen in den Trainingsdaten statt, bei einer erhöhten Anzahl an Epochen kommt es zur Überanpassung (Overfitting). Für die nächsten Schritte wird die Anzahl der Epochen im Training dennoch auf zehn gesetzt, da hierbei eine optimale Modellgüte erzielt wird. Das geringfügige Overfitting ist für die weiteren Beschreibungen vernachlässigbar. Alle anderen Trainingsparameter der RNN-Modelle verbleiben gemäß den Beschreibungen aus Unterunterabschnitt 6.2.4.

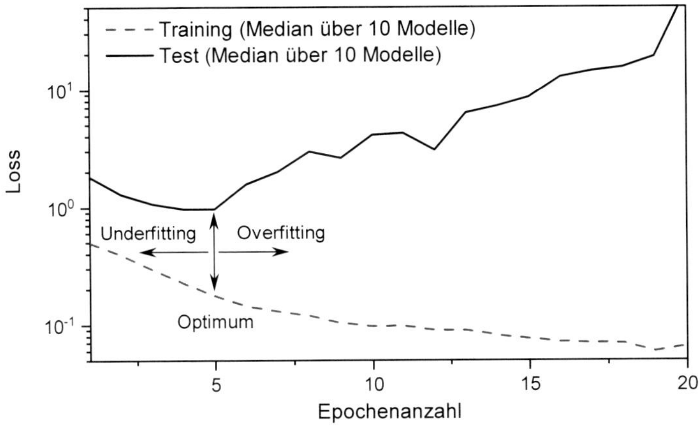

Abb. 68: Verlauf der Straffunktionen bei Training und Test mit dem Versuchsmodell (vgl. [KÜF21b])

Nach der Signalaufbereitung werden die ersten drei Messreihen im Verhältnis 90:10 in Trainings- und Testdaten aufgeteilt. Die Klassen Aus und Leerlauf werden mit hoher Sicherheit (*KKR* > 99 %) erkannt. Die durchschnittliche *KKR* über alle Klassen beträgt 94,53 %.

Tatsächliche Klasse — Gesamt: 18416

Zugeordnete Klasse	Aus	Leerlauf	s_7	s_6	s_0	
Aus	3987 21,65 %	0	1 0,01 %	0	1 0,01 %	3989
Leerlauf	8 0,04 %	3965 21,53 %	10 0,05 %	4 0,02 %	2 0,01 %	3989
s_7	0	10 0,05 %	3195 17,35 %	424 2,30 %	75 0,41 %	3704
s_6	1 0,01 %	20 0,11 %	103 0,56 %	2995 16,26 %	169 0,92 %	3288
s_0	4 0,02 %	5 0,03 %	33 0,18 %	138 0,75 %	3266 17,73 %	3446
	4000	4000	3342	3561	3513	**17408** **94,53 %**

Abb. 69: Konfusionsmatrix des RNN für das Versuchsmodell (Messreihen 1–3) (vgl. [KÜF21b])

Abbildung 69 zeigt die Konfusionsmatrix der vorhergesagten Werte, basierend auf den ersten drei Messreihen. Die vierte Messreihe wird verwendet, um das RNN-Modell mit zuvor unbekannten Daten zu evaluieren, um somit sicherzustellen, dass die Klassifizierung tatsächlich auf dem Verschleißgrad und nicht auf möglichen Merkmalen in den aktuellen Stromprofilen basiert. Abbildung 70 zeigt die Konfusionsmatrix zu dieser Messreihe. Dabei wird auf die Betrachtung der Klasse Aus verzichtet.

Tatsächliche Klasse Gesamt: 5493

Zugeordnete Klasse	***Leerlauf***	s_7	s_6	s_0	
Leerlauf	3761 68,47 %	0	0	0	3761
s_7	7 0,05 %	341 17,35 %	6 0,11 %	1 0,02 %	355
s_6	42 0,76 %	1 0,02 %	439 7,99 %	0	482
s_0	8 0,15 %	0	12 0,22 %	875 15,93 %	895
	3818	342	457	876	**5416 98,60 %**

Abb. 70: Konfusionsmatrix des RNN für das Versuchsmodell (Messreihe 4) (vgl. [KÜF21b])

Die durchschnittliche *KKR* über alle Klassen hinweg beträgt schließlich 98,60 %. Es gibt keine spezifischen Muster, die die geringe Anzahl falscher Klassifizierungen erklären. Somit kann über alle Klassen hinweg eine hohe Modellgüte festgestellt werden. Für eine optimale Anwendung mit dem Versuchsmodell wird das RNN in ein *TensorFlow Lite*-Modell umgewandelt, wodurch die Inferenz deutlich beschleunigt werden kann. Auf diese Weise kann mit dem Versuchsmodell in Zeitabständen von 20 ms der aktuelle Zustand vorhergesagt werden und die Verschleißerkennung sowie Zustandsüberwachung werden dezentral und in nahezu Echtzeit ermöglicht.

6.2.6 Zusammenfassung und Bewertung

Die in Unterabschnitt 6.2.1 aufgeführten Teilaspekte der in dieser Arbeit behandelten Forschungsschwerpunkte konnten mit dem Versuchsmodell anhand des Systems zur Verschleißsimulation vollständig validiert werden. Eine zusammenfassende Aufstellung der Ergebnisse der experimentellen Erprobung ist im Folgenden aufgeführt:

- **Teilaspekt B1**
  Die Möglichkeit der Detektion unterschiedlicher Verschleißarten mit dem Versuchsmodell unter Verwendung vorimplementierter ML-Modelle (DT, SVM und KNN) wird belegt. SVM- und KNN-Modell ermöglichen zudem zuverlässige Klassifizierungen (*KKR* $\geq$ 95 %) verschiedener Verschleißszenarien bzw. Betriebsarten. Zudem können alle Kernfunktionen des Versuchsmodells und somit des Lean-Data-Verfahrens

gemäß Kapitel 5 erfolgreich validiert werden.

- **Teilaspekt B2**
  Die Fähigkeit der entwickelten Modelle zur Detektion des Abnutzungsvorrats sowie zur Prognose der Restnutzungsdauer verschleißbehafteter Komponenten wird belegt. Die Detektion des *AV* anhand sechs diskreter Abnutzungsstufen erfolgt mit einer hohen *KKR* von > 90 %. Dabei wird das Zuverlässigkeitskriterium um 4,74 Prozentpunkte verfehlt. Die kontinuierliche Vorhersage der *RUL* wird mit Hilfe eines Prognosealgorithmus erfolgreich umgesetzt. Die Möglichkeit des Trainings und der Implementierung extern optimierter KNN-Modelle wird bestätigt.

- **Teilaspekt B3**
  KNN und insbesondere RNN werden durch die Experimente als geeignet für die echtzeitnahe Detektion des *AV* sowie die Prognose der *RUL* eingestuft. Die Klassifizierung der Verschleißzustände als Basis für die Prognose der *RUL* erfolgt in kontinuierlichen Zeitabständen von 20 ms. Die Forderung nach einer echtzeitnahen, prädiktiven Analytik wird somit erfüllt.

- **Teilaspekt B4**
  Die Eignung elektrischer Stromprofile mit Abtastfrequenzen > 10 kHz zur Erzeugung von Merkmalen für die Detektion von *AV* und die Prognose der *RUL* wird belegt. Die Tauglichkeit des Versuchsmodells und somit des Lean-Data-Verfahrens für die Analyse von Stromprofilen, gemessen zwischen Frequenzumrichter und elektrischer Maschine, wird bestätigt.

- **Teilaspekt B5**
  Die Fähigkeit zur dezentralen Detektion des Abnutzungsvorrats sowie zur Prognose der Restnutzungsdauer verschleißbehafteter Komponenten wird positiv validiert. Die zuverlässige Klassifizierung des *AV* dreier Abnutzungsstufen erfolgt mit einer hohen *KKR* von 98,60 % in nahezu Echtzeit (ca. 20 ms).

Insgesamt können im Rahmen der experimentellen Erprobung anhand des Systems zur Verschleißsimulation unter Verwendung des Versuchsmodells alle Teilaspekte B1–B5, mit Ausnahme des Zuverlässigkeitskriteriums in Teilaspekt B2, erfolgreich validiert werden.

6.3 Anwendungsszenario III: Prognose des Bohrerverschleißes

Der in der spanenden Fertigung unvermeidbare Werkzeugverschleiß beeinträchtigt sowohl Maßhaltigkeit als auch Oberflächengüte der gefertigten Teile [REU01, S. 14]. Der Werkzeugverschleiß hat somit einen Einfluss auf das Bearbeitungsergebnis, verändert aber auch den Verlauf des Zerspanprozesses [REU01, S. 1]. Dabei treten an den Werkzeugen auch bei identischen Prozessbedingungen starke Standzeitstreuungen auf [TÖN04, S. 128-130], weshalb eine zuverlässige Vorhersage der Standzeit auch mit Kenntnis über alle Prozessparameter nicht möglich ist [REU01, S. 1].

Ein sehr häufig eingesetztes spanendes Bearbeitungsverfahren ist das Bohren mit Spiralbohrern. Die Bohrprozessüberwachung ist ein wichtiges Instrument, um die negativen Auswirkungen eines zunehmenden Werkzeugverschleißes rechtzeitig erfassen und bestmöglich abwenden zu können. Ebenso die Folgeschäden eines plötzlich auftretenden Bohrerbruchs können dadurch gemindert werden. [WEC06, S. 355]

Insgesamt ist die Prozessüberwachung in der Zerspanung und somit auch beim Bohren weitestgehend erforscht (vgl. Kapitel 3). Bei der Verschleißüberwachung kommen die etablierten Messgrößen wie Vibrationen, Kräfte oder elektrische Größen zum Einsatz (vgl. Abschnitt 3.1). Für die Bruchdetektion werden z. B. mechanische und optische Sensoren verwendet. Die Bohrerüberwachung auf Basis des Stroms im Haupt- oder Vorschubmotor ist ein ebenfalls häufig praktizierter Ansatz. Durch den empfindlichen Signalübertragungskanal des Stroms (vgl. Unterabschnitt 2.3.3) sowie der Trägheit der mechanischen Bauteile, die sich wie eine Tiefpassfilterung auswirkt, ist dieser Ansatz v. a. bei größeren Bohrerdurchmessern bewährt. [WEC06, S. 355-361]

In diesem Anwendungsszenario soll das entwickelte Verfahren sowie die Sensor- und Auswerteeinrichtung an einem technisch ausgereiften, in der Praxis weit verbreiteten und im Hinblick auf die Prozessüberwachung teilweise erforschten Objekt erprobt werden. Hierbei stehen insbesondere relativ kleine Bohrerdurchmesser im Fokus. Dies stellt sicher, dass die Lösung den aktuellen Stand der Erkenntnisse in diesem Kontext erweitert und ermöglicht zudem einen Vergleich mit etablierten Ansätzen.[16]

6.3.1 Validierungskriterien

Basierend auf der experimentellen Erprobung des Versuchsmodells an einer Säulenbohrmaschine zur Bohrerverschleißsimulation werden folgende Teilaspekte der in dieser Arbeit behandelten Forschungsschwerpunkte untersucht und validiert:

- **Forschungsgegenstand: Teilaspekt C1**
  Validierung der Ermittlung des Verschleißzustands bzw. des Verschleißverlaufs an Bohrwerkzeugen, die durch eine elektrische Maschine betrieben werden, mit dem Fokus auf Zuverlässigkeit und Performanz der Ergebnisse.
- **Forschungsinstrumente: Teilaspekt C2**
  Erprobung der Eignung von KNN für die echtzeitnahe Detektion und Prognose des Verschleißverlaufs an Bohrwerkzeugen über deren gesamte Standzeit.
- **Messgröße und Merkmalserzeugung: Teilaspekt C3**
  Validierung der Eignung von Stromprofilen der Hauptzuleitung mit Abtastfrequenzen $> 10\,\text{kHz}$ zur Erzeugung von Merkmalen für die Ermittlung des Verschleißverlaufs an Bohrwerkzeugen.
- **Forschungsfokus: Teilaspekt C4**
  Praxisorientierte Validierung der Detektion des Verschleißverlaufs an Bohrwerkzeugen mit dem dezentralen Versuchsmodell.

In Anwendungsszenario I (vgl. Abschnitt 6.1) und in Anwendungsszenario II (vgl. Abschnitt 6.2) basieren die Analysen auf den Vorhersagen kategorialer Klassen (Klassifikation). Im Gegensatz dazu wird in diesem dritten Anwendungsszenario die Regression zur Prognose eingesetzt, welche die Vorhersage stetiger Ergebnisse verfolgt. Für die Validierung und Beurteilung der im Folgenden beschriebenen Ergebnisse werden daher die Qualitätsmaße *MSE* und *MAPE* verwendet (vgl. Unterabschnitt 2.1.5). Das Zuverlässigkeitskriterium in diesem Abschnitt gilt als erfüllt, wenn der *MAPE* der Modellvorhersage im Hinblick auf die Referenzindikatoren unter 5 % liegt.

[16]Dem Kapitel liegen Teile der studentischen Arbeit [TRE21] zugrunde (vgl. Abschnitt B.1 im Anhang), die vom Autor eng betreut und deren Inhalte zusammen mit dem Autor erarbeitet wurden.

6.3.2 Beschreibung des Versuchaufbaus

Die Versuche zur Bohrerverschleißdetektion werden an der Säulenbohrmaschine vom Typ AB 40 SV des Herstellers *Alzmetall Werkzeugmaschinenfabrik und Gießerei Friedrich GmbH & Co. KG* durchgeführt. Diese besitzt einen Drehstromantrieb[17] (El. Maschine 5) mit einer elektrischen Leistung von 1,8 kW bzw. 2,9 kW bei einer Drehfrequenz von 750 min^{-1} bzw. 1.500 min^{-1}. Die Spindeldrehzahl ist über ein Riemenverstellgetriebe und ein nachgeschaltenes, zweistufiges Riemenverschaltgetriebe in einem Bereich von 70–4.000 min^{-1} stufenlos einstellbar. Für die Versuche wird der Antriebsmotor in der Getriebestufe II betrieben. Dabei ergibt sich eine Drehzahleinstellung von 660–4.000 min^{-1}. Die integrierte Bohrtiefeneinstellung stellt sicher, dass über alle Versuche hinweg gleichbleibende Bohrtiefen gefertigt werden. Abbildung 71 zeigt den schematischen Versuchsaufbau.

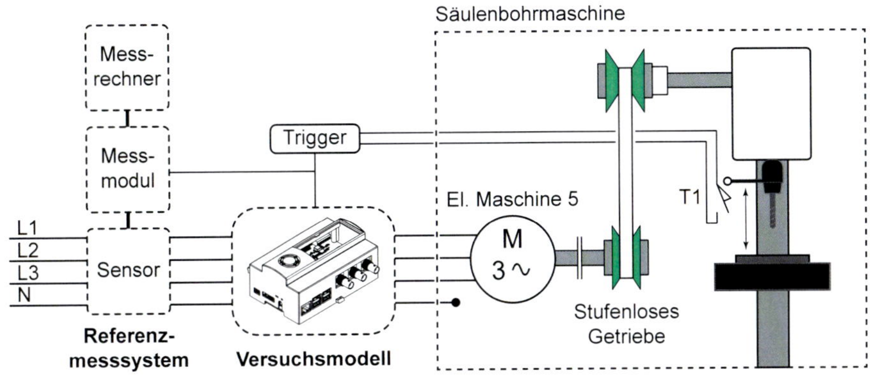

Abb. 71: Schematische Darstellung des Versuchsaufbaus zur Prognose des Bohrerverschleißes

Neben der Signalerfassung mit dem Versuchsmodell erfolgt diese zusätzlich mit einem kommerziellen Messsystem von *National Instruments*, bestehend aus dem CompactDAQ-Chassis *cDAQ-9188* und dem Spannungseingangsmodul *NI-9223* mit einer Auflösung von 16 bit. Die Messstellen befinden sich dabei in der Hauptzuleitung der Säulenbohrmaschine. Das kommerzielle Messsystem dient als Referenz und misst die Ströme des Leiters L1. Hierzu wird die Wechselstromzange *i200s* des Herstellers *Fluke* verwendet. Diese erfasst Frequenzen bis 10 kHz bei einer Empfindlichkeit von 100 mV/A. Die Segmentierung der Stromprofile in einzelne Bohrvorgänge erfolgt über ein digitales Triggersignal, welches z. B. mit Hilfe des Schalters T1 erzeugt wird. Dieser kann wahlweise direkt über den Vorschub der Säulenbohrmaschine (vgl. Abbildung 71) oder manuell per Hand ausgelöst werden. Das Triggersignal wird synchron zu den Stromprofilen über ein digitales Eingangsmodul mit dem kommerziellen Messsystem erfasst. Das CompactDAQ-Chassis ist für die Zeit- und Synchronisationssteuerung sowie für die Datenübertragung zwischen den Modulen und einem externen Messrechner zuständig. Die Abtastfrequenz des Stromsignals beträgt 51,2 kHz, die des Digitalsignals beläuft sich auf 5,12 kHz. Die segmentierten Messdaten werden in Rohform am Messrechner gespeichert. Hierzu wird ein mit dem Programmiersystem *LabVIEW* von *National Instruments* erstelltes Messprogramm verwendet.

Mit dem Versuchsmodell werden die Stromprofile der Außenleiter L2 (Bohrer D_5) sowie L3

[17]Polumschaltbarer Drehstrommotor mit Käfigläufer (8/4-polig)

(Bohrer D_4) gemessen. Hierzu werden die Wechselstromzangen *i30s* des Herstellers *Fluke* mit BNC-Anschluss verwendet. Diese erfassen Frequenzen bis 100 kHz bei einer Empfindlichkeit von 100 mV/A. Die Grenzfrequenz des Tiefpassfilters wird auf 5 kHz eingestellt, die Signaldigitalisierung erfolgt mit einer Abtastfrequenz von 10,24 kHz. Das Triggersignal wird auf einen digitalen Eingang des Versuchsmodells gelegt, sodass auch hier eine Segmentierung der Messung stattfinden kann. Die Messungen von Versuchsmodell und Referenzmesssystem starten und enden somit zeitsynchron.

Bei den untersuchten Werkzeugen handelt es sich um Hochgeschwindigkeitsstahl-Spiralbohrer (engl. high speed steel, HSS) des Typs N nach DIN 338 des Herstellers *Würth* mit den Durchmessern 4 mm (Bohrer D_4) und 5 mm (Bohrer D_5). Diese besitzen einen Spitzenwinkel von 118° und eine vaporisierte Oberfläche. Das Werkstück ist eine Stahlplatte[18] mit einer Breite von 200 mm, einer Höhe von 25 mm sowie einer Tiefe von 200 mm. Der Mittenrauwert der Oberfläche beträgt 3,2 µm. Die Bohrlöcher werden für eine bessere Zentrierung angekörnt und vorgesenkt.

6.3.3 Beschreibung der Versuchsdurchführung

Die Versuche mit den Bohrerdurchmessern D_4 und D_5 werden mit konstanten Parametern unter der Zugabe eines Kühlschmierstoffes durchgeführt. Die Spindeldrehzahl wird auf 1.000 min^{-1} (D_4) bzw. 800 min^{-1} (D_5) festgelegt. Die Bohrtiefe beträgt 15 mm und der Vorschub wird auf 0,1 mm pro Umdrehung eingestellt. Der Antriebsmotor wird mit 1.500 min^{-1} betrieben. Nach jedem Bohrvorgang erfolgt eine Mikroskopaufnahme des Werkzeugs. Die Bohrvorgänge werden so lange wiederholt, bis das festgelegte Standzeitende des Bohrers erreicht ist, es also zu einem Bruch von Schneidkante bzw. des vollständigen Werkzeugs kommt. Die Versuche werden an 13 Bohrern durchgeführt (5-mal D_4, 8-mal D_5), wodurch sich insgesamt 320 Bohrvorgänge (Messreihen) ergeben. Die Werkzeuge sind dabei aufsteigend mit Bohrernummern gekennzeichnet. Tabelle 20 zeigt die Anzahl der Messreihen je Bohrer für die zwei Varianten D_4 und D_5.

Bohrerdurchmesser in mm	Bohrernummer							
	1	2	3	4	5	6	7	8
4	82	46	8	16	33	-	-	-
5	11	27	9	8	44	5	14	17

Tab. 20: Übersicht zu den Messreihen mit den zwei Bohrervarianten

Trotz gleichbleibender Parameter und identischer Werkzeugtypen zeigt sich eine relativ große Streuung hinsichtlich der Standzeit bei den einzelnen Bohrernummern. Dies hat auf die weiteren Untersuchungen jedoch keinen Einfluss und entspricht zudem dem ermittelten Stand der Erkenntnisse. Demnach wird dieses Verhalten hier nicht näher diskutiert. Einzig die Kühlmittelzufuhr unterliegt nicht zu vermeidenden Schwankungen, die sich bspw. aus turbulenten Strömungsverhältnissen ergeben. Diese sind jedoch zu vernachlässigen. Es kann zudem festgehalten werden, dass mit einem Bohrer nur noch wenige bis gar keine Bohrungen mehr durchgeführt werden können, sobald es zu einem Teilabbruch an der Schneidkante kommt.

[18] Werkstoffbezeichnung: C45U+N (1.1730)

6.3.4 Ermittlung des Bohrerverschleißes

Die Schneidkeile spanender Werkzeuge sind im Einsatz mechanischen, thermischen und chemischen Beanspruchungen ausgesetzt [TÖN04, S. 108]. An spanenden Werkzeugen kommt es daher während der Bearbeitung zum Verschleiß [TÖN04, S. 104]. An einem Spiralbohrer können dabei verschiedene Verschleißformen auftreten (vgl. Abbildung 72). An den Freiflächen von Haupt- und Nebenschneide bildet sich der Freiflächenverschleiß. Durch das Vorbeigleiten der gerade erzeugten Schnittflächen an diesen Verschleißflächen bilden sich deutliche Markierungen ab, die als Indikator für die fortschreitende Abnutzung des Werkzeugs verwendet werden können. Die Ausdehnung dieser Markierung in Schnittrichtung ist die sogenannte Verschleißmarkenbreite. An der Schneidkante bilden sich verschiedene Arten dieser Größe aus – in den weiteren Beschreibungen wird jedoch ausschließlich die mittlere Verschleißmarkenbreite (*VBM*) betrachtet, die am geraden Teil der Schneidkante ermittelt wird. [TÖN04, S. 105-106]

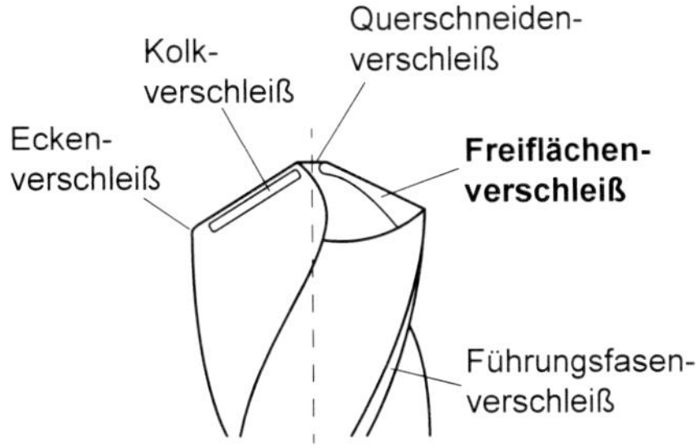

Abb. 72: Verschleißformen eines Spiralbohrers nach [WEC06, S. 359]

Als Standzeit wird der Zeitraum bezeichnet, in dem ein Werkzeug vom Anschnitt bis zum Erreichen einer definierten Verschleißgrenze unter bestimmten Bedingungen Zerspanarbeit leistet [TÖN04, S. 121]. Die zeitliche Entwicklung der Verschleißmarkenbreite kann in drei Bereiche unterteilt werden. Zunächst erfolgt ein degressiver Verschleißfortschritt der allmählich in einen linearen Verlauf übergeht. Nähert sich das Werkzeug dem Standzeitende, erfolgt ein progressiver Fortgang des Verschleißes. [TÖN04, S. 122] Der Werkzeugverschleiß hängt von (im Prozess) nicht manipulierbaren Größen wie Schneid- bzw. Kühlschmierstoff, Werkstoff oder Werkzeuggeometrie ab, wird aber auch von wählbaren Einstellgrößen wie der Schnittgeschwindigkeit oder dem Vorschub beeinflusst. Die Schnittgeschwindigkeit hat die größte Wirkung auf den Freiflächenverschleiß. Die Standzeit wird daher maßgeblich von dieser Größe beeinflusst. [TÖN04, S. 122]

Gemäß den praktischen Anforderungen an das Verfahren wird zur Ermittlung der Referenzverschleißmarkenbreite (Ereignislabels) eine kostengünstige und praxisorientierte Methode erarbeitet, die im Folgenden beschrieben wird.

Der Bohrerverschleiß wird nach jedem Bohrvorgang mit Hilfe eines Auflichtmikroskops und einer 9-Megapixel-Kamera ermittelt. Das Werkzeug wird hierfür in einer lichtundurchlässigen Box fixiert und ausschließlich vom Mikroskop beleuchtet. Dadurch lassen sich reproduzierbare Verschleißbilder der Werkzeuge erstellen. Die Auflösung einer Aufnahme beträgt 1.200 mal 1.200 Pixel, ein Pixel entspricht dabei näherungsweise 7 µm. Für die quantitative Ermittlung des zunehmenden Verschleißes an den Bohrern wird ein Vorgehen verwendet, das auf gängigen Techniken der Bildverarbeitung basiert. Zunächst wird die ausgewählte Bohrervariante im Neuzustand in der Box ausgerichtet und fixiert. Anhand einer Mikroskopaufnahme werden anschließend die beiden Schneidkanten im Neuzustand festgelegt. Hierzu werden manuell drei Endmarkierungen je Schneidkante (rote

Punkte) ermittelt und durch eine Gerade (blaue Linie) verbunden. Mittels zweier weiterer Fixpunkte an den Schneiden kann eine Projektionsmaske (grüne Fläche) erzeugt werden. Diese wird auf die folgenden Werkzeugaufnahmen übertragen und dient als Referenz. Die drei Schritte sind in Teil a) in Abbildung 73 dargestellt.

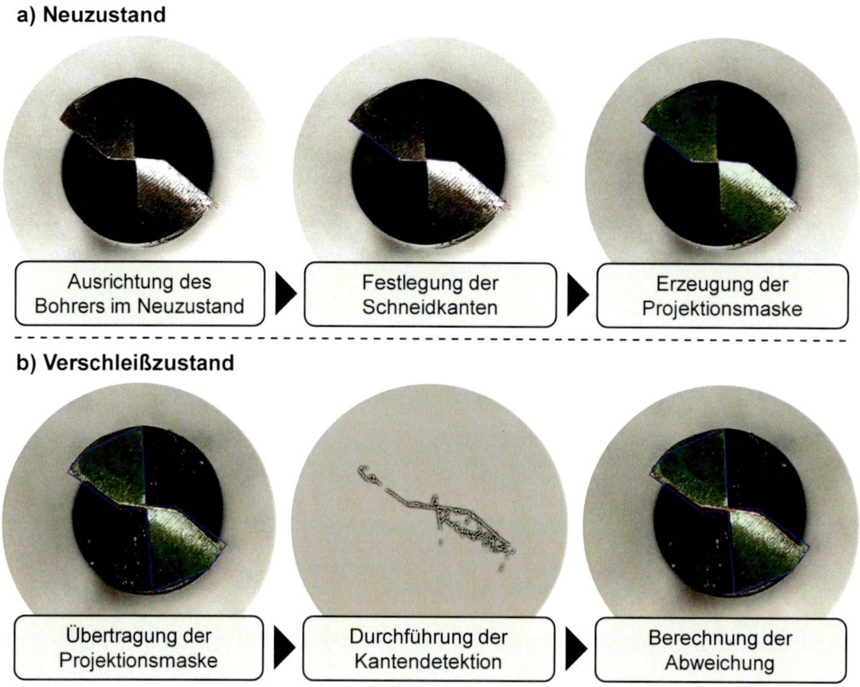

Abb. 73: Vorgehen zur Ermittlung des Bohrerverschleißes anhand der Auflichtmikroskopieaufnahmen

Zur Ermittlung des Verschleißes wird die erzeugte Maske auf die Aufnahme eines gebrauchten Bohrers projiziert. Nach einer Glättung der Aufnahme wird der Canny-Algorithmus, ein Kantenerkennungsverfahren, angewendet und somit die verschlissene Schneidkante (rote Linie) ermittelt [CAN86]. Im Anschluss wird, senkrecht von jedem Pixel der blauen Referenzlinie ausgehend, die Distanz zum Pixel der roten Linie erfasst. Diese stellt die Verschleißmarkenbreite in Pixeln an dieser Stelle der Schneidkante dar. Abgesehen von selten auftretenden Ausreißern liefert dieses Vorgehen sehr zuverlässige Ergebnisse. Die Berechnung der mittleren Verschleißmarkenbreite *VBM* erfolgt schließlich über eine Mittelwertbildung aller erfassten Distanzen einer Aufnahme. Diese drei weiteren Schritte sind in Teil b) in Abbildung 73 dargestellt.

Mit dem Verfahren ergeben sich Messungenauigkeiten. Durch selten auftretende Ausreißer bei der Kantendetektion kommt es zu Abweichungen im einstelligen µm-Bereich. Die Ausrichtung der Projektionsmaske erfolgt manuell und führt zu weiteren, jedoch ebenfalls geringen Ungenauigkeiten. Bei manchen Bohrern bilden sich Ausbrüche oder Aufbauschneiden. Teilweise bleiben Spanrückstände am Werkzeug haften. Die tatsächliche Schneidkante kann dadurch unter Umständen nicht eindeutig erkannt werden. Da das

Vorgehen teilautomatisiert abläuft, werden zur Ermittlung der *VBM* ungünstige Konstellationen manuell bereinigt. Ausreißer und mechanische Veränderungen an der Schneide ohne Zusammenhang mit dem Freiflächenverschleiß werden entfernt und die fehlenden Messpunkte linear interpoliert. Dadurch wird der Messfehler so gering wie möglich gehalten und es ergeben sich relativ zuverlässige Werte für die *VBM*. Für das vorliegende Anwendungsszenario, das in erster Linie der Validierung des Versuchsmodells dient, sind die beschriebenen Messgenauigkeiten ausreichend. Andere Verfahren zur exakten Ermittlung der *VBM* wie CCD-Kamerasysteme [WEC06, S. 357] oder das System *ToolSpy* (vgl. Abschnitt 3.1) werden daher nicht in Betracht gezogen. Da das entwickelte Lean-Data-Verfahren zudem explizit für einen praxisorientierten und anwendungsübergreifenden Einsatz ausgelegt ist, sind für das Erzeugen der individuellen Ereignislabels die Aufwände möglichst gering zu halten und bei der Validierung unkomplizierte, kostengünstige und insbesondere anwendungsfreundliche Verfahren zu bevorzugen. Dies wurde bei der Auswahl und Gestaltung der Vorgehensweise zur Ermittlung der Referenzverschleißmarkenbreite berücksichtigt. Die genannten Messungenauigkeiten sind in Summe jedoch nicht vollständig zu vernachlässigen und bei der Ergebnisinterpretation zu berücksichtigen.

Für die Entwicklung des KNN-Modells sind Referenzwerte der *VBM* während der Bohrung notwendig. Die *VBM* wird daher über die Dauer der Bohrvorgänge linear interpoliert, sodass jedem Zeitfenster eine mittlere Verschleißmarkenbreite zugeordnet ist. Das Ergebnis dieser Interpolation für die Messreihen der Bohrer D_5 ist in Abbildung 74 dargestellt. Durch die oben beschriebenen Messungenauigkeiten kommt es zu minimalen Fehlern, die sich hier etwa in Form einer kurzfristigen Abnahme der *VBM* zeigen, bspw. im Verlauf von D_5 - 2 oder D_5 - 5. Insgesamt bilden die Kurven den zunehmenden Verschleiß für die weiteren Experimente in ausreichender Form ab und weisen den zuvor beschriebenen typischen Verlauf der Verschleißmarkenbreite über die Zeit auf (z. B. D_5 - 1 oder D_5 - 6).

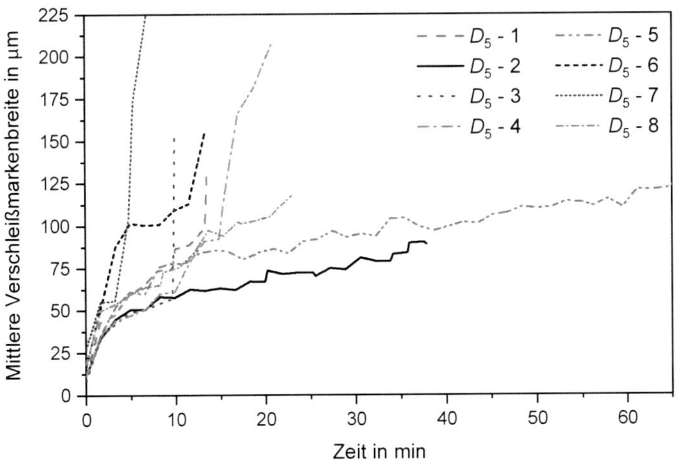

Abb. 74: *VBM*-Verlauf der acht Bohrer des Durchmessers D_5 über die Bearbeitungszeit

6.3.5 Diskussion der Messreihen

Die Stromprofile der Außenleiter L1, L2 und L3 weisen geringe Unterschiede auf, die im Folgenden erläutert werden.

Der Vorschubantrieb der Säulenbohrmaschine wird über den Außenleiter L2 mit elektrischer Energie versorgt. Die hierbei zusätzlich aufgenommenen Ströme sind für die Verschleißdetektion nicht relevant, überlagern jedoch das Stromprofil des Antriebsmotors (El. Maschine 5). An L3 ist kein weiterer elektrischer Verbraucher angeschlossen. Die mit dem Versuchsmodell erfassten zugehörigen Ströme I_{L2} (D_5) und I_{L3} (D_4) unterscheiden sich demnach. In Abbildung 75 sind die Effektivwerte der beiden Außenleiter gegenübergestellt. Dabei ist zu berücksichtigen, dass sich bereits aufgrund der unterschiedlichen Bohrerdurchmesser Abweichungen ergeben. Die Stromaufnahme bei den Versuchen mit D_5 (unteres Diagramm) weist erwartungsgemäß höhere Ströme auf. Zudem ist zu erkennen, dass es drei Zustände gibt: Leerlaufbetrieb ohne Vorschub (1), Leerlaufbetrieb mit Vorschub (2) und Materialeingriff mit Vorschub (3). Diese werden bei jeder Bohrung nacheinander durchlaufen, bevor die Maschine wieder in (1) übergeht. Da der Vorschubantrieb nicht an L3 angeschlossen ist, kann an dieser Messstelle nur zwischen zwei Zuständen differenziert werden: Leerlaufbetrieb (1) und Materialeingriff (3) (oberes Diagramm). Für das im Folgenden beschriebene Modell sind zusätzliche elektrische Verbraucher, wie der Vorschubantrieb, Störfaktoren. Die Untersuchung beider Außenleiter dient somit der Validierung des Versuchsmodells sowie des Lean-Data-Verfahrens hinsichtlich im Stromprofil befindlicher, ggf. unbekannter Überlagerungen.

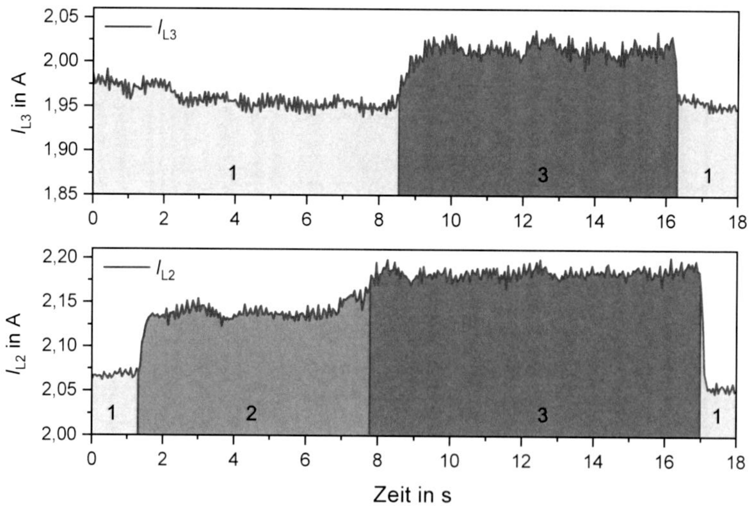

Abb. 75: Gegenüberstellung der Effektivströme der Außenleiter L2 und L3

6.3.6 Modellentwicklung und Ergebnisse

In diesem Unterabschnitt werden die Aufbereitungstechniken beschrieben und die entwickelten Modelle vorgestellt. Anschließend werden die Ergebnisse präsentiert und bewertet.

Die initiale Datenaufbereitung besteht aus drei Schritten. Auf Grundlage der Messreihen werden Analysefenster gebildet, aus denen Merkmale im Zeit- und Frequenzbereich extrahiert werden. Dies erfolgt mit dem Versuchsmodell bereits während der Messung in nahezu Echtzeit. Im zweiten Schritt werden die Fenster gefiltert, sodass nur noch Stromprofile während des Materialeingriffs verbleiben. Im letzten Schritt werden diese gefilterten Analysefenster zu Sequenzen modelliert und in die benötigte Form für das RNN gebracht. Die mit dem Referenzmesssystem erfassten Daten werden nach dem gleichen Prinzip aufbereitet, jedoch wird die Merkmalsextraktion dabei nicht in Echtzeit umgesetzt.

Datenaufbereitung: Merkmalsextraktion

Mit dem Versuchsmodell werden je Analysefenster elf Merkmale aus dem Zeitbereich (vgl. Tabelle 5) berechnet sowie der FFT-Algorithmus angewendet. Die zeitliche Aneinanderreihung der FFT-Spektren ohne Überlappung ergibt die STFT. Wie in Unterunterabschnitt 2.2.5 beschrieben, gilt es hierbei einen Kompromiss bezüglich der Zeit- und der Frequenzauflösung zu finden. Das Vorgehen hierbei erfolgt analog zu Unterabschnitt 6.2.4. Dabei ergibt sich eine Fensterlänge (Zeitauflösung) von 50 ms und eine Frequenzauflösung von 20 Hz. Bei der Abtastfrequenz von 10,24 kHz enthält ein Fenster somit 512 Messpunkte. Dies entspricht einem Datenblock. Während der Berechnung der Merkmale eines Zeitfensters erfolgt parallel die Messung des nachfolgenden Datenblocks. Sind alle Merkmale berechnet, werden diese an den Einplatinenrechner übermittelt. Dort ergeben sich aus den kontinuierlich eintreffenden Datenblöcken Sequenzen.

Datenaufbereitung: Filterfunktion

Um die Messreihen von unnötigen Informationen (z. B. Leerlauf) zu befreien, wird im nächsten Schritt eine Filterfunktion angewendet, sodass im Anschluss lediglich Stromprofile aus dem Bereich (3) gemäß Abbildung 75 verbleiben. Im gefilterten Signal befindet sich das Werkzeug also im Materialeingriff und ein fortschreitender Verschleiß ist messbar. Analog zu Unterabschnitt 6.2.4 wird dies mittels Schwellwertanalyse, basierend auf dem RMS des Stromsignals umgesetzt. Aufgrund von starken Schwankungen in den verschiedenen Messreihen werden die Daten anhand von Werten relativ zu den jeweiligen Messungen gefiltert. Um das Signal zu glätten, wird zunächst ein gleitender Mittelwertfilter über 30 RMS-Werte (entspricht 1,5 s) angewendet. Darauf basierend wird der relative Schwellwert ermittelt. Ein Wert von 98 % des Maximums des geglätteten Signals entspricht dabei dem Optimum über die gesamten Messreihen.

Datenaufbereitung: Sequenzmodellierung

Um signifikante Veränderungen im Signal über die Zeit ermitteln zu können, ist es notwendig, die einzelnen Datenblöcke zu einer Sequenz aus *n* Analysefenstern zu modellieren. Auch hier ist das Vorgehen angelehnt an die Beschreibungen in Unterabschnitt 6.2.4. Es liegt somit eine *n*–zu–1 Modellierung vor. Jede Sequenz wird mit der *VBM* des letzten Analysefensters gekennzeichnet. Somit werden die vergangenen *n* Analysefenster betrachtet, um die aktuelle *VBM* zu bestimmen. Die Sequenzen werden anschließend mit dem „StandardScaler" der *Python*-Bibliothek *scikit-learn* standardisiert. Für das Training der RNN-Modelle liegt schließlich ein dreidimensionaler Datensatz vor. Die Dimensionen sind die Anzahl der Samples, die Anzahl der Analysefenster einer Sequenz (Sequenzgröße) und die Menge der Merkmale. Ein optimiertes Sample für das finale Training hat eine Sequenzgröße von 40 Analysefenstern (entspricht 2 s) und beinhaltet die zugehörigen FFT-Spektren (256 Werte je Fenster). Für die beiden Bohrerdurchmesser wird jeweils ein entsprechender Trainingsdatensatz erstellt. Auf die Verwendung der elf Merkmale im Zeitbereich kann beim Datensatz verzichtet werden, da sich während der Analysen durch deren Verwendung keine relevanten Änderungen bzw. Verbesserungen bezüglich der Ergebnisse ergeben.

Topologie des RNN

Im Folgenden wird beschrieben, wie für den Datensatz zu D_5 das RNN modelliert wird. Basierend auf der Topologie und den Parametereinstellungen dieses Modells wird anschließend das RNN für den zweiten Datensatz (D_4) erzeugt und trainiert. Die Datensätze werden mit einem Verhältnis von 75:25 in Trainings- und Testdatensätze aufgeteilt. Dies erfolgt zufällig, bleibt aber für die Vergleichbarkeit bei den Modellvarianten konsistent.

Das RNN wird mit der *Python*-Bibliothek *Keras* modelliert. Topologie und Parameter des RNN werden iterativ optimiert, bis die in Unterabschnitt 2.1.5 beschriebenen Qualitätsmaße zufriedenstellend sind. Während dieses Prozesses werden im Hinblick auf die Optimierungsparameter u. a. die Anzahl der Neuronen, der Schichten und der Trainingsepochen verändert sowie die Aktivierungsfunktionen und die Batchgröße variiert. Zudem werden sowohl LSTM- als auch GRU-Zellen getestet. GRU-Zellen erzielen im direkten Vergleich bessere Ergebnisse bei kürzeren Rechenzeiten und werden daher im Weiteren verwendet. Die Optimierung führt schließlich zu dem in Abbildung 76 dargestellten RNN-Modell.

```
model=Sequential()
model.add(GRU(1024, activation='relu', return_sequences=True,
        input_shape=(num_steps, num_features)))
model.add(BatchNormalization())
model.add(GRU(512, activation='relu', return_sequences=True))
model.add(BatchNormalization())
model.add(GRU(512, activation='relu', return_sequences=True))
model.add(BatchNormalization())
model.add(GRU(256, activation='relu', return_sequences=True))
model.add(BatchNormalization())
model.add(GRU(256, activation='relu', return_sequences=True))
model.add(BatchNormalization())
model.add(GRU(128, activation='relu', return_sequences=True))
model.add(Flatten())
model.add(Dense(1, activation='relu'))
```

Abb. 76: Topologie des optimierten RNN-Modells der GRU-Variante

Das Modell weist eine sehr ähnliche Topologie auf, wie das RNN des vorangegangenen Anwendungsszenarios (vgl. Abbildung 64). GRU-Zellen dienen auch hier als Basis. Erneut wird anstelle der Tanh-Funktion die ReLU-Funktion zur Aktivierung verwendet. Bei der rekurrenten Kante der GRU-Zelle wird die Sigmoidfunktion verwendet. Der Parameter return_sequences ist aktiviert, sodass die Ausgaben der vergangenen Zeitschritte an die nächste Schicht weitergegeben werden. Zwischen den GRU-Schichten ist eine Schicht zur Batch-Normalisierung integriert. Dadurch werden die Ausgabewerte der vorhergehenden Schicht normalisiert, sodass sich die kovariate Verschiebung verringert. Im vorliegenden Fall konvergiert dadurch die Verlustfunktion schneller und die Modellgüte verbessert sich. Außerdem lässt sich dadurch ein mögliches Overfitting reduzieren. Mit der Flatten-Schicht werden die Ausgabewerte in die richtige Dimension überführt. Die Ausgabeschicht enthält schließlich ein Neuron, dessen Ausgabewert der prognostizierten mittleren Verschleißmarkenbreite entspricht.

Modellbildung: Training des RNN

Für das Training wird der ADAM-Optimierungsalgorithmus verwendet. Als Straffunktion kommt der *MSE* zum Einsatz. Zur Beurteilung der Anpassungsgüte der im Folgenden beschriebenen Regression dient der *MAPE* (vgl. Unterabschnitt 2.1.5).

Durch den Einsatz der Batch-Normalisierung gibt es eine Abweichung bei den Ausgabewerten von Training und Test bezüglich der Normalisierungsschichten. Dies liegt daran, dass für den Test der gleitende Mittelwert und die gleitende Standardabweichung verwendet werden, die zuvor während des Trainings berechnet wurden. Unterscheidet sich jedoch die Verteilung der Trainings- und Testdaten, kommt es zu Abweichungen bei den Testergebnissen. Um dies zu vermeiden, werden die Schichten der Batch-Normalisierung nach einer festgelegten Epochenanzahl schon während des Trainings fixiert. Die Normalisierung erfolgt im Anschluss mit den Parametern, die zum Zeitpunkt der Fixierung vorliegen. Bei einer Fixierung nach 15 Epochen werden dabei die besten Resultate erzielt.

Das Training der RNN-Modelle besteht demnach aus zwei Phasen. In der ersten Phase werden alle Schichten trainiert und aktualisiert, in der zweiten Phase werden nur die GRU-Schichten sowie die Ausgabeschicht trainiert. Zur Ermittlung der optimalen Anzahl an Epochen der zweiten Trainingsphase, wird der Verlust während des Trainings mit den Testdaten betrachtet. Der Verlauf der Straffunktion (Verlust, hier *MSE*) steigt nach der Fixierung der Normalisierungsschichten kurzfristig stark an, kehrt jedoch nach einer geringen Anzahl weiterer Epochen auf den Ausgangswert zurück und konvergiert schließlich langsam gegen Null. Ab ca. 65 Epochen ist keine signifikante Verbesserung mehr zu beobachten. Nach der Fixierung zeigen sich für die Werte des *MSE* bei Training und Test nur geringfügige Abweichungen. Der *MSE* beim Test ist bis auf kurz nach der Fixierung durchgehend etwas höher als beim Training. Abbildung 77 zeigt den Verlauf des *MSE* über 100 Epochen für die Trainings- und Testdaten.

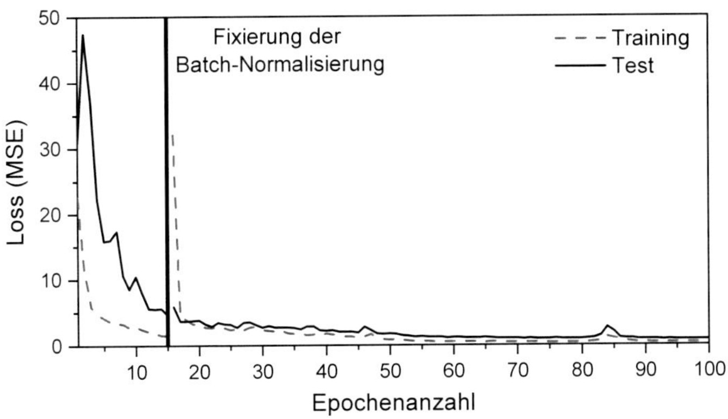

Abb. 77: Verlauf des *MSE* für die Trainings- und Testdaten während des Trainingsprozesses

Die Kurve des *MAPE* verhält sich sehr ähnlich zum Verlauf des *MSE*, steigt also nach der Fixierung ebenfalls stark an und kehrt nach wenigen weiteren Epochen auf den Ausgangswert zurück. Der *MAPE* konvergiert etwas langsamer als der *MSE* und stagniert bei ca. 5 %. Außer kurz nach der Fixierung ist der *MAPE* beim Test durchgehend etwa 1–2 Prozentpunkte höher als beim Training. Ab ca. 65 Epochen ist auch beim *MAPE* keine signifikante

Veränderung mehr zu sehen, weshalb die Epochenanzahl der zweiten Trainingsphase auf 50 Epochen gesetzt wird. Abbildung 78 stellt den Verlauf des *MAPE* über 100 Epochen für die Trainings- und Testdaten dar.

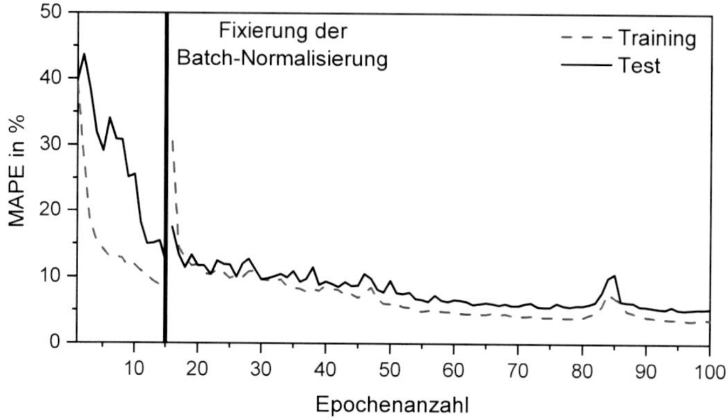

Abb. 78: Verlauf des *MAPE* für die Trainings- und Testdaten während des Trainingsprozesses

Der Datensatz für das Training enthält in einer der drei Dimensionen die Sequenzgröße, also die Anzahl der Analysefenster je Sequenz. Dieser Wert ist möglichst gering zu halten, da mit dessen Erhöhung eine Zunahme der Komplexität und der Größe des RNN einhergeht, woraus wiederum längere Trainings- und Vorhersagezeiten resultieren. Dies ist insbesondere vor dem Hintergrund der Forderung nach echtzeitnahen Prognosen und der limitierten Rechenleistung der eingebetteten Systeme von Relevanz. Andererseits erhält das Modell bei einer zu geringen Sequenzgröße zu wenig Informationen über die zeitliche Veränderung des Stromsignals, woraus eine reduzierte Modellgüte resultiert. Daher gilt es, ein Optimum zu finden, das beide Kriterien zufriedenstellend erfüllt.

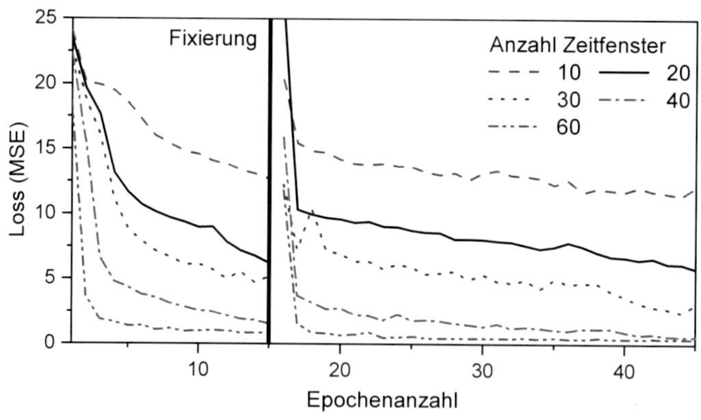

Abb. 79: Verläufe des *MSE* bei der Verwendung unterschiedlicher Sequenzgrößen

In Abbildung 79 sind Verläufe des *MSE* für verschiedene Sequenzgrößen dargestellt. Es ist zu erkennen, dass der Loss ab einer Sequenzgröße von ca. 40 bei ausreichender Epochenanzahl gegen Null konvergiert. Eine Erhöhung der Sequenzgröße führt zu einer schnelleren Konvergenz während des Trainings. Die Sequenzgröße wird auf 40 festgelegt.

Um die optimale Batchgröße zu finden, werden verschiedene Varianten gegenübergestellt. Bei einem Wert von 16 konvergiert die Verlustfunktion nicht. Bei einer Größe von 512 Samples pro Batch konvergiert die Verlustfunktion, jedoch ist dabei die Modellqualität unzufriedenstellend. Die besten Ergebnisse werden mit einer Batchgröße von 256 erzielt. In Tabelle 21 sind abschließend alle Trainingsparameter zusammengefasst.

Trainingsparameter	Verfahren / Wert
Optimierungsalgorithmus	ADAM
Straffunktion (Verlust)	*MSE*
Epochenanzahl Phase 1	15
Epochenanzahl Phase 2	50
Batchgröße	256
Sequenzgröße (Anzahl Analysefenster)	40
Merkmale je Analysefenster	256 (FFT-Werte)

Tab. 21: Gesamtübersicht zu den Trainingsparametern

Ergebnisse des RNN

Um die Authentizität der Ergebnisse zu erhöhen, werden fünf identische RNN-Modelle mit gleichbleibenden Parametern trainiert und mit den Testdaten evaluiert. Die Ergebnisse dieser fünf Modelle sowie die ermittelten Durchschnittswerte der Auswertungen mit dem Versuchsmodell für den Bohrerdurchmesser D_5 sind in Tabelle 22 dargestellt. Der *MSE* wird als Straffunktion beim Training des RNN verwendet und dient nur zur Bewertung der Modelle, die mit dem gleichen Datensatz trainiert und getestet werden. Der *MAPE* wird zudem zur Gegenüberstellung der Modelle mit unterschiedlichen Datensätzen verwendet. Für eine allgemeine Einstufung der Ergebnisse wird die Mittelwert-Methode eingesetzt. Hierzu wird der Mittelwert der Kennzeichnungen (Ereignislabels) der Trainingsdaten als Vorhersagewert für die Testdaten verwendet und daraus der *MAPE* berechnet.

	Modellnummer					
Metrik	**1**	**2**	**3**	**4**	**5**	**Durchschnitt**
MAPE (Training) in %	1,86	2,69	2,09	1,69	2,61	**2,19**
MAPE (Test) in %	3,83	4,38	3,61	3,59	4,42	**3,97**
MSE (Training)	0,08	0,18	0,10	0,07	0,16	**0,12**
MSE (Test)	0,70	0,75	0,51	0,59	0,73	**0,66**

Tab. 22: Ergebnisse des Versuchsmodells mit dem Bohrerdurchmesser D_5

Beim Test mit dem Versuchsmodell wird ein durchschnittlicher *MAPE* von 3,97 % erzielt. Der Maximalwert des Zuverlässigkeitskriteriums von 5 % wird dabei bei allen Einzelmodellen eingehalten. Der *MSE* weist mit durchschnittlich 0,66 einen niedrigen Wert bei den Testdaten auf. Dadurch ist sichergestellt, dass bei der Vorhersage keine häufigen großen Ausreißer auftreten. Die hohe Modellgüte wird durch das Benchmark-Verfahren bestätigt. Bei den Testdaten werden anhand der Mittelwert-Methode ein *MAPE* von 37,8 % und ein *MSE* von 18,7 % erreicht. Die durchschnittliche *VBM* des zugrundeliegenden Datensatzes liegt bei ca. 82 µm. Ein *MAPE* von 3,97 % ist somit vergleichbar mit einer Abweichung der prognostizierten *VBM* um ungefähr 3 µm vom tatsächlichen Wert. Da diese Genauigkeit jedoch unterhalb der Messunsicherheit des optischen Messsystems liegt, sind außerhalb des Rahmens dieser Arbeit weitere Untersuchungen zur genaueren Interpretation der Resultate notwendig. Im Hinblick auf die Validierung des Versuchsmodells sind die Ergebnisse allerdings zufriedenstellend und vielversprechend.

Die Analysen der Messreihen des Referenzmesssystems erfolgen analog zu dem Vorgehen mit dem Versuchsmodell, um die Vergleichbarkeit zu gewährleisten. Die Ergebnisse der fünf Modelle sowie die berechneten Durchschnitte für die Bohrer mit dem Durchmesser D_5 sind in Tabelle 23 aufgeführt. Gegenüber den Resultaten des Versuchsmodells zeigt sich hierbei eine größere Streuung. So ist die Standardabweichung des *MSE* bei den Testdaten am Referenzmesssystem mit 0,13 gegenüber 0,09 am Versuchsmodell höher. Zudem ist die Güte der Ergebnisse etwas geringer, was sich in einem niedrigerem *MSE* bzw. *MAPE* widerspiegelt. Eine mögliche Erklärung hierfür ist der Einsatz des Tiefpassfilters am Versuchsmodell, der den Alias-Effekt bei der digitalen Signalverarbeitung vermindert. Ein weiterer möglicher Einflussfaktor sind die geringen Unterschiede bei den Stromwandlern.

	Modellnummer					
Metrik	**1**	**2**	**3**	**4**	**5**	**Durchschnitt**
MAPE (Training) in %	3,80	2,88	2,17	2,67	4,19	**3,14**
MAPE (Test) in %	5,69	4,22	3,80	5,96	5,62	**5,06**
MSE (Training)	0,34	0,18	0,12	0,17	0,39	**0,24**
MSE (Test)	0,91	0,69	0,67	0,94	0,98	**0,84**

Tab. 23: Ergebnisse des Referenzmesssystems mit dem Bohrerdurchmesser D_5

Abbildung 80 zeigt exemplarisch die Verläufe der Referenzverschleißmarkenbreite sowie die mit dem Versuchsmodell und RNN-Modell Nr. 3 vorhergesagte *VBM* zu D_5.

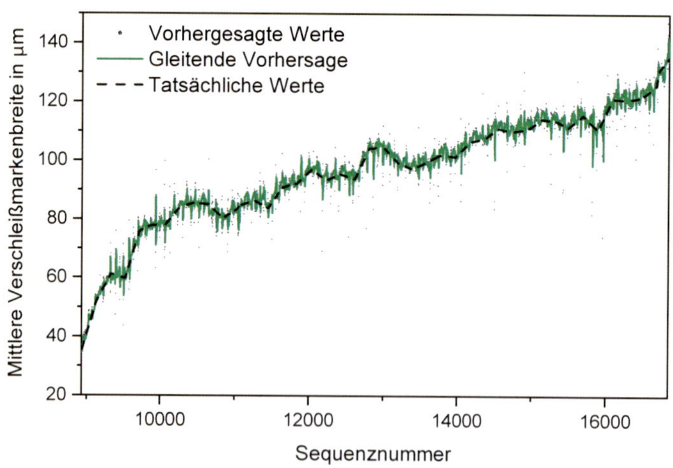

Abb. 80: Verläufe der tatsächlichen Werte und der vorhergesagten Werte der *VBM* des Bohrers D_5

Für eine vollständige Darstellung enthält das Diagramm die Vorhersagewerte der Trainings- und Testdaten. Das Modell bildet die tatsächliche, mikroskopisch ermittelte Verschleißkurve (schwarze Strichlinie) akkurat ab. Bezugnehmend zu den zuvor erläuterten Unsicherheiten bei der Messung der *VBM* an den Bohrern, entsprechen die vereinzelt auftretenden Ausreißer in den Vorhersagewerten den Erwartungen. Diese sind jedoch, relativ zur Gesamtanzahl der Prognosen betrachtet, vernachlässigbar. Durch die Berechnung des gleitenden Mittelwerts für die Prognosen über ein Fenster von fünf Sequenzen (grüne Linie) kann die Kurve des tatsächlichen Verlaufs weiter angenähert werden.

Die Messreihen der Bohrer D_4 werden analog zu den obigen Beschreibungen ausgewertet. Tabelle 24 zeigt die zugehörigen Resultate der fünf Modelle sowie die Durchschnittswerte am Versuchsmodell. Das Zuverlässigkeitskriterium wird im Durchschnitt mit einem *MAPE* von 4,56 % erfüllt, jedoch überschreiten drei der fünf Einzelmodelle das Limit von 5 %. Die Standardabweichung des *MSE* bei den Testdaten ist mit 0,96 um ein Vielfaches höher als bei den beiden Datensätzen für den Bohrer D_5. Diese kann jedoch u. a. auf die zufällige Gewichtsinitialisierung zurückgeführt werden. Durch eine Optimierung der Verteilungsfunktion, die für diese Initialisierung eingesetzt wird, kann dieser Effekt reduziert werden. Da die Qualität der Modelle vier und fünf sehr gut ist, wird das Zuverlässigkeitskriterium aber auch ohne diese Anpassung für den Durchschnittswert erfüllt.

	Modellnummer					
Metrik	**1**	**2**	**3**	**4**	**5**	**Durchschnitt**
MAPE (Training) in %	4,33	4,66	5,61	1,19	1,38	**3,43**
MAPE (Test) in %	5,56	5,56	7,02	2,44	2,24	**4,56**
MSE (Training)	1,44	1,44	1,97	0,08	0,11	**1,01**
MSE (Test)	2,42	2,16	2,74	0,55	0,50	**1,67**

Tab. 24: Ergebnisse des Versuchsmodells mit dem Bohrerdurchmesser D_4

Das Modell ist somit für die untersuchten Durchmesser sehr gut geeignet und liefert zuverlässige Vorhersagen. Inwiefern das Modell auf andere Bohrerdurchmesser und -typen übertragbar ist, muss anhand weiterer Versuche validiert werden.

Wie eingangs erwähnt, enthalten die drei betrachteten Datensätze die Stromprofile unterschiedlicher Außenleiter. Somit kann zum einen geschlossen werden, dass es für die Vorhersage des Bohrerverschleißes keine Rolle spielt, an welchem Außenleiter gemessen wird und zum anderen wird gezeigt, dass das Modell robust gegenüber Störfaktoren durch andere elektrische Verbraucher (z. B. Vorschubantrieb) ist.

Für die Ermittlung der Ausführungszeit einer Prognose wird diese 100-mal durchgeführt. Dabei wird die Zeit gemessen und anschließend gemittelt. Für die Ausführungszeit am Versuchsmodell ergibt sich ein Wert von durchschnittlich 0,84 s. Diese Prognosezeit ist, relativ zur Standzeit eines Bohrers betrachtet, gering.

6.3.7 Zusammenfassung und Bewertung

Die in Unterabschnitt 6.3.1 aufgeführten Teilaspekte der in dieser Arbeit behandelten Forschungsschwerpunkte konnten mit dem Versuchsmodell an einer Säulenbohrmaschine zur Bohrerverschleißsimulation vollständig validiert werden. Eine zusammenfassende Aufstellung der Ergebnisse der experimentellen Erprobung ist im Folgenden aufgeführt:

- **Teilaspekt C1**
  Die Möglichkeit zur Ermittlung der *VBM* an Bohrwerkzeugen mit dem Fokus auf Zuverlässigkeit und Performanz der Ergebnisse wird anhand zweier Bohrerdurchmesser belegt. Das Zuverlässigkeitskriterium für die Verschleißvorhersage, basierend auf einer Regression, wird dabei für beide Durchmesser mit einem *MAPE* von jeweils unter 5 % erfüllt. Die Performanz des Versuchsmodells ist vergleichbar mit der eines kommerziellen Referenzmesssystems bzw. übertrifft diese sogar. Die Tauglichkeit des Versuchsmodells und somit des Lean-Data-Verfahrens für die Analyse von Stromprofilen, gemessen in der ungeschirmten Hauptzuleitung der Säulenbohrmaschine, wird bestätigt. Die Robustheit des Verfahrens gegenüber Störgrößen des elektrischen Niederspannungsnetzes (z. B. Vorschubantrieb) wird belegt.
- **Teilaspekt C2**
  Die Fähigkeit der entwickelten RNN-Modelle zur echtzeitnahen Detektion und Prognose des Verschleißverlaufs an Bohrwerkzeugen über deren gesamte Standzeit mittels Regressionsanalyse wird erfolgreich validiert. Die Abweichung der prognostizierten *VBM* vom tatsächlichen Wert beträgt im Durchschnitt ca. 3 µm. Die Prognosezeit beläuft sich dabei auf weniger als 1 s und ist somit relativ betrachtet zur Standzeit eines Bohrers gering. Das Kriterium der nahezu Echtzeitfähigkeit wird somit erfüllt.
- **Teilaspekt C3**
  Die Eignung elektrischer Stromprofile der Hauptzuleitung der Säulenbohrmaschine mit Abtastfrequenzen > 10 kHz zur Merkmalsgenerierung für die Ermittlung der *VBM* wird belegt.
- **Teilaspekt C4**
  Die Fähigkeit zur dezentralen Prognose des Verschleißverlaufs an Bohrwerkzeugen wird mit dem Versuchsmodell positiv validiert. Es ergeben sich dabei keine nennenswerten Nachteile gegenüber zentralen Rechensystemen.

7 Evaluation des Verfahrens

In Abschnitt 5.1 werden technische und praktische Anforderungen an das Lean-Data-Verfahren sowie das zugehörige Versuchsmodell aufgestellt, die sich aus den Leitlinien (vgl. Abschnitt 1.2) sowie den aus diesen abgeleiteten Zielen (vgl. Abschnitt 1.3) unter Berücksichtigung der Forschungsschwerpunkte dieser Arbeit (vgl. Kapitel 3) ergeben. Basierend auf den Ergebnissen der Validierung des Verfahrens, die im Rahmen dreier unterschiedlicher Anwendungsszenarien erarbeitet wurden (vgl. Kapitel 6), werden die technischen und praktischen Anforderungen nachfolgend überprüft und beurteilt, sodass im Anschluss eine objektive Bewertung und Diskussion der Zielerreichung durchgeführt werden kann.

7.1 Beurteilung der Anforderungserfüllung

In Kapitel 6 werden drei Anwendungsszenarien anhand unterschiedlicher Validierungskriterien kritisch beleuchtet, die auf den Forschungsschwerpunkten (vgl. Kapitel 3) dieser Arbeit basieren. Dabei konnten bereits wesentliche Teilaspekte der im Folgenden aufgeführten Anforderungen als erfüllt bestätigt sowie objektiv anhand allgemein anerkannter Bewertungsmaße überprüft werden (vgl. Unterabschnitt 6.1.6, Unterabschnitt 6.2.6 und Unterabschnitt 6.3.7). Die allgemeine Erfüllung der technischen Anforderungen wird nachfolgend zusammengefasst:

Autonomes Lern- und Anpassungsvermögen

Wie in Unterabschnitt 2.1.5 erläutert und in Tabelle 1 zusammengefasst, erfüllen die in dieser Arbeit eingesetzten KNN die Forderung nach einem autonomen Lern- und Anpassungsvermögen, basierend auf Repräsentationen bzw. Merkmalen von Daten. Das Versuchsmodell integriert die Modellbildung, das Training sowie die Ausführung dieser sowie weiterer KI-Modelle innerhalb eines elektronischen Systems und kommt dieser Anforderung nach. Im Rahmen der Validierung mit dem Versuchsmodell ergibt sich jedoch die Einschränkung, dass Modellierung und Training nicht für jede beliebige Netztopologie bzw. -architektur eines KNN ermöglicht werden können. Dies ist durch die limitierte Rechenleistung bzw. Speichergröße des elektronischen Versuchsmodells begründet, wodurch sehr umfangreiche Netztopologien (z. B. sehr tiefe Netzwerkstrukturen mit großer Neuronenanzahl pro Schicht) bzw. sehr komplexe Netzarchitekturen (z. B. sehr komplexe rekurrente neuronale Netze) nur eingeschränkt modellierbar bzw. trainierbar sind. Es konnte jedoch gezeigt werden, dass diese Einschränkung bei den untersuchten Anwendungsfällen nicht für die Ausführung mit dem Versuchsmodell gilt. Ein Netz mit dieser Einschränkung kann daher extern entwickelt, trainiert und anschließend als gewichtetes Modell auf dem Versuchsmodell implementiert werden, sodass sich für diese Anforderung eine schwerpunktmäßige Erfüllung ergibt.

Datenhomogenität und -kontinuität

Die Schaffung der Datenhomogenität gehört zu der ersten der drei Kernoperationen des Lean-Data-Verfahrens. Diese beginnt mit der Datenakquise, also der messtechnischen Erfassung und Digitalisierung der Stromprofile der Hauptzuleitung einer Anlage bzw. der Stromprofile eines zu untersuchenden Objekts. Neben diesen kontinuierlich erfassten Zeitreihen werden Ereignislabels aufgenommen, die eine zeitsynchrone Annotation eines zustandsrelevanten Kontextes aus anderen Quellen (z. B. Mitarbeitererfahrung, Prozessereignisse) ermöglichen. Durch die Synthese dieser beiden Dateninstanzen entstehen gekennzeichnete (gelabelte) Trainingsdaten. Diese sowie die beiden anderen Kernoperationen

Datennutzbarmachung und Datenverwertung werden mit dem elektronischen Versuchsmodell technisch umgesetzt, wobei die Erfassung der Stromprofile anhand der analogen Eingänge und die Ermittlung der Ereignislabels mit Hilfe der digitalen Eingänge erfolgt (vgl. Abbildung 44). Durch die mit dem Mikrocontroller kontrolliert durchführbare Signalerfassung und -digitalisierung wird eine Kontinuität hinsichtlich der Qualität sowie der Quantität der dabei nutzbargemachten Daten erreicht.

Dezentralität
Das entwickelte Versuchsmodell, auch Sensor- und Auswerteeinrichtung bezeichnet, basiert auf der Prozessarchitektur der ISO 13374 (vgl. Abbildung 41). Die sechs Prozessbestandteile dieser Architektur werden vollständig in ein Sensormodul, ein Vorverarbeitungsmodul und ein Hauptverarbeitungsmodul überführt – diese drei Module sind wiederum Hauptbestandteil des elektronischen Versuchsmodells. Hierzu zählen insbesondere der Einplatinenrechner sowie der Mikrocontroller (vgl. Abbildung 42), welche zusammen mit weiterer Elektronik sowie einer entsprechenden Programmstruktur bzw. Software die Prozessarchitektur der ISO 13374 als dezentrale Sensor- und Auswerteeinrichtung vollständig abbilden. Die Aus- bzw. Weitergabe abgeleiteter Erkenntnisse anhand des autonomen Versuchsmodells an eine übergeordnete Instanz erfolgt mit Hilfe des Einplatinenrechners. Durch dieses Konzept, das in der Summe das Lean-Data-Verfahren abbildet, wird somit eine In-situ-Stromprofilanalyse, also eine vollständige Auswertung der Signale unmittelbar an der Strommessstelle des Objekts, ermöglicht.

Merkmalsextraktionsvermögen anhand von Stromprofilen
Um aussagekräftige Merkmale und Muster aus den homogenisierten Daten (Stromprofile und Ereignislabels) extrahieren zu können, wird eine hohe Signaldatenqualität benötigt. Diese wird mit dem elektronischen Versuchsmodell anhand eines hochperformanten Mikrocontrollers erreicht. Dieser besitzt einen integrierten ADU mit 24 Eingänge, einer Auflösung von bis zu 12 bit und einer maximalen Abtastfrequenz von 1,7 MHz. Die geforderte Abtastfrequenz > 10 kHz für die Erzeugung von Merkmalen kann somit parallel an mehreren analogen Eingängen des elektronischen Versuchsmodells erfolgen. Dies ermöglicht eine mehrdimensionale Messung (z. B. dreiphasig) von Stromprofilen. Die Forderung nach unterschiedlichen Messbereichen (z. B. mA bis kA) wird über die Möglichkeit der Verwendung unterschiedlicher Stromwandlertypen, bspw. über die drei BNC-Anschlüsse, erfüllt. Ein integrierter Tiefpassfilter gewährleistet zudem eine möglichst verzerrungsfreie Signalerfassung. Die eigentliche Merkmalsextraktion erfolgt schließlich ebenfalls mit Hilfe des Mikrocontrollers, auf dem bereits eine Vielzahl an Vorverarbeitungsverfahren im Zeit- und Frequenzbereich vorimplementiert sind (vgl. Tabelle 5).

Nahezu Echtzeitfähigkeit
In Abschnitt 5.1 ist der Begriff der nahezu Echtzeit für den im Rahmen dieser Arbeit betrachteten Anwendungsbereich der zustandsorientierten, voraussagenden Instandhaltung auf einen Grenzwert von $t_{\text{forecast\_max}} = 10\,\text{s}$ festgelegt. Dieser Wert ist noch weit unterhalb der Zeiträume angesiedelt, wie sie bei üblichen Wartungsintervallen vorgesehen sind. Dies entspricht aber nicht einer verzögerungsfreien, tatsächlichen Echtzeit. Die Forderung der Umsetzung des Lean-Data-Verfahrens in nahezu Echtzeit gemäß der aufgestellten Definition bzw. mit minimaler Latenz wird in allen drei Anwendungsszenarien erfüllt. Hierzu trägt auch die Verwendung der Stromprofile als Messgröße bei, die eine nahezu Echtzeitinformationsübertragung vom Zustandsmerkmal am Objekt zum Messpunkt in der Strom-

leitung ermöglichen.

Prädiktives Analytikvermögen
Wie in Unterabschnitt 2.1.3 beschrieben, beschäftigt sich die prädiktive oder vorhersagende Analytik mit datenbasierten Prognosen, ermöglicht durch die Berechnung von Eintrittswahrscheinlichkeiten zukünftiger Ereignisse. Im vorliegenden Fall basieren diese Vorhersagen auf Stromprofilen technischer Anlagen und die prognostizierten Ereignisse beziehen sich auf den Abbaufortschritt bzw. die Ausfallwahrscheinlichkeit eines in diesen Anlagen enthaltenen verschleißbehafteten Objekts im Sinne der zustandsorientierten, voraussagenden Instandhaltung. In zwei der drei Anwendungsszenarien zur Validierung stehen solche Prognosen im Fokus. Sowohl die erfolgreiche Vorhersage der Abnutzung der Bremsbelagstärke und die daraus resultierende Ableitung der Restnutzungsdauer dieser Komponente als auch die exakte Vorhersage der Verschleißmarkenbreite an Bohrwerkzeugen zur optimalen Abschätzung der verbleibenden Nutzungszeit können mit dem Versuchsmodell zuverlässig abgebildet werden.

Analog zu den technischen Anforderungen wird im Folgenden die allgemeine Erfüllung der praktischen Anforderungen beschrieben:

Anwendungsunabhängigkeit bzw. Übertragbarkeit
Das Lean-Data-Verfahren ist zusammen mit dem Versuchsmodell als generische Lösung konzipiert, entwickelt und dementsprechend validiert worden. Das Verfahren wird in dieser Arbeit auf elektrische Stromprofile angewendet. Da moderne Produktionsanlagen heute fast ausschließlich elektrisch betrieben werden, ist die Verfügbarkeit dieser Messgröße besonders hoch und das Verfahren dadurch für sehr viele Untersuchungsobjekte geeignet. Dies spiegelt sich auch in den drei grundverschiedenen Anwendungsszenarien zur Validierung wider (vgl. Kapitel 6). Die Messstelle kann sich dabei direkt in der Hauptzuleitung des Untersuchungsobjekts befinden, es können aber auch Messungen zwischen Frequenzumrichter und Verbraucher als Datengrundlage dienen, wodurch die Anwendungsübertragbarkeit weiter gesteigert wird. Grundsätzlich ist das Verfahren zusammen mit dem Versuchsmodell aber auch ohne weiteres auf andere Messgrößen, die in Form von Zeitreihen dargestellt werden können, adaptierbar. Hierzu muss, neben einer möglichen Anpassung der Vor- und Hauptverarbeitungsverfahren, lediglich ein anderer Messwandler eingesetzt werden. Da der Hauptverarbeitung KI-Verfahren, insbesondere KNN, zugrunde liegen, werden für die Anwendung des Verfahrens keine Kenntnisse über das vorherrschende Prozessmodell vorausgesetzt. Durch die universelle Approximations- und die Generalisierungsfähigkeit von KNN sowie den anwendungsübergreifenden, generischen Charakter des Lean-Data-Verfahrens wird ein hohes Maß an Übertragbarkeit erzielt.

Industrie- und Praxistauglichkeit
Elektrische Stromprofile sind per se in jeder elektrischen Anlage vorhanden und weisen in produzierenden Unternehmen eine hohe Verfügbarkeit auf. Die Kosten für die Messtechnik sind gering, die Installation ist aufwandsarm und kann, so wie auch die Signalaufnahme, während des Anlagenbetriebs erfolgen. Das elektrische Versuchsmodell ist in einem industrietauglichen Gehäusekorpus integriert, der über eine aktive Kühlung sowie die Möglichkeit zur Hutschienenmontage im Schaltschrank verfügt. Anhand der grafischen Benutzeroberfläche kann des Versuchsmodell im Hinblick auf neue Anwendungsfälle konfiguriert und trainiert werden oder es können Ergebnisse abgerufen und visualisiert werden. Durch die integrierten Vor- und Hauptverarbeitungsverfahren werden keine Analysekenntnisse

vorausgesetzt und das heute oftmals vorherrschende nachträgliche und meist aufwändige Data Mining wird vollständig durch das Verfahren abgelöst, indem alle Analysen bereits unmittelbar an der Messstelle ausgeführt werden. In Summe weist das Verfahren ein sehr hohes Maß an Industrie- und Praxistauglichkeit auf, jedoch sind für komplexere Anwendungen individuelle Anpassungen an den Modellen notwendig und die Erzeugung der Ereignislabels erfordert in einigen Fällen ein gewisses Prozesswissen. Zudem ist die Optimierung der Ergebnisse oftmals ein iterativer Prozess, sodass diese Anforderung insgesamt als schwerpunktmäßig erfüllt eingestuft wird.

Prozesssicherheit
Durch das indirekte Messverfahren wird der Bearbeitungsprozess nicht unterbrochen oder gestört. Das Messsystem hat keinen Einfluss auf den Prozess und dessen Sicherheit und Stabilität sind gewährleistet. Ist das Versuchsmodell installiert und das Verfahren erfolgreich an den Prozess adaptiert, kann die Prozesssicherheit sogar gesteigert werden. Dies wird bspw. durch erhöhte Anlagenverfügbarkeiten aufgrund bedarfsorientiert durchgeführter Instandhaltungsmaßnahmen oder reduzierte ungeplante Anlagenstillstände aufgrund einer Vorhersage bevorstehender Defekte verschleißbehafteter Komponenten erreicht. Durch das Lean-Data-Verfahren kann zudem neues, datenbasiertes Prozesswissen extrahiert werden, sodass die Prozesstransparenz insgesamt gesteigert wird, was die Sicherheit und Beherrschbarkeit des Prozesses ebenfalls verbessern kann.

Reduzierung von Verschwendung
Das Lean-Data-Verfahren verfolgt einen dezentralen Ansatz aus dem Gebiet der Edge Analytik und verlegt die zentrale Datenanalyse mit Hilfe des elektronischen Versuchsmodells an die Messstelle in der Anlage (In-situ-Analyse). Alle notwendigen Analyseschritte werden lokal durchgeführt und die Datenmenge dadurch an der Messstelle auf die wesentlichen Inhalte reduziert, sodass nur relevantes Wissen an eine übergeordnete Instanz übersendet bzw. gespeichert wird. Dieser Lean-Data-Ansatz vermeidet nachträgliche Auswertungen sowie die Speicherung großer bzw. unnötiger Datenmengen. Darüber hinaus wird der Datenverkehr zwischen den beteiligten Systemen auf ein Minimum reduziert. Aufgrund des berücksichtigten Data-Mining-Referenzmodells CRISP-DM erfolgen die Datenerhebung, -speicherung und -nutzung zudem bedarfsorientiert und vor dem Hintergrund definierter Geschäftsziele. Wie in Abschnitt 4.1 aufgeführt, kann somit die Verschwendung im Sinne des Lean Management mit der entwickelten Lösung im Vergleich zu den etablierten Big- und Smart-Data-Ansätzen minimiert werden, sodass die Forderung als vollständig erfüllt bewertet wird.

Zuverlässigkeit und Fehlertoleranz
Im Rahmen der Validierung (vgl. Kapitel 6) werden Zuverlässigkeit und Performanz des Lean-Data-Verfahrens mit dem Versuchsmodell anhand dreier Anwendungsszenarien praxisnah erprobt. Dabei kann in allen drei Szenarien eine sehr hohe Zuverlässigkeit des Verfahrens attestiert werden, wobei das angestrebte Zuverlässigkeitskriterium in einem Fall geringfügig unterschritten wird (vgl. Unterabschnitt 6.1.6, Unterabschnitt 6.2.6 und Unterabschnitt 6.3.7). Dennoch kann gezeigt werden, dass mit dem Verfahren reproduzierbare und allgemein verständliche Aussagen (z. B. über den Verschleißgrad einer Komponente) in hinreichender Güte bzw. Genauigkeit, bezogen auf den zugrundeliegenden Anwendungsfall, erzeugt werden können. Durch die verteilte Wissensrepräsentation in der Netzstruktur reagieren die eingesetzten KNN tolerant auf unvollständige oder unbekannte

Daten. Dem Lean-Data-Verfahren wohnt somit eine gewisse Toleranz gegenüber Schwankungen in den Eingangsdaten inne und es beugt fehlerhaften Ausgaben damit teilweise vor. Die Robustheit des Verfahrens bzw. des Versuchsmodells gegenüber Störquellen, wie sie in der industriellen Fertigung vorherrschen, kann ebenfalls anhand der Anwendungsszenarien validiert werden. Das Niederspannungsnetz, das als Informationsquelle für das Verfahren dient, ist mit einer Vielzahl an Störquellen belastet (vgl. Unterabschnitt 2.3.3). In den Fallstudien zeigte sich die Lösung dennoch robust gegenüber Störfaktoren, die bspw. von elektrischen Verbrauchern wie einem Vorschubantrieb ausgehen. Unabhängig vom verwendeten Außenleiter werden stets vergleichbar gute Resultate erzielt und selbst eine Messung zwischen Frequenzumrichter und Antrieb stellt kein Problem für das Versuchsmodell dar. Aufgrund der Einschränkung bei der Erreichung des Zuverlässigkeitskriteriums innerhalb eines Anwendungsszenarios wird diese Anforderung demnach als schwerpunktmäßig erfüllt beurteilt.

Abbildung 81 fast die Beurteilung der Erfüllung der technischen und praktischen Anforderungen übersichtlich zusammen.

Technische Anforderungen		Praktische Anforderungen	
• Autonomes Lern- und Anpassungsvermögen	◕	• Anwendungsunabhängigkeit bzw. Übertragbarkeit	●
• Datenhomogenität und -kontinuität	●	• Industrie- und Praxistauglichkeit	◕
• Dezentralität	●	• Prozesssicherheit	●
• Merkmalsextraktionsvermögen anhand von Stromprofilen	●	• Reduzierung von Verschwendung	●
• Nahezu Echtzeitfähigkeit	●	• Zuverlässigkeit und Fehlertoleranz	◕
• Prädiktives Analytikvermögen	●		

Erfüllungsgrad: ● = vollständig ◕ = schwerpunktmäßig ◒ = teilweise ○ = gering ⊗ = ungenügend

Abb. 81: Beurteilung der technischen und praktischen Anforderungserfüllung

7.2 Bewertung und Diskussion

Die vorliegende Arbeit befasst sich mit der dezentralen Erzeugung von relevantem Produktionswissen aus Stromprofilen technischer Anlagen im Kontext der Instandhaltung und adressiert dabei die Diskrepanz zwischen den zunehmenden Datenmengen mit oftmals geringer Qualität sowie der damit einhergehenden Verschwendung von Potenzialen aufgrund der relativ niedrigen Datennutzungsrate im verarbeiteten Gewerbe.

Das daraus abgeleitete Ziel der Arbeit ist formuliert, als die Schaffung einer vertikalen Datendurchgängigkeit für die dezentrale Bereitstellung von Wissen zur datenbasierten Entscheidungsunterstützung in der zustandsorientierten, voraussagenden Instandhaltung.

Hierfür wurde das Lean-Data-Verfahren entwickelt, das die zentralen Herausforderungen der effizienten Nutzung datenbasierten Wissens in der Produktion (vgl. Abbildung 4) adressiert. Das Verfahren integriert drei wesentliche Kernfunktionen: Die Erfassung von Sensorsignalen an der physischen Messstelle in der Anlage, die dezentrale Aufbereitung und nutzbringende Analyse dieser Signaldaten sowie die Bereitstellung der dabei erzeugten Wissensinhalte für die unmittelbare wertschöpfende Nutzung. Das Lean-Data-Verfahren wurde in einer Sensor- und Auswerteeinrichtung als elektronisches Versuchsmodell technisch umgesetzt. Mit diesem können Stromsignale mit hoher Abtastfrequenz und Auflösung erfasst sowie dezentral und in nahezu Echtzeit aufbereitet und ausgewertet werden, sodass das im Strom vorhandene Wissen lokal extrahiert und ausschließlich Erkenntnisse und somit auf ein Minimum reduzierte Daten (Lean Data) zur weiteren Nutzung an Anwendende übergeben werden. Um dies zu ermöglichen, wurden Methoden der künstlichen Intelligenz, insbesondere künstliche neuronale Netze, modelliert und eingesetzt, die regelmäßige Muster in den Stromprofilen erkennen, Normalzustände erlernen und mögliche Abweichungen in den Signalen zuverlässig detektieren können. Damit wird es dem Verfahren bspw. ermöglicht, zuverlässige Prognosen über den zunehmenden Abbau einer verschleißbehafteten Komponente ohne eine wesentliche zeitliche Latenz zu treffen.

Die Neuartigkeit des entwickelten Verfahrens liegt schließlich in der Komposition aus hochfrequenter Signalerfassung sowie unmittelbarer Datenaufbereitung und -analyse mittels Verfahren der künstlichen Intelligenz ohne Verwendung externer Cloud-Lösungen in einem kompakten System, woraus eine nahezu Echtzeit-Analysefähigkeit und lokale Informationsverdichtung resultieren.[19] Der Einsatz moderner Mikrocontrollertechnologie erlaubt dabei die Signalerfassung mit sehr hoher Auflösung und Abtastfrequenz sowie eine effiziente Datenvorverarbeitung. Aktuelle Einplatinenrechensysteme stellen gleichzeitig ausreichend Speicher- und Rechenkapazität für komplexe Analyseverfahren zur Verfügung.

In Abbildung 81 werden die technischen und die praktischen Anforderungen, die an das Lean-Data-Verfahren bzw. an das Versuchsmodell gestellt werden und sich aus den Leitlinien (vgl. Abschnitt 1.2) sowie den aus diesen abgeleiteten Zielen (vgl. Abschnitt 1.3) unter Berücksichtigung der Forschungsschwerpunkte dieser Arbeit (vgl. Kapitel 3) ergeben, beurteilt. Entsprechend dieser Anforderungserfüllung werden die Ziele der vorliegenden Arbeit als schwerpunktmäßig bzw. vollständig erreicht bewertet.

[19] Das Verfahren wurde am 25.09.2019 zum Patent angemeldet und am 17.06.2021 unter dem Aktenzeichen DE 10 2019 125 873 B4 vom Deutschen Patent- und Markenamt als Patentschrift veröffentlicht [KÜF21a].

8 Zusammenfassung

Digitale Daten sind heute branchenübergreifend omnipräsent. Mit der voranschreitenden digitalen Transformation ist die globale Datensphäre in den vergangenen Jahren exponentiell angewachsen. Die Produktion als Unternehmenssektor leistet einen wesentlichen Beitrag an dieser Entwicklung, der sich in den kommenden Jahren weiter steigern wird. Den zunehmenden Datenmengen steht jedoch deren geringe wirtschaftliche Verwertung gegenüber. Anhand potenziell nützlicher Daten, als Teilmenge der globalen Datensphäre, ergeben sich Chancen für produzierende Unternehmen, bspw. zur Steigerung der Produktivität oder der Ressourceneffizienz. Die Hemmnisse bei deren Erschließung sind jedoch vielfältig und groß. Neben der Quantität spielt zudem die Qualität der Daten eine entscheidende Rolle. Die im Bereich der Produktion verfügbaren Daten sind oftmals unstrukturiert oder lückenhaft. Teilweise existieren die benötigten Daten nicht und müssen erst aufwändig erhoben werden. Eine effiziente Verfügbarmachung potenziell nützlicher Daten, deren gewinnbringende Analyse sowie eine unmittelbare Bereitstellung des daraus abgeleiteten Wissens, wann und wo es benötigt wird, sind dabei die zentralen Herausforderungen.

Aufgrund des globalen Wettbewerbs und einer Zunahme der Produktvielschichtigkeit ist die Komplexität der Produktionssysteme in den vergangenen Jahren gestiegen. Zusammen mit der fortschreitenden Automatisierung resultiert daraus eine Zunahme der Störanfälligkeit dieser Systeme. Die Forderungen nach einer erhöhten Verfügbarkeit sowie steigende Sicherheitsansprüche unterstreichen die Relevanz der Instandhaltung. Die zustandsorientierte, voraussagende Instandhaltung gewinnt damit zunehmend an Bedeutung. Die prädiktive Analytik mittels maschineller Lernverfahren, insbesondere künstlicher neuronaler Netze, liefert für die komplexen Aufgabenstellungen in diesem Bereich der Instandhaltung mögliche Lösungsansätze. Als Messgröße für die Störungsdiagnose sind elektrische Stromprofile prädestiniert. Neben einem hohen instandhaltungsrelevanten Informationsgehalt weisen diese eine universelle Verfügbarkeit in Produktionsanlagen auf und können vergleichsweise kostengünstig erfasst werden. Verfahren zur unmittelbaren Zustandsdetektion, -beurteilung sowie -prognose anhand von Stromprofilen der Hauptzuleitung technischer Anlagen mittels künstlicher neuronaler Netze befinden sich jedoch noch in der Entwicklungsphase, insbesondere in Bezug auf deren Einsatz in eingebetteten Systemen.

Vor diesem Hintergrund wurde in der vorliegenden Arbeit ein Verfahren entwickelt, das sich der dezentralen Erzeugung von relevantem Produktionswissen aus Stromprofilen technischer Anlagen im Kontext der Instandhaltung widmet. Dieses adressiert die Diskrepanz zwischen den stetig steigenden Datenmengen mit oftmals geringer Datenqualität und der damit einhergehenden Verschwendung von Potenzialen aufgrund der relativ geringen Datennutzung in produzierenden Unternehmen. Ziel dieser Entwicklung war die Schaffung einer vertikalen Datenkontinuität in einem elektronischen System – von der Messstelle in der Anlage bis zum Mitarbeitenden der Instandhaltung. Dabei wurde die Absicht verfolgt, eine dezentrale und echtzeitnahe Wissenserzeugung für die datenbasierte Entscheidungsunterstützung in der zustandsorientierten, voraussagenden Instandhaltung zu ermöglichen. Für die Zielerreichung wurden Methoden der echtzeitnahen und der prädiktiven Analytik, insbesondere künstliche neuronale Netze, eingesetzt.

Eingeleitet wurde diese Entwicklung mit der Einführung von Lean Data, einem dezentralen Ansatz, der die Datenwertschöpfung mittels eingebetteter Systeme vollständig an die

Messstelle in der Produktionsanlage verlegt (In-situ-Analyse). Die Daten werden dabei vor Ort auf die wesentlichen Inhalte reduziert, sodass nur relevantes Wissen (schlanke Daten bzw. Lean Data) an Anwendende übermittelt bzw. gespeichert wird. Auf diesem Ansatz basierend wurde das Lean-Data-Verfahren formuliert, das sich aus den drei Kernoperationen Datenhomogenisierung, Datennutzbarmachung sowie Datenverwertung zusammensetzt und ein methodisches Basismodell des Lean-Data-Ansatzes darstellt. Für die Realisierung des Lean-Data-Verfahrens wurden technische und praktische Anforderungen aufgestellt und eine elektronische Sensor- und Auswerteeinrichtung konzipiert sowie prototypisch gefertigt. Diese diente als Versuchsmodell für die praxisorientierte Validierung und Evaluierung des Lean-Data-Verfahrens. Hierzu wurden im Rahmen von drei unterschiedlichen Anwendungsszenarien mit verschiedenen Untersuchungsschwerpunkten experimentelle Erprobungen durchgeführt. Hierbei erfolgte zudem die sukzessive Entwicklung und Optimierung der Modelle der implementierten künstlichen neuronalen Netzwerke.

In der ersten Anwendung wurde das Versuchsmodell zunächst hinsichtlich der Fähigkeit zur Differenzierung von Betriebsszenarien anhand elektrischer Stromprofile der Hauptzuleitung eines Antriebstechniksystems erprobt. Dabei wurden 26 verschiedene Betriebsszenarien mit einer Korrektklassifizierungsrate > 95 % zuverlässig während des Betriebs unterschieden. Die Detektion eines Betriebsszenarios dauerte durchschnittlich weniger als 3,5 s. Im zweiten Anwendungsszenario wurde die Fähigkeit zur Detektion unterschiedlicher Verschleißarten, des Abnutzungsvorrats sowie zur Prognose der Restnutzungsdauer verschleißbehafteter Komponenten anhand eines Systems zur Bremsenverschleißsimulation untersucht. Die Verschleißarten konnten mit einer Korrektklassifizierungsrate > 95 % zuverlässig differenziert werden. Die Detektion des Abnutzungsvorrats anhand sechs diskreter Abnutzungsstufen erfolgte anhand eines rekurrenten neuronalen Netzes mit einer Korrektklassifizierungsrate > 90 %. Hierauf basierend wurde ein Prognosealgorithmus für eine echtzeitnahe, kontinuierliche Vorhersage der Restnutzungsdauer umgesetzt und erfolgreich erprobt. Für die Prognosen wurde der aktuelle Verschleißzustand in regelmäßigen Zeitabständen von 20 ms diagnostiziert. Im dritten Szenario wurde der Bohrerverschleiß an einer Säulenbohrmaschine untersucht. Die Verschleißvorhersage an verschiedenen Bohrern über die Standzeit, basierend auf der Regression eines rekurrenten neuronalen Netzes, wurde dabei erfolgreich mit einer mittleren absoluten prozentualen Abweichung von unter 5 % ermöglicht. Die gemittelte Prognosezeit belief sich auf weniger als 1 s. Die Abweichung des prognostizierten Verschleißes vom tatsächlichen Wert betrug dabei im Durchschnitt ca. 3 µm. Zudem wurde die Robustheit gegenüber im Niederspannungsnetz befindlicher Störquellen validiert.

Basierend auf den Validierungsergebnissen wurde die Anforderungserfüllung evaluiert. Dabei wurde gezeigt, dass das Lean-Data-Verfahren allen Ansprüchen schwerpunktmäßig bis vollständig gerecht wird. Somit wird mit dem Versuchsmodell eine praxisorientierte Umsetzung des Lean-Data-Verfahrens bereitgestellt. Dieses ermöglicht echtzeitnahe Prognosen mittels künstlicher neuronaler Netze anhand elektrischer Stromprofile der Hauptzuleitung von produzierenden Anlagen. Alle Funktionen werden in einem dezentralen System abgebildet, woraus eine vertikale Datenkontinuität resultiert. Insgesamt leistet das Lean-Data-Verfahren einen Beitrag zur zustandsorientierten, voraussagenden Instandhaltung und forciert dabei die Steigerung der Datenwertschöpfung bzw. die Reduzierung der Verschwendung aufgrund ungenutzter Datenpotenziale in produzierenden Unternehmen.

9 Summary

Today digital data is omnipresent across industries. With progressing digital transformation the global data sphere has grown exponentially in recent years. Manufacturing as a business sector is making a significant contribution to this development which will continue to increase in the coming years. However, the increasing amounts of data are in contrast to their low economic exploitation. Potentially useful data, as a subset of the global data sphere, offers opportunities for manufacturing companies, e. g. to increase productivity or resource efficiency. Yet, the challenges to take advantage of these opportunities are manifold and large. In addition to the quantity, the quality of the data also plays an important role. The data available in the area of production is often unstructured or incomplete. In some cases the required data does not exist at all and must first be collected at great expense. Making potentially useful data available, analyzing it profitably, and making the knowledge derived from it immediately available when and where it is needed, are the key challenges here.

Due to global competition and an increase in product diversity, the complexity of production systems has risen in recent years. Together with advancing automation this has resulted in an increase in the susceptibility of these systems to failure. The demands for increased availability as well as rising safety requirements underline the relevance of maintenance. Condition-based, predictive maintenance is thus becoming increasingly important. Predictive analytics using machine learning methods, in particular artificial neural networks, provides possible solutions for the complex tasks in this area of maintenance. Electrical current profiles are predestined as a measurement variable for fault diagnosis. In addition to a high maintenance-relevant information content, they are universally available in technical plants and can be recorded at comparatively low cost. However, methods for direct condition detection, assessment and prognosis based on current profiles in the main supply line of technical plants using artificial neural networks are still in the development phase, especially with regard to their use in embedded systems.

Against this background, a method was developed that is dedicated to the decentralized generation of relevant production knowledge from current profiles of technical plants in the context of predictive maintenance. This addresses the discrepancy between the constantly increasing data volumes with often low data quality and the associated waste of potentials due to the relatively low data utilization in manufacturing companies. Goal of this development was to create a vertical data continuity, from the measuring point in the plant to the maintenance employee, integrated in an electronic system. The intention was to enable decentralized and near real-time knowledge generation for data-based decision support in condition-based, predictive maintenance. Methods of near real-time and predictive analytics, in particular artificial neural networks, are used to achieve this.

The development was initiated with the introduction of lean data, a decentralized approach that completely relocates data value creation to the measuring point in the production plant by means of embedded systems (in-situ analysis). The data is thereby reduced to the essential content on site, so that only relevant knowledge (lean data) is further transmitted. Based on this approach, the lean data method was formulated consisting of three core operations: data homogenization, data utilization, and data exploitation. It represents a basic methodological model of the lean data approach. For the realization of the lean data method technical and practical requirements were established and an electronic sensor and evaluation device was designed and prototyped. This served as an experimental model for the practical validation and evaluation of the lean data method. For this purpose, experimental tests were carried out within the framework of three different application scenarios with different points of investigation. In addition, the models of the implemented artificial neural networks were successively developed and optimized.

In the first application the experimental model was initially tested with regard to its ability to differentiate operating scenarios based on electrical current profiles of the main supply line of a drive technology system. In this case 26 different operating scenarios were reliably classified with a correct classification rate > 95 % during operation. The detection of an operating scenario took less than 3.5 s on average. In the second application scenario the capability to detect different types of wear and the wear reserve as well as the ability to predict the remaining useful life of components subjected to wear was investigated. Therefore, a system for brake wear simulation was used. The wear types could be reliably differentiated with a correct classification rate > 95 %. The detection of the wear reserve with six discrete wear stages by using a recurrent neural network resulted in a correct classification rate > 90 %. Based on this, a prediction algorithm for near real-time, continuous prediction of remaining useful life was implemented and successfully tested. For the predictions the current wear condition was diagnosed at regular time intervals of 20 ms. In the third scenario drill wear on a column drill was investigated. The wear prediction on different drills over the tool life based on the regression of a recurrent neural network was successfully enabled with a mean absolute percentage deviation of less than 5 %. The average prediction time was less than 1 s. The deviation of the predicted wear from the actual value was on average about 3 μm. In addition, the robustness against interference sources located in the low-voltage network was validated.

With the validation results, an assessment of the fulfillment of requirements was carried out. It was shown that the lean data method meets all requirements with minor restrictions. Thus, the experimental model provides a reliable and practice-oriented implementation of the lean data method. This enables near real-time forecasts by means of artificial neural networks based on electrical current profiles of the main supply line of technical plants. All functions are integrated in a decentralized system resulting in vertical data continuity. All in all, the lean data method contributes to condition-based, predictive maintenance and thereby forces an increase in data value creation and respectively a reduction in waste through unused data potentials in manufacturing companies.

10 Abkürzungsverzeichnis

μC	Mikrocontroller
2D	zweidimensional
3D	dreidimensional
Abb.	Abbildung
AC	alternating current (dt. Wechselstrom)
ADAM	adaptive moment estimation
ADU	Analog-Digital-Umsetzer
AI	artificial intelligence
AI	analog input (dt. analoger Eingang)
AK	Abnutzungskoeffizient des Bremsbelags
ARMA	autoregressive moving-average (dt. autoregressiver gleitender Mittelwert)
AV	Abnutzungsvorrat
BARC	Business Application Research Center
bitkom	Bundesverband Informationswirtschaft, Telekommunikation und neue Medien
BMWi	Bundesministerium für Wirtschaft und Energie
BNC	Bayonet Neill Concelman
BS	Betriebsszenarium
bspw.	beispielsweise
bzw.	beziehungsweise
ca.	circa
CAD	computer-aided design
CAGR	compound annual growth rate (dt. jährliche Wachstumsrate)
CAN	controller area network
CCD	charge-coupled device
CDU	Christlich Demokratische Union Deutschlands
CLK	clock (dt. Taktsignal)
CNN	convolutional neural network
Co. KG	Compagnie Kommanditgesellschaft
CPPS	cyber-physisches Produktionssystem
CPS	cyber-physisches System
CRISP-DM	cross industry standard process for data mining
CS	chip select
CWT	continuous wavelet transform (dt. kontinuierliche Wavelet-Transformation)
d. h.	das heißt
DACH	Deutschland, Austria (Österreich) und Confoederatio Helvetica (Schweiz)
DAQ	data acquisition (dt. Datenerfassung)
DC	direct current (dt. Gleichstrom)
DFT	discrete Fourier transform (dt. diskrete Fourier-Transformation)
DI	digital input (dt. digitaler Eingang)
DIN	Deutsches Institut für Normung e. V.
DL	tiefes bzw. mehrschichtiges Lernen (engl. deep learning)
DO	digital output (dt. digitaler Ausgang)
DSP	digitaler Signalprozessor
DT	decision tree (dt. Entscheidungsbaum)
dt.	deutsch
DWT	discrete wavelet transform (dt. diskrete Wavelet-Transformation)
E	Eintrittszeitpunkt einer Störung
E-Feld	elektrisches Feld
E/H-Feld	elektromagnetisches Feld
EB	Exabyte, eine Trillion (10^{18}) Bytes
Eig. Arb.	eigene Arbeit
el.	elektrisch
EN	europäische Norm
engl.	englisch
etc.	et cetera
F	Funktionsstörung
FFT	fast Fourier transform (dt. schnelle Fourier-Transformation)
G	elektrischer Generator
GEN	Genauigkeit (engl. precision)
ggf.	gegebenenfalls
GmbH	Gesellschaft mit beschränkter Haftung
GND	Bezugspotenzial 0 V (engl. ground)
GPIO	general-purpose input/output (dt. Allzweckeingabe/-ausgabe)
GRU	gated recurrent unit

GUI	graphical user interface (dt. grafische Benutzeroberfläche)
H-Feld	magnetisches Feld
HDMI	high definition multimedia interface
HSS	high speed steel (dt. Hochgeschwindigkeitsstahl)
I²C	inter-integrated circuit
IAO	Fraunhofer-Institut für Arbeitswirtschaft und Organisation
IBM	International Business Machines Corporation
IC	integrated circuit (dt. integrierter Schaltkreis)
ICBC	Industrial and Commercial Bank of China
IE	international efficiency
IHK	Industrie- und Handelskammer
Inc.	incorporated
IoT	internet of things (dt. Internet der Dinge)
IPA	Fraunhofer-Institut für Produktionstechnik und Automatisierung
ISO	International Organization for Standardization (dt. Internationale Organisation für Normung)
IT	information technology (dt. Informationstechnik)
Jg.	Jahrgang
JTAG	Joint Test Action Group
k. A.	keine Angabe
Kap.	Kapitel
kB	kilobyte, ein Tausend (10^3) Bytes
KDD	knowledge discovery in databases
KI	künstliche Intelligenz
KKR	Korrektklassifizierungsrate
KMU	kleine und mittlere Unternehmen
KNN	künstliches neuronales Netz
L1, L2, L3	Bezeichnungen der drei Außenleiter
LAN	local area network
LSTM	long short-term memory
M	elektrische Maschine bzw. Motor
MAE	mean absolute error
MAPE	mean absolute percentage error
MB	Megabyte, eine Million (10^6) Bytes
MCSA	motor current signature analysis
min	Minute
MISO	master input, slave output
MIT	Massachusetts Institute of Technology
ML	maschinelles Lernen (engl. machine learning)
MLP	multilayer perceptron (dt. mehrlagiges Perzeptron)
MOSI	master output, slave input
Mrd.	Milliarde
MSE	mean square error
N	Neutralleiter, Sternpunkt
NILM	nonintrusive load monitoring
Nr.	Nummer
NS	Niederspannung
OFDM	orthogonal frequency-division multiplexing
P	potenzielle Störung
PC	personal computer (dt. persönlicher Rechner)
PLC	powerline communication (dt. Powerline Kommunikation)
PSD	power spectral density (dt. spektrale Leistungsdichte)
RBS	Restbelagstärke
ReLU	rectified linear units
REST	representational state transfer
RMS	root mean square (dt. quadratisches Mittel)
RMSE	root mean square error
RNN	rekurrentes neuronales Netz
RUL	remaining useful life (dt. Restnutzungsdauer)
s	Sekunde
SEMMA	sample, explore, modify, model and assess
SEN	Sensitivität (engl. recall)
SPI	serial peripheral interface
STFT	short-time Fourier transform (dt. Kurzzeit-Fourier-Transformation)
SVM	support vector machine (dt. Stützvektormaschine)
Tab.	Tabelle
TPM	Total Productive Maintenance
TQM	Total Quality Management
u. a.	unter anderem
UART	universal asynchronous receiver-transmitter
USB	universal serial bus
v. a.	vor allem

VB	Verschleißszenarium Bremsbelag
VBM	mittlere Verschleißmarkenbreite
VDI	Verein Deutscher Ingenieure e. V.
vgl.	vergleiche
VS	Verschleißszenarium Bremsscheibe
WH	western hemisphere
WLAN	wireless local area network
z. B.	zum Beispiel
ZB	Zettabyte, eine Trilliarde (10^{21}) Bytes
ZF	Zwischen-Frequenz

11 Symbolverzeichnis

Symbol	Einheit	Beschreibung
AK	$\frac{\mu m}{s}$	Abnutzungskoeffizient
AV	%	Abnutzungsvorrat
a_n, b_n	%	Fourier-Koeffizienten
B_{ZF}	Hz	Zwischenfrequenzbandbreite
C	F	elektrische Kapazität
C'	$\frac{F}{km}$	elektrischer Kapazitätsbelag
c	$\frac{m}{s}$	Lichtgeschwindigkeit, $c \approx 300\,000\,000\ \frac{m}{s}$
$\cos\varphi$	-	Leistungsfaktor
D	-	Diagnosemerkmal
D_4, D_5	mm	Bohrerdurchmesser 4 mm bzw. 5 mm
$\vec{E}$	$\frac{V}{m}$	elektrische Feldstärke
F	-	Gesamtstörgröße eines Prozesses
F_1	%	F-Maß
F_e	-	externe Störgröße eines Prozesses
F_i	-	interne Störgröße eines Prozesses
f	Hz	Frequenz
f_0	Hz	Grundfrequenz
f_n	-	falsch negativ
f_p	-	falsch positiv
G	S	elektrischer Leitwert
$g(u)$	-	Aktivierungsfunktion des künstlichen Neurons
G'	$\frac{S}{km}$	elektrischer Ableitungsbelag
GEN	%	Genauigkeit
$\vec{H}$	$\frac{A}{m}$	magnetische Feldstärke
h	-	Fensterfunktion
I	A	Leiterstrom
I_N	A	Neutralleiterstrom
I_S	A	Strangstrom
I_x	A	Effektivwert eines elektrischen Stroms
i_x, $i_x(t)$	A	zeitlich veränderlicher Strom
j	-	imaginäre Einheit
KKR	%	Korrektklassifizierungsrate
L	H	elektrische Induktivität
L'	$\frac{H}{km}$	elektrischer Induktivitätsbelag
l	m	Länge
MAE	-	mittlere absolute Abweichung zur Beurteilung einer Regression
$MAPE$	%	mittlere absolute prozentuale Abweichung zur Beurteilung einer Regression
MSE	-	mittlere quadratische Abweichung zur Beurteilung einer Regression
N	-	natürliches Rauschen
N	-	Abtastwertezahl im Zeitfenster der Länge T
P	W	Wirkleistung
P_{o_1}	W	ohmscher Verbraucher zur Lastsimulation
P_{o_2}	W	ohmscher Verbraucher zur Lastsimulation

Symbol	Einheit	Beschreibung
$P_{\mathrm{o-k}}$	W	ohmsch-kapazitiver Verbraucher zur Lastsimulation
Q	var	Blindleistung
R	Ω	elektrischer Widerstand
R^2	-	Bestimmtheitsmaß zur Beurteilung einer Regression
R'	$\frac{\Omega}{\mathrm{km}}$	elektrischer Widerstandsbelag
r_{n}	-	richtig negativ
r_{p}	-	richtig positiv
RBS	mm	Restbelagstärke
RBS_{aktuell}	mm	aktuelle Restbelagstärke
RBS_{max}	mm	maximale Restbelagstärke, $RBS_{\mathrm{max}} = 1{,}5\,\mathrm{mm}$
$RMSE$	-	Wurzel des MSE zur Beurteilung einer Regression
RUL	s	Restnutzungsdauer
RUL_{max}	s	maximale Bremsbelagnutzungsdauer, $RUL_{\mathrm{max}} = 125$ Minuten
S	VA	Scheinleistung
S_{Δ}	VA	Gesamtscheinleistung bei Dreieckschaltung
S_{Y}	VA	Gesamtscheinleistung bei Sternschaltung
s	-	Analytische Symptome der signalmodell-basierten Störungsdetektion
s_{aktuell}	mm	aktuelle Bremsbelagstärke
SEN	%	Sensitivität
T	s	Periodendauer
t	s	Zeit
t_{classify}	s	Klassifizierungszeit
$t_{\mathrm{forecast\_max}}$	s	maximale Klassifizierungszeit
t_{Sequenz}	s	Zeitdauer einer Sequenz, $t_{\mathrm{Sequenz}} = 1{,}28\,\mathrm{s}$
U	V	Leiterspannung
U_{S}	V	Strangspannung
U_x	V	Effektivwert einer elektrischen Spannung
u	-	Aktivierungspotenzial des künstlichen Neurons
$u_x,\ u_x(t)$	V	zeitlich veränderliche Spannung
VBM	µm	mittlere Verschleißmarkenbreite
w_{i}	-	synaptische Gewichte
X	-	Eingangsgröße
$x,\ y$	-	Signale, insbesondere Ein- und Ausgangssignale
X_C	Ω	kapazitiver Blindwiderstand, kapazitive Reaktanz
$\underline{X}(f)$	Vs	Frequenzspektrum
$\lvert\underline{X}(f)\rvert$	Vs	Amplitudenspektrum
X_L	Ω	induktiver Blindwiderstand, induktive Reaktanz
x_{std}	-	standardisiertes Merkmal
Y	-	Ausgangsgröße
$\hat{Y}_i$	-	Vektor der vorhergesagten Werte einer Regression
Y_0	-	Ausgangsgröße der signalmodell-basierten Störungsdetektion
Y_i	-	Vektor der tatsächlichen Werte einer Regression
Y_{T}	S	Queradmittanz im T-Ersatzschaltbild
Y_{π}	S	Queradmittanz im π-Ersatzschaltbild
Z	Ω	elektrische Impedanz, Wechselstromwiderstand

Symbol	Einheit	Beschreibung
Z	-	Zustandsmerkmal
Z_0	Ω	Wellenwiderstand des Vakuums
Z_{T}	Ω	Längsimpedanz im T-Ersatzschaltbild
Z_{W}	Ω	elektrische Wellenimpedanz
Z_{π}	Ω	Längsimpedanz im π-Ersatzschaltbild
Δ	-	mathematischer Operator: Differenz
α	m^{-1}	Dämpfungskoeffizient
β	$\frac{\mathrm{rad}}{\mathrm{m}}$	Phasenkoeffizient
γ	m^{-1}	Fortpflanzungskoeffizient
θ	-	Schwellwert (engl. bias)
μ_0	$\frac{\mathrm{N}}{\mathrm{A}^2}$	magnetische Feldkonstante, $\mu_0 \approx 4\pi\ 10^{-7}\ \frac{\mathrm{N}}{\mathrm{A}^2}$
μ_x	-	Mittelwerte der Merkmalsspalte
ξ_t, ξ_ω	%	Standardabweichungen (Unschärferelation)
π	-	Kreiszahl, $\pi \approx 3,14$
σ_x	-	Standardabweichung der Merkmalsspalte
τ	s	Zeit
φ	deg, $^\circ$	Phasenwinkel
ω	s^{-1}	Kreisfrequenz

12 Abbildungsverzeichnis

13 Tabellenverzeichnis

Literaturverzeichnis

[AAM95] AAMODT, A. & NYGÅRD, M. 1995. *Different roles and mutual dependencies of data, information, and knowledge — An AI perspective on their integration*. In: *Data & Knowledge Engineering*, Jg. 16 (Nr. 3), S. 191–222. ISSN: 0169-023X. DOI: 10.1016/0169-023X(95)00017-M.

[ABA15] ABADI, M. ET AL. 2015. *TensorFlow: Large-Scale Machine Learning on Heterogeneous Distributed Systems*.
Online verfügbar: www.arxiv.org/pdf/1603.04467v2 (Letzter Aufruf: 3.6.2021).

[AGA20] AGARWAL, B.; NAYAK, R.; MITTAL, N. & PATNAIK, S. 2020. *Deep Learning-Based Approaches for Sentiment Analysis*. Singapore: Springer Singapore. ISBN: 978-981-15-1215-5. DOI: 10.1007/978-981-15-1216-2.

[ALF17] ALFES, S. 2017. *Modell- und signalbasierte Fehlerdiagnose eines automatisierten Nutzfahrzeuggetriebes für den Off-Board und On-Board Einsatz*. Dissertation. Technische Universität Darmstadt.

[ANS19] ANSARI, F. & GLAWAR, R. 2019. *Knowledge based Maintenance*. In: MATYAS, K., Hrsg. *Instandhaltungslogistik. Qualität und Produktivität steigern*. 7., erweiterte Auflage. München: Carl Hanser Fachbuchverlag, S. 318–342. ISBN: 978-3-446-45763-8.

[APE18] APEL, H. & WULF, G. 2018. *Instandhaltungs- und Servicemanagement – Überblick*. In: APEL, H., Hrsg. *Instandhaltungs- und Servicemanagement. Systeme mit Industrie 4.0*. München: Hanser, S. 17–41. ISBN: 978-3-446-45323-4.

[AZE08] AZEVEDO, A. & SANTOS, M. F. 2008. *KDD, SEMMA and CRISP-DM: a parallel overview*. In: ABRAHAM, A., Hrsg. *IADIS European Conference on Data Mining. Proceedings*. Amsterdam: S. 182–185. ISBN: 978-972-8924-63-8.

[BAC16] BACKHAUS, K.; ERICHSON, B.; PLINKE, W. & WEIBER, R. 2016. *Multivariate Analysemethoden. Eine anwendungsorientierte Einführung*. 14., überarbeitete und aktualisierte Auflage, Berlin und Heidelberg: Springer Gabler. ISBN: 978-3-662-46075-7. DOI: 10.1007/978-3-662-46076-4.

[BAL18] BALDASSARRE, M. T.; CABALLERO, I.; CAIVANO, D.; RIVAS GARCIA, B. & PIATTINI, M. 2018. *From Big Data to Smart Data: A Data Quality Perspective*. In: BUCCHIARONE, A.; MONGIELLO, M.; NOCERA, F. & SHENG, M., Hrsg. *Proceedings of the 1st ACM SIGSOFT International Workshop on Ensemble-Based Software Engineering - EnSEmble 2018*. New York, USA: ACM Press, S. 19–24. ISBN: 978-1-4503-6054-8. DOI: 10.1145/3281022.3281026.

[BAR09] BARELLI, L.; BIDINI, G.; BURATTI, C. & MARIANI, R. 2009. *Diagnosis of internal combustion engine through vibration and acoustic pressure non-intrusive measurements*. In: *Applied Thermal Engineering*, Jg. 29 (Nr. 8-9), S. 1707–1713. ISSN: 1359-4311. DOI: 10.1016/j.applthermaleng.2008.07.025.

[BAU10] BAUER, M.; SIGLE, M. & DOSTERT, K. 2010. *Evaluation von PLC-Übertragungssystemen für Smart Metering. Evaluation of PLC Systems for Smart Metering*. In: *tm - Technisches Messen*, Jg. 77 (Nr. 10), S. 516–523. ISSN: 0171-8096. DOI: 10.1524/teme.2010.0082.

[BEC19] BECKER, W. 2019. *Konzeption und Aufbau eines Prüfstandes zur Simulation und Analyse von Verschleißzuständen an Bremssystemen*. Betreuer: Thomas Küfner, Universität Bayreuth, Lehrstuhl Umweltgerechte Produktionstechnik, unveröffentlichte Masterarbeit.

[BEH03] BEHNKE, S. 2003. *Hierarchical Neural Networks for Image Interpretation*. Berlin, Heidelberg: Springer Berlin Heidelberg. ISBN: 978-3-540-40722-5. DOI: 10.1007/b11963.

[BEN13] BENGIO, Y.; COURVILLE, A. & VINCENT, P. 2013. *Representation learning: a review and new perspectives*. In: *IEEE transactions on pattern analysis and machine intelligence*, Jg. 35 (Nr. 8), S. 1798–1828. DOI: 10.1109/TPAMI.2013.50.

[BER18] BERTAGNOLLI, F. 2018. *Lean Management. Einführung und Vertiefung in die japanische Management-Philosophie*. Wiesbaden: Springer Gabler. ISBN: 978-3-658-13123-4. DOI: 10.1007/978-3-658-13124-1.

[BER19] BERNERSTÄTTER, R. April 2019. *Reifegradmodell zur Bewertung der Inputfaktoren für datenanalytische Anwendungen-Konzeptionierung am Beispiel der Schwachstellenanalyse*. Dissertation. Montanuniversität Leoben.

[BHU14] BHUIYAN, M.; CHOUDHURY, I. A. & DAHARI, M. 2014. *Monitoring the tool wear, surface roughness and chip formation occurrences using multiple sensors in turning*. In: *Journal of Manufacturing Systems*, Jg. 33 (Nr. 4), S. 476–487. ISSN: 0278-6125. DOI: 10.1016/j.jmsy.2014.04.005.

[BIA16] BIANSOONGNERN, S. & PLANGKLANG, B. 2016. *Nonintrusive load monitoring (NILM) using an Artificial Neural Network in embedded system with low sampling rate*. In: IEEE, Hrsg. *13th International Conference on Electrical Engineering/Electronics, Computer, Telecommunications and Information Technology (ECTI-CON)*. IEEE, S. 1–4. ISBN: 978-1-4673-9749-0. DOI: 10.1109/ECTICon.2016.7561398.

[BIB20] BIBLIOGRAPHISCHES INSTITUT GMBH. 2020. *Echtzeit*. DUDENVERLAG.
Online verfügbar: www.duden.de/rechtschreibung/Echtzeit (Letzter Aufruf: 12.9.2020).

[BLA15] BLAMEUSER, R.; GALONSKE, M. & GEHRMANN, S. 2015. *Gegenwart und Zukunft der technischen Instandhaltung. Die technische Instandhaltung im Zeitalter von Industrie 4.0*. BEARINGPOINT GMBH.
Online verfügbar: www.bearingpoint.com/de-de/unser-erfolg/insights/gegenwart-und-zukunft-der-technischen-instandhaltung/ (Letzter Aufruf: 6.10.2019).

[BLU08] BLUSCHKE, A. & MATTHEWS, M. 2008. *Zugangssysteme. Übertragungsmedium Stromversorgungsleitungen (Powerline)*. In: FROHBERG, W. & BLUSCHKE, A., Hrsg. *Taschenbuch der Nachrichtentechnik. Mit 57 Tabellen*. 1. Aufl. s.l.: Carl Hanser Fachbuchverlag, S. 293–319. ISBN: 978-3-446-41602-4.

[BOD06] BODENDORF, F. 2006. *Daten- und Wissensmanagement*. 2., aktualisierte und erweiterte Auflage, Berlin, Heidelberg: Springer-Verlag Berlin Heidelberg. ISBN: 978-3-540-28743-8. DOI: 10.1007/3-540-28682-9.

[BOG13] BOGUE, R. 2013. *Sensors for condition monitoring: a review of technologies and applications*. In: *Sensor Review*, Jg. 33 (Nr. 4), S. 295–299. ISSN: 0260-2288. DOI: 10.1108/SR-05-2013-675.

[BON99] BONNETT, A. H. 1999. *Understanding motor shaft failures*. In: *IEEE Industry Applications Magazine*, Jg. 5 (Nr. 5), S. 25–41. DOI: 10.1109/2943.783120.

[BOO11] BOOG, M. 2011. *Steigerung der Verfügbarkeit mobiler Arbeitsmaschinen durch Betriebslasterfassung und Fehleridentifikation an hydrostatischen Verdrängereinheiten*. Dissertation. Hannover, Karlsruhe: Technische Informationsbibliothek u. Universitätsbibliothek und KIT Scientific Publishing. ISBN: 978-3-86644-600-7.

[BRA19] BRAUCKMANN, O. 2019. *Big Data - Daten als Rohstoff der Zukunft*. In: BRAUCKMANN, O., Hrsg. *Digitale Revolution in der industriellen Fertigung – Denkansätze*. Berlin, Heidelberg: Springer Berlin Heidelberg, S. 105–111. ISBN: 978-3-662-58036-3. DOI: 10.1007/978-3-662-58037-0_7.

[BRE03] BRECHMANN, G.; DZIEIA, M.; HÖRNEMANN, E.; HÜBSCHER, H.; JAGLA, D.; KLAUE, J. & WICKERT, H. 2003. *Elektrotechnik. Tabellen, Energieelektronik*. Braunschweig: Westermann. ISBN: 3-14-225035-2.

[BRE14] BRECHER, C.; HERFS, W.; HEYER, C. & TRIEBS, J. 2014. *Maschinenelemente und Baugruppen*. In: NEUGEBAUER, R., Hrsg. *Handbuch Ressourcenorientierte Produktion*. München: Hanser, S. 495–526. ISBN: 978-3-446-43008-2.

[BRI90] BRINKSMEIER, E. 1990. *Prediction of Tool Fracture in Drilling*. In: *CIRP Annals*, Jg. 39 (Nr. 1), S. 97–100. ISSN: 0007-8506. DOI: 10.1016/S0007-8506(07)61011-7.

[BRÜ15] BRÜHL, V. 2015. *Wirtschaft des 21. Jahrhunderts. Herausforderungen in der Hightech-Ökonomie*. 1. Aufl. 2015, Wiesbaden: Springer Fachmedien Wiesbaden. ISBN: 978-3-658-04882-2. DOI: 10.1007/978-3-658-04883-9.

[BUN15] BUNDESMINISTERIUM FÜR WIRTSCHAFT UND ENERGIE. April 2015. *Industrie 4.0 und Digitale Wirtschaft. Impulse für Wachstum, Beschäftigung und Innovation*.
Online verfügbar: www.bmwi.de/Redaktion/DE/Publikationen/Industrie/industrie-4-0-und-digitale-wirtschaft.pdf%3F__blob%3DpublicationFile%26v%3D3 (Letzter Aufruf: 21.6.2020).

[BUN18] BUNDESREGIERUNG. November 2018. *Strategie Künstliche Intelligenz der Bundesregierung.* Online verfügbar: www.bmbf.de/files/Nationale_KI-Strategie.pdf (Letzter Aufruf: 20.9.2020).

[BUR17] BURGER, A.; LANG, A. & MÜLLER, Y. 2017. *Mögliche Veränderungen von System-Architekturen im Bereich der Produktion.* In: ANDELFINGER, V. P., Hrsg. *Industrie 4.0. Wie cyber-physische Systeme die Arbeitswelt verändern.* Wiesbaden: Springer Fachmedien Wiesbaden, S. 57–68. ISBN: 978-3-658-15556-8.

[BUR97] BURTH, M.; RÖPKE, K. & FILBERT, D. 1997. *Diagnose von Universalmotoren mit Hilfe des Strom- und Vibrationssignals (Teil 2).* In: *tm - Technisches Messen*, Jg. 64 (Nr. k. A.), ISSN: 0171-8096. DOI: 10.1524/teme.1997.64.jg.47.

[BUX19] BUXMANN, P. & SCHMIDT, H. 2019. *Grundlagen der Künstlichen Intelligenz und des Maschinellen Lernens.* In: BUXMANN, P. & SCHMIDT, H., Hrsg. *Künstliche Intelligenz. Mit Algorithmen zum wirtschaftlichen Erfolg.* Berlin, Heidelberg: Springer Berlin Heidelberg, S. 3–19. ISBN: 978-3-662-57567-3. DOI: 10.1007/978-3-662-57568-0_1.

[BYR95] BYRNE, G.; DORNFELD, D.; INASAKI, I.; KETTELER, G.; KÖNIG, W. & TETI, R. 1995. *Tool Condition Monitoring (TCM) — The Status of Research and Industrial Application.* In: *CIRP Annals*, Jg. 44 (Nr. 2), S. 541–567. ISSN: 0007-8506. DOI: 10.1016/S0007-8506(07)60503-4.

[CAN86] CANNY, J. 1986. *A Computational Approach to Edge Detection.* In: *IEEE transactions on pattern analysis and machine intelligence*, Jg. PAMI-8 (Nr. 6), S. 679–698. ISSN: 0162-8828. DOI: 10. 1109/TPAMI.1986.4767851.

[CHA00] CHAPMAN, P.; CLINTON, J.; KERBER, R.; KHABAZA, T.; REINARTZ, T.; SHEARER, C. & WIRTH, R. 2000. *CRISP-DM 1.0. Step-by-step data mining guide.* SPSS INC. Online verfügbar: ftp://ftp.software.ibm.com/software/analytics/spss/support/Modeler/Documentation/14/UserManual/CRISP-DM.pdf (Letzter Aufruf: 7.6.2020).

[CHO10] CHO, S.; BINSAEID, S. & ASFOUR, S. 2010. *Design of multisensor fusion-based tool condition monitoring system in end milling.* In: *The International Journal of Advanced Manufacturing Technology*, Jg. 46 (Nr. 5-8), S. 681–694. ISSN: 0268-3768. DOI: 10.1007/s00170-009-2110-z.

[CHO14] CHO, K.; VAN MERRIENBOER, B.; GULCEHRE, C.; BAHDANAU, D.; BOUGARES, F.; SCHWENK, H. & BENGIO, Y. Juni 2014. *Learning Phrase Representations using RNN Encoder–Decoder for Statistical Machine Translation.* In: ALESSANDRO MOSCHITTI, Q. C. R. I.; BO PANG, G. & WALTER DAELEMANS, U. o. A., Hrsg. *Proceedings of the 2014 Conference on Empirical Methods in Natural Language Processing (EMNLP).* Stroudsburg, PA, USA: Association for Computational Linguistics, S. 1724–1734. DOI: 10.3115/v1/D14-1179.

[CHO15] CHOLLET, F. & WEITERE. 2015. *Keras.* Online verfügbar: www.keras.io (Letzter Aufruf: 3.6.2021).

[CHU14] CHUNG, J.; GULCEHRE, C.; CHO, K. & BENGIO, Y. Dezember 2014. *Empirical Evaluation of Gated Recurrent Neural Networks on Sequence Modeling.* Online verfügbar: www.arxiv.org/pdf/1412.3555v1 (Letzter Aufruf: 12.3.2021).

[CHU18] CHUANGWEN, X.; JIANMING, D.; YUZHEN, C.; HUAIYUAN, L.; ZHICHENG, S. & JING, X. 2018. *The relationships between cutting parameters, tool wear, cutting force and vibration.* In: *Advances in Mechanical Engineering*, Jg. 10 (Nr. 1), S. 1–14. ISSN: 1687-8140. DOI: 10.1177/1687814017750434.

[COT10] COTTON, N. J. 2010. *A Neural Network Implementation on Embedded Systems.* Dissertation. Auburn, Alabama.

[CRA15] CRASTAN, V. 2015. *Elektrische Energieversorgung 1. Netzelemente, Modellierung, stationäres Verhalten, Bemessung, Schalt- und Schutztechnik.* 4. Aufl., Heidelberg: Springer. ISBN: ISBN 978-3-662-45984-3.

[DAV07] DAVENPORT, T. H. & HARRIS, J. G. 2007. *Competing on analytics. The new science of winning.* Boston, Massachusetts: Harvard Business School Press. ISBN: 978-1-4221-0332-6.

[DIE03] DIEBOLD, F. X. 2003. *"Big Data" Dynamic Factor Models for Macroeconomic Measurement and Forecasting: A Discussion of the Papers by Lucrezia Reichlin and by Mark W. Watson*. In: DEWATRIPONT, M.; HANSEN, L. P. & TURNOVSKY, S. J., Hrsg. *Advances in Economics and Econometrics*. Cambridge: Cambridge University Press, S. 115–122. ISBN: 978-0-51161-026-4. DOI: 10.1017/CBO9780511610264.005.

[DIE19] DIEBOLD, F. X. 2019. *On the Origin(s) and Development of "Big Data": The Phenomenon, the Term, and the Discipline**. PENN INST. FOR ECONOMIC RESEARCH, UNIVERSITY OF PENNSYLVANIA.
Online verfügbar: www.sas.upenn.edu/~fdiebold/papers/paper112/Diebold_Big_Data.pdf (Letzter Aufruf: 12.7.2020).

[DIM00] DIMLA, D. E. & LISTER, P. M. 2000. *On-line metal cutting tool condition monitoring*. In: *International Journal of Machine Tools and Manufacture*, Jg. 40 (Nr. 5), S. 739–768. ISSN: 0890-6955. DOI: 10.1016/S0890-6955(99)00084-X.

[DIN08] DING, S. X. 2008. *Model-based Fault Diagnosis Techniques. Design Schemes, Algorithms, and Tools*. Berlin, Heidelberg: Springer-Verlag Berlin Heidelberg. ISBN: 978-3-540-76303-1. DOI: 10.1007/978-3-540-76304-8.

[DIN12] DIN DEUTSCHES INSTITUT FÜR NORMUNG. 2012. *DIN 31051:2012-09 Grundlagen der Instandhaltung*. Berlin: Sep./2012.

[DIN18a] DIN DEUTSCHES INSTITUT FÜR NORMUNG. 2018. *DIN EN 13306:2018-02 Instandhaltung – Begriffe der Instandhaltung*. Berlin: Feb./2018.

[DIN18b] DIN DEUTSCHES INSTITUT FÜR NORMUNG. 2018. *DIN ISO 13379-1:2018-02 Zustandsüberwachung und -diagnostik von Maschinen – Verfahren zur Dateninterpretation und Diagnostik – Teil 1: Allgemeine Anleitungen*. Berlin: Feb./2018.

[DIN19] DIN DEUTSCHES INSTITUT FÜR NORMUNG. 2019. *DIN 31051:2019-06 Grundlagen der Instandhaltung*. Berlin: Juni/2019.

[DÖB18] DÖBEL, I.; LEIS, M.; VOGELSANG, M. M.; WELZ, J.; NEUSTROEV, D.; PETZKA, H.; RIEMER, A.; PÜPING, S.; VOSS, A. & WEGELE, M. 2018. *Maschinelles Lernen. Eine Analyse zu Kompetenzen, Forschung und Anwendung*. FRAUNHOFER-GESELLSCHAFT.
Online verfügbar: https://www.bigdata.fraunhofer.de/content/dam/bigdata/de/documents/Publikationen/Fraunhofer_Studie_ML_201809.pdf (Letzter Aufruf: 27.9.2020).

[DÖR18] DÖRN, S. 2018. *Programmieren für Ingenieure und Naturwissenschaftler*. Berlin, Heidelberg: Springer. ISBN: 978-3-662-54303-0. DOI: 10.1007/978-3-662-54304-7.

[DOU01] DOUG LANEY. Februar 2001. *3D Data Management: Controlling Data Volume, Velocity, and Variety. Application Delivery Strategies*. META GROUP INC.
Online verfügbar: blogs.gartner.com/doug-laney/files/2012/01/ad949-3D-Data-Management-Controlling-Data-Volume-Velocity-and-Variety.pdf (Letzter Aufruf: 14.7.2020).

[DRA09] DRAGOMIR, O. E.; GOURIVEAU, R.; DRAGOMIR, F.; MINCA, E. & ZERHOUNI, N. August 2009. *Review of prognostic problem in condition-based maintenance*. In: IEEE, Hrsg. *2009 European Control Conference (ECC)*. IEEE, S. 1587–1592. ISBN: 978-3-9524173-9-3. DOI: 10.23919/ECC.2009.7074633.

[DUK19] DUKINO, C.; FRIEDRICH, M.; GANZ, W.; HÄMMERLE, M.; KÖTTER, F.; MEIREN, T.; NEUHÜTTLER, J.; RENNER, T.; SCHULER, S. & ZAISER, H. 2019. *Künstliche Intelligenz in der Unternehmenspraxis. Studie zu Auswirkungen auf Dienstleistung und Produktion*. BAUER, W.; GANZ, W.; HÄMMERLE, M. & RENNER, T.
Online verfügbar: publica.fraunhofer.de/eprints/urn_nbn_de_0011-n-5724647.pdf (Letzter Aufruf: 24.9.2020).

[DUM13] DUMBILL, E. März 2013. *Making Sense of Big Data*. In: *Big Data*, Jg. 1 (Nr. 1), S. 1–2. ISSN: 2167-6461.

[DYK16] DYKAS, B. & HARRIS, J. 2016. *Acoustic Emission Sensing for Maritime Diesel Engine Performance and Health*. Defence Science and Technology Group. DOI: 10.13140/RG.2.2.35517.46564.

[DZI18] DZIEIA, M.; HÜBSCHER, H.; JAGLA, D.; KLAUE, J.; PETERSEN, H.-J. & WICKERT, H. 2018. *Elektronik Tabellen – Betriebs- und Automatisierungstechnik*. 3. Auflage, Braunschweig: Westermann. ISBN: 978-3-14-235015-8.

[ECK07] ECKERSON, W. W. Januar 2007. *Predictive Analytics. Extending the Value of Your Data Warehousing Investment*. THE DATA WAREHOUSING INSTITUTE TDWI.
Online verfügbar: www.tdwi.org/research/2007/01/bpr-1q-predictive-analytics.aspx?tc=page0&tc=assetpg (Letzter Aufruf: 4.7.2020).

[EIC11] EICK, C.; REICHEL, J. & SCHMIDT, P. Februar 2011. *Instandhaltung des Kapitalstocks in Deutschland. Rolle und volkswirtschaftliche Bedeutung*. FOKUS INSTANDHALTUNG & FRANKFURT SCHOOL OF FINANCE & MANAGEMENT.
Online verfügbar: https://docplayer.org/67074960-Instandhaltung-des-kapitalstocks-in-deutschland.html (Letzter Aufruf: 6.10.2019).

[EL 00] EL HACHEMI BENBOUZID, M. 2000. *A review of induction motors signature analysis as a medium for faults detection*. In: *IEEE Transactions on Industrial Electronics*, Jg. 47 (Nr. 5), S. 984–993. DOI: 10.1109/41.873206.

[ESU16] ESU, O.-O. O. April 2016. *Vibration-based condition monitoring of wind turbine blades*. Dissertation. Loughborough University.

[FAL14] FALKENBERG, G.; KISKER, H.; URBANSKI, J. & WEBER, M. 2014. *Big-Data-Technologien – Wissen für Entscheider. Leitfaden*. BITKOM - BUNDESVERBAND INFORMATIONSWIRTSCHAFT, TELEKOMMUNIKATION UND NEUE MEDIEN E. V.
Online verfügbar: www.bitkom.org/sites/default/files/file/import/140228-Big-Data-Technologien-Wissen-fuer-Entscheider.pdf (Letzter Aufruf: 2.8.2020).

[FAY96] FAYYAD, U. M. 1996. *Data mining and knowledge discovery: making sense out of data*. In: *IEEE Expert*, Jg. 11 (Nr. 5), S. 20–25. ISSN: 0885-9000. DOI: 10.1109/64.539013.

[FOR10] FORBES INC. April 2010. *The Global 2000*. FORBES MEDIA LLC.
Online verfügbar: www.forbes.com/lists/2010/18/global-2000-10_The-Global-2000_Rank_print.html (Letzter Aufruf: 20.6.2020).

[FRY13] FRYE, S.; STEFFEN, M. & DEUSE, J. 2013. *„The only Source of Knowledge is Experience“. Didaktische Konzeption und methodische Gestaltung von Lehr-Lern-Prozessen in Lernfabriken zur Aus- und Weiterbildung im Industrial Engineering*. In: TEKKAYA, A. E., Hrsg. *Innovationen für die Zukunft der Lehre in den Ingenieurwissenschaften*. Aachen: TeachING-LearnING.EU, S. 117–127. ISBN: 978-3-9814593-5-7.

[FUC10] FUCHS-KITTOWSKI, K. 2010. *Wissens-Ko-Produktion – Organisationsinformatik*. In: FUCHS-KITTOWSKI, K.; PARTHEY, H.; UMSTÄTTER, W. & WAGNER-DÖBLER, R., Hrsg. *Organisationsinformatik und Digitale Bibliothek in der Wissenschaft. Wissenschaftsforschung Jahrbuch 2000*. 2. Auflage. Berlin: Gesellschaft für Wissenschaftsforschung e.V. c/o Inst. f. Bibliotheks- und Informationswissenschaft der Humboldt-Universität zu Berlin, S. 9–88. ISBN: 978-3-934682-53-5.

[GAN12] GANTZ, J. & REINSEL, D. Dezember 2012. *The Digital Universe in 2020: Big Data, Bigger Digital Shadows, and Biggest Growth in the Far East*. INTERNATIONAL DATA CORPORATION & EMC CORPORATION.
Online verfügbar: www.cs.princeton.edu/courses/archive/spring13/cos598C/idc-the-digital-universe-in-2020.pdf (Letzter Aufruf: 2.7.2020).

[GAN13a] GANSCHAR, O.; GERLACH, S.; HÄMMERLE, M.; KRAUSE, T. & SCHLUND, S. 2013. *Abkürzungsverzeichnis*. In: SPATH, D., Hrsg. *Produktionsarbeit der Zukunft – Industrie 4.0. Studie*. Stuttgart: Fraunhofer-Verl., ISBN: 978-3-8396-0570-7.

[GAN13b] GANSCHAR, O.; GERLACH, S.; HÄMMERLE, M.; KRAUSE, T. & SCHLUND, S. 2013. *Ausgangssituation der Studie*. In: SPATH, D., Hrsg. *Produktionsarbeit der Zukunft – Industrie 4.0. Studie*. Stuttgart: Fraunhofer-Verl., S. 14–24. ISBN: 978-3-8396-0570-7.

[GAR20] GARTNER INC. Juli 2020. *Gartner Glossary. Big Data*.
Online verfügbar: www.gartner.com/en/information-technology/glossary/big-data (Letzter Aufruf: 14.7.2020).

[GEI12] GEISBERGER, E. & BROY, M. 2012. *agendaCPS. Integrierte Forschungsagenda Cyber-Physical Systems*. Berlin und Heidelberg: Springer. ISBN: 978-3-642-29098-5. DOI: 10.1007/978-3-642-29099-2.

[GÉR18] GÉRON, A. 2018. *Praxiseinstieg Machine Learning mit Scikit-Learn und TensorFlow. Konzepte, Tools und Techniken für intelligente Systeme*. 1. Auflage, Heidelberg: O'Reilly. ISBN: 978-3-96009-061-8.

[GES14] GESSLER, R. 2014. *Entwicklung eingebetteter Systeme. Vergleich von Entwicklungsprozessen für FPGA- und Mikroprozessor-Systeme – Entwurf auf Systemebene*. Wiesbaden: Springer Vieweg. ISBN: 978-3-8348-1317-6.

[GHA19] GHATAK, A. 2019. *Deep learning with R*. ISBN: 978-981-13-5849-4.

[GLA19] GLAWAR, R. & NEMETH, T. 2019. *Innovative Trends und Technologien im Bereich Instandhaltungsplanung*. In: MATYAS, K., Hrsg. *Instandhaltungslogistik. Qualität und Produktivität steigern*. 7., erweiterte Auflage. München: Carl Hanser Fachbuchverlag, S. 299–317. ISBN: 978-3-446-45763-8.

[GÖL17] GÖLZER, P. 2017. *Big Data in Industrie 4.0 – Eine strukturierte Aufarbeitung von Anforderungen, Anwendungsfällen und deren Umsetzung*. Dissertation. Friedrich-Alexander-Universität Erlangen-Nürnberg (FAU).

[GON17] GONÇALVES, A. 2017. *Social media analytics strategy. Using data to optimize business performance*. Las Vegas, Nevada, USA: Apress. ISBN: 978-1-4842-3101-2.

[GRI18] GRINBERG, M. 2018. *Flask web development. Developing web applications with Python*. Second edition, Sebastopol: O'Reilly. ISBN: 978-1-49199-173-2.

[GRI99] GRIMMELIUS, H. T.; MEILER, P. P.; MAAS, H.; BONNIER, B.; GREVINK, J. S. & VAN KUILENBURG, R. F. 1999. *Three state-of-the-art methods for condition monitoring*. In: *IEEE Transactions on Industrial Electronics*, Jg. 46 (Nr. 2), S. 407–416. DOI: 10.1109/41.753780.

[GRO13] GRONAU, N.; WEBER, N. & FOHRHOLZ, C. 2013. *Forschungsstudie 2013 – Wettbewerbsfaktor Analytics – Reifegrad ermitteln, Wirtschaftlichkeitspotenziale entdecken*. Berlin: GITO mbH Verlag. ISBN: 978-3-95545-051-9.

[GRO15] GRONAU, N.; FOHRHOLZ, C. & THIM, C. 2015. *Index 2012 - 2015. Wettbewerbsfaktor Analytics – Reifegrad ermitteln, Wirtschaftlichkeitspotenziale entdecken*. UNIVERSITÄT POTSDAM & SAS INSTITUTE GMBH.
Online verfügbar: www.sas.com/content/dam/SAS/bp_de/doc/studie/ba-st-wettbewerbsfaktor-analytics-index-2012-2015-2390691.pdf (Letzter Aufruf: 2.7.2020).

[GRÜ08] GRÜNIGEN, D. C. v. 2008. *Digitale Signalverarbeitung. Mit einer Einführung in die kontinuierlichen Signale und Systeme*. 4. Aufl., München: Fachbuchverl. Leipzig im Carl Hanser Verl. ISBN: 978-3-446-41463-1.

[GUS19] GUSTRAU, F. 2019. *Hochfrequenztechnik. Grundlagen der mobilen Kommunikationstechnik*. 3. Aufl., München: Carl Hanser Fachbuchverlag. ISBN: 978-3-446-45950-2.

[HAA18] HAAS, M. & NEGELE, K. 2018. *Deutscher Industrie 4.0 Index 2018. Eine Studie der Staufen AG und der Staufen Digital Neonex GmbH*. STAUFEN AG & STAUFEN DIGITAL NEONEX GMBH.
Online verfügbar: www.staufen.ag/fileadmin/HQ/02-Company/05-Media/2-Studies/STAUFEN.-Studie-Industrie-4.0-Index-2018-Web-DE-de.pdf (Letzter Aufruf: 19.7.2020).

[HAC02] HACKATHORN, R. November 2002. *Current Practices in Active Data Warehousing*. BOLDER TECHNOLOGY INC.
Online verfügbar: www.researchgate.net/publication/228815719_Current_practices_in_active_data_warehousing (Letzter Aufruf: 5.7.2020).

[HAG13] HAGL, R. 2013. *Elektrische Antriebstechnik*. München: Hanser. ISBN: 978-3-446-43350-2. DOI: 10.3139/9783446433786.

[HÄN17] HÄNISCH, T. 2017. *Grundlagen Industrie 4.0*. In: ANDELFINGER, V. P., Hrsg. *Industrie 4.0. Wie cyber-physische Systeme die Arbeitswelt verändern*. Wiesbaden: Springer Fachmedien Wiesbaden, S. 9–31. ISBN: 978-3-658-15556-8.

[HAR17] HARTH, N.; ANAGNOSTOPOULOS, C. & PEZAROS, D. August 2017. *Predictive intelligence to the edge: impact on edge analytics*. In: *Evolving Systems*, Jg. 9 (Nr. 2), S. 95–118. ISSN: 1868-6478. DOI: 10.1007/s12530-017-9190-z.

[HAR20] HARRIS, C. R. ET AL. 2020. *Array programming with NumPy*. In: *Nature*, Jg. 585 (Nr. 7825), S. 357–362. DOI: 10.1038/s41586-020-2649-2.

[HAS11] HASHEMIAN, H. M. & BEAN, W. C. 2011. *State-of-the-Art Predictive Maintenance Techniques**. In: *IEEE Transactions on Instrumentation and Measurement*, Jg. 60 (Nr. 10), S. 3480–3492. DOI: 10.1109/TIM.2009.2036347.

[HAT19] HATIBOGLU, B.; SCHULER, S.; BILDSTEIN, A. & HÄMMERLE, M. März 2019. *Einsatzfelder von künstlicher Intelligenz im Produktionsumfeld. Kurzstudie im Rahmen von „100 Orte für Industrie 4.0 in Baden-Württemberg"*. FRAUNHOFER IPA & FRAUNHOFER IAO.
Online verfügbar: publica.fraunhofer.de/eprints/urn_nbn_de_0011-n-5491073.pdf (Letzter Aufruf: 20.9.2020).

[HAY88] HAYASHI, S. R.; THOMAS, C. E.; WILDES, D. G. & TLUSTY, G. 1988. *Tool Break Detection by Monitoring Ultrasonic Vibrations*. In: *CIRP Annals*, Jg. 37 (Nr. 1), S. 61–64. ISSN: 0007-8506. DOI: 10.1016/S0007-8506(07)61586-8.

[HE15] HE, K.; ZHANG, X.; REN, S. & SUN, J. Dezember 2015. *Delving Deep into Rectifiers: Surpassing Human-Level Performance on ImageNet Classification*. In: IEEE, Hrsg. *2015 IEEE International Conference on Computer Vision (ICCV)*. IEEE, S. 1026–1034. ISBN: 978-1-4673-8391-2. DOI: 10.1109/ICCV.2015.123.

[HEL19] HELWIG, N. J. 2019. *Zustandsbewertung industrieller Prozesse mittels multivariater Sensordatenanalyse am Beispiel hydraulischer und elektromechanischer Antriebssysteme*. 1. Auflage, Dissertation. Herzogenrath: Shaker. ISBN: 978-3844064940.

[HER99] HERMANN, O. & MILEK, J. 1999. *Modellbasierte Prozeßüberwachung am Beispiel eines Gasverdichters*. In: *tm - Technisches Messen*, Jg. 66 (Nr. 7-8), S. 293–300. ISSN: 0171-8096. DOI: 10.1524/teme.1999.66.78.293.

[HES18] HESSE, S. & SCHNELL, G. 2018. *Sensoren für die Prozess- und Fabrikautomation. Funktion - Ausführung - Anwendung*. 7., ergänzte und durchgesehene Auflage, Wiesbaden: Springer Vieweg. ISBN: 978-3-658-21172-1. DOI: 10.1007/978-3-658-21173-8.

[HEU13] HEUCK, K.; DETTMANN, K.-D. & SCHULZ, D. 2013. *Elektrische Energieversorgung. Erzeugung, Übertragung und Verteilung elektrischer Energie für Studium und Praxis*. 9., aktualisierte und korrigierte Aufl., Wiesbaden: Springer Vieweg. ISBN: 978-3-8348-1699-3.

[HIR07] HIRSCHMANN, J. 2007. *Ein Beitrag zur Fehlerfrüh- und Fehlerdiagnose von elektromechanischen Antriebseinheiten in der Automatisierungstechnik*. Dissertation. Heimsheim: Jost-Jetter-Verl. ISBN: 978-3-939890-16-4.

[HOC97] HOCHREITER, S. & SCHMIDHUBER, J. 1997. *Long short-term memory*. In: *Neural computation*, Jg. 9 (Nr. 8), S. 1735–1780. ISSN: 0899-7667. DOI: 10.1162/neco.1997.9.8.1735.

[HOF14] HOFFMANN, R. & WOLFF, M. 2014. *Intelligente Signalverarbeitung 1. Signalanalyse*. 2. Aufl., Berlin: Springer Vieweg. ISBN: 978-3-662-45322-3. DOI: 10.1007/978-3-662-45323-0.

[HOL18] HOLST, A. Dezember 2018. *Volume of data/information created worldwide from 2010 to 2025. (in zetabytes)*. STATISTA INC.
Online verfügbar: www.statista.com/statistics/871513/worldwide-data-created/ (Letzter Aufruf: 14.6.2020).

[HOS20] HOSSEINI, M.-P.; LU, S.; KAMARAJ, K.; SLOWIKOWSKI, A. & VENKATESH, H. C. 2020. *Deep Learning Architectures*. In: PEDRYCZ, W. & CHEN, S.-M., Hrsg. *Deep learning: concepts and architectures*. Springer, S. 1–24. ISBN: 978-3-030-31755-3. DOI: 10.1007/978-3-030-31756-0_1.

[HYN06] HYNDMAN, R. J. & KOEHLER, A. B. 2006. *Another look at measures of forecast accuracy*. In: *International Journal of Forecasting*, Jg. 22 (Nr. 4), S. 679–688. ISSN: 01692070. DOI: 10.1016/j.ijforecast.2006.03.001.

[IAF14] IAFRATE, F. 2014. *A Journey from Big Data to Smart Data*. In: BENGHOZI, P. J.; KROB, D.; LONJON, A. & PANETTO, H., Hrsg. *Digital Enterprise Design & Management. Proceedings of the Second International Conference on Digital Enterprise Design and Management DED&M 2014*. Cham: Springer International Publishing, S. 25–33. ISBN: 978-3-319-04312-8. DOI: 10.1007/978-3-319-04313-5_3.

[ISE06a] ISERMANN, R. 2006. *Fahrdynamik-Regelung. Modellbildung, Fahrerassistenzsysteme, Mechatronik*. 1. Aufl., Wiesbaden: Friedr. Vieweg & Sohn Verlag und GWV Fachverlage GmbH Wiesbaden. ISBN: 978-3-8348-0109-8. DOI: 10.1007/978-3-8348-9049-8.

[ISE06b] ISERMANN, R. 2006. *Fault-Diagnosis Systems. An Introduction from Fault Detection to Fault Tolerance*. Berlin, Heidelberg: Springer-Verlag Berlin Heidelberg. ISBN: 978-3-540303-68-8. DOI: 10.1007/3-540-30368-5.

[ISE11] ISERMANN, R. 2011. *Fault-Diagnosis Applications. Model-Based Condition Monitoring: Actuators, Drives, Machinery, Plants, Sensors, and Fault-tolerant Systems*. Berlin, Heidelberg: Springer-Verlag Berlin Heidelberg. ISBN: 978-3-642-12766-3. DOI: 10.1007/978-3-642-12767-0.

[ISE97] ISERMANN, R. & BALLÉ, P. 1997. *Trends in the application of model-based fault detection and diagnosis of technical processes*. In: GERTLER, J.; CRUZ, J. B. & PESHKIN, M. A., Hrsg. *Proceedings of the 13th World Congress. International Federation of Automatic Control, San Francisco, USA, 30th June-5th July 1996 (in 18 volumes)*. 1st ed. Oxford und New York: Published for the International Federation of Automatic Control by Pergamon, S. 6325–6336. ISBN: 978-0-080-42909-0.

[ISO03] ISO INTERNATIONAL ORGANIZATION FOR STANDARDIZATION. 2003. *ISO 13374-1:2003-03 Zustandsüberwachung und -diagnostik von Maschinen – Verarbeitung, Austausch und Darstellung von Daten – Teil 1: Allgemeine Anleitungen*. Genf: März/2003.

[ISO07] ISO INTERNATIONAL ORGANIZATION FOR STANDARDIZATION. 2007. *ISO 13374-2:2007-07 Zustandsüberwachung und -diagnostik von Maschinen – Verarbeitung, Austausch und Darstellung von Daten – Teil 2: Datenverarbeitung*. Genf: Juli/2007.

[JAN02] JANTUNEN, E. 2002. *A summary of methods applied to tool condition monitoring in drilling*. In: *International Journal of Machine Tools and Manufacture*, Jg. 42 (Nr. 9), S. 997–1010. ISSN: 0890-6955. DOI: 10.1016/S0890-6955(02)00040-8.

[JAN05] JANTUNEN, E. 2005. *Indirect multisignal monitoring and diagnosis of drill wear*. Dissertation. Helsinki Univ. of Technology: VTT. ISBN: 951-38-6692-0.

[JAU18] JAUREGUI, J. C.; RESENDIZ, J. R.; THENOZHI, S.; SZALAY, T.; JACSO, A. & TAKACS, M. 2018. *Frequency and Time-Frequency Analysis of Cutting Force and Vibration Signals for Tool Condition Monitoring*. In: *IEEE Access*, Jg. 6 (Nr. k. A.), S. 6400–6410. DOI: 10.1109/ACCESS.2018.2797003.

[JOH11] JOHNSON, P. September 2011. *Commercialization of Prognostics Systems Leveraging Commercial Off-The-Shelf Instrumentation, Analysis, and Data Base Technologies*. In: CELAYA, J. R. & SANDBORN, P., Hrsg. *Proceedings of the Annual Conference of the Prognostics and Health Management Society 2011. PHM'11*. Montreal, Quebec, Kanada: S. 114–122. ISBN: 978-1-936263-03-5.

[KAG11] KAGERMANN, H.; LUKAS, W.-D. & WAHLSTER, W. 2011. *Industrie 4.0: Mit dem Internet der Dinge auf dem Weg zur 4. industriellen Revolution*. In: *VDI Nachrichten*, Jg. k. A. (Nr. 13), S. 2.

[KAG13] KAGERMANN, H.; WAHLSTER, W. & HELBIG, J. April 2013. *Umsetzungsempfehlungen für das Zukunftsprojekt Industrie 4.0. Abschlussbericht des Arbeitskreises Industrie 4.0*. PROMOTORENGRUPPE KOMMUNIKATION DER FORSCHUNGSUNION WIRTSCHAFT – WISSENSCHAFT & ACATECH – DEUTSCHE AKADEMIE DER TECHNIKWISSENSCHAFTEN E.V.
Online verfügbar: www.bmbf.de/files/Umsetzungsempfehlungen_Industrie4_0.pdf (Letzter Aufruf: 6.10.2019).

[KAM19] KAMENKA, A. 26.04.2019. *Oberschwingungen Kapitel 1: Oberschwingungen – die Grundlagen*. FACH.JOURNAL.
Online verfügbar: https://www.ihks-fachjournal.de/sechs-themen-um-oberschwingungen-und-netzqualitaet-in-stromversorgungsnetzen/ (Letzter Aufruf: 3.9.2020).

[KAR16] KARMAKAR, S.; CHATTOPADHYAY, S.; MITRA, M. & SENGUPTA, S. 2016. *Induction Motor Fault Diagnosis. Approach through Current Signature Analysis*. Singapore: Springer. ISBN: 978-981-10-0623-4. DOI: 10.1007/978-981-10-0624-1.

[KEL18] KELLNER, F.; LIENLAND, B. & LUKESCH, M. 2018. *Produktionswirtschaft. Planung, Steuerung und Industrie 4.0*. Berlin: Springer Gabler. ISBN: 978-3-662-54340-5. DOI: 10.1007/978-3-662-54341-2.

[KEM10] KEMPER, H.-G.; BAARS, H. & MEHANNA, W. 2010. *Business Intelligence – Grundlagen und praktische Anwendungen. Eine Einführung in die IT-basierte Managementunterstützung*. 3., überarbeitete und erweiterte Auflage, Wiesbaden: Vieweg+Teubner Verlag / GWV Fachverlage GmbH Wiesbaden. ISBN: 978-3-8348-9727-5. DOI: 10.1007/978-3-8348-9727-5.

[KIL11] KILUNDU, B.; DEHOMBREUX, P. & CHIEMENTIN, X. 2011. *Tool wear monitoring by machine learning techniques and singular spectrum analysis*. In: *Mechanical Systems and Signal Processing*, Jg. 25 (Nr. 1), S. 400–415. ISSN: 0888-3270. DOI: 10.1016/j.ymssp.2010.07.014.

[KIN14] KING, S. 2014. *Big Data. Potential und Barrieren der Nutzung im Unternehmenskontext*. Dissertation. Wiesbaden: Springer VS. ISBN: 978-3-658-06585-0. DOI: 10.1007/978-3-658-06586-7.

[KIN94] KINNEBROCK, W. 1994. *Neuronale Netze*. Oldenbourg Wissenschaftsverlag. ISBN: 978-3-486-22947-9. DOI: 10.1515/9783486786361.

[KLA14] KLAIC, M.; STAROVESKI, T. & UDILJAK, T. 2014. *Tool Wear Classification Using Decision Treesin Stone Drilling Applications: A Preliminary Study*. In: *Procedia Engineering*, Jg. 69 (Nr. k. A.), S. 1326–1335. ISSN: 1877-7058. DOI: 10.1016/j.proeng.2014.03.125.

[KLE19] KLEIN, S.; SCHNEIDER, T. & SCHÜTZE, A. 2019. *Zustandsüberwachung in der Automatisierungstechnik mittels maschinellem Lernen*. In: AMA SERVICE GMBH, Hrsg. *20. GMA/ITG-Fachtagung Sensoren und Messsysteme 2019*. Wunstorf: AMA Service GmbH, S. 366–372. ISBN: 978-3-981-93760-2. DOI: 10.5162/sensoren2019/4.4.1.

[KLÜ12] KLÜVER, C.; KLÜVER, J. & SCHMIDT, J. 2012. *Modellierung komplexer Prozesse durch naturanaloge Verfahren. Soft Computing und verwandte Techniken*. 2., erw. u. akt. Aufl. 2012, Wiesbaden: Springer. ISBN: 978-3-8348-2509-4. DOI: 10.1007/978-3-8348-2510-0.

[KOE17] KOETHER, R. 2017. *Lean Production – Weltstandard für Serienfertigung*. In: KOETHER, R. & MEIER, K.-J., Hrsg. *Lean Production für die variantenreiche Einzelfertigung. Flexibilität wird zum neuen Standard*. Wiesbaden: Springer Fachmedien Wiesbaden, S. 3–28. ISBN: 978-3-658-13968-1.

[KOL08] KOLLOSCHIE, H. 2008. *Der Kommunikationskanal*. In: FROHBERG, W. & BLUSCHKE, A., Hrsg. *Taschenbuch der Nachrichtentechnik. Mit 57 Tabellen*. 1. Aufl. s.l.: Carl Hanser Fachbuchverlag, S. 91–107. ISBN: 978-3-446-41602-4.

[KOL16] KOLLMANN, T. & SCHMIDT, H. 2016. *Deutschland 4.0*. Wiesbaden: Springer Fachmedien Wiesbaden. ISBN: 978-3-658-11981-2. DOI: 10.1007/978-3-658-13145-6.

[KON12] KONDO, E. & SHIMANA, K. 2012. *Monitoring of Prefailure Phase and Detection of Tool Breakage in Micro-Drilling Operations*. In: *Procedia CIRP*, Jg. 1 (Nr. k. A.), S. 581–586. ISSN: 2212-8271. DOI: 10.1016/j.procir.2012.05.003.

[KOZ96] KOZA, J. R.; BENNETT, F. H.; ANDRE, D. & KEANE, M. A. 1996. *Automated Design of Both the Topology and Sizing of Analog Electrical Circuits Using Genetic Programming*. In: GERO, J. S. & SUDWEEKS, F., Hrsg. *Artificial Intelligence in Design '96*. Dordrecht: Springer Netherlands, S. 151–170. ISBN: 978-94-010-6610-5. DOI: 10.1007/978-94-009-0279-4_9.

[KÜB17] KÜBLER, F. 2017. *Ressourceneffizienzorientierte Betriebspunktoptimierung von Fertigungsprozessen*. Dissertation. Aachen: Shaker Verlag GmbH. ISBN: 978-3-8440-5380-7.

[KÜF17] KÜFNER, T.; REGER, A. & SCHÖNIG, S. 2017. *A PLC-Based Measuring System for Machine Crosslinking and Monitoring*. In: *24th International Conference on Production Research (ICPR 2017)*, Jg. k. A. (Nr. k. A.), ISSN: 2475-885X. DOI: 10.12783/dtetr/icpr2017/17638.

[KÜF18] KÜFNER, T.; UHLEMANN, T. H.-J. & ZIEGLER, B. 2018. *Lean Data in Manufacturing Systems: Using Artificial Intelligence for Decentralized Data Reduction and Information Extraction*. In: *Procedia CIRP*, Jg. 72 (Nr. k. A.), S. 219–224. ISSN: 2212-8271. DOI: 10.1016/j.procir.2018.03.125.

[KÜF20] KÜFNER, T.; TRENZ, A. G. & SCHÖNIG, S. 2020. *Lean data with edge analytics: Decentralized current profile analysis on embedded systems using neural networks*. In: AMA SERVICE GMBH, Hrsg. *Sensor and Measurement Science International SMSI 2020 Conference Proceedings*. Wunstorf: S. 271–272. ISBN: 978-3-9819376-2-6. DOI: 10.5162/SMSI2020/D2.4.

[KÜF21a] KÜFNER, T. & ERMER, A. Veröffentlichungstag der Patenterteilung: 17.06.2021. *Verfahren sowie Sensor- und Auswerteeinrichtung zur dezentralen Ermittlung von Diagnoseinformationen über elektrische Verbraucher einer Maschinenanlage*. Patentschrift DE 10 2019 125 873 B4: Deutsches Patent- und Markenamt.

[KÜF21b] KÜFNER, T.; MÜLLER, D.; TRENZ, A. G. & DÖPPER, F. 2021. *Predictive Maintenance: Using Recurrent Neural Networks for Wear Prognosis in Current Signatures of Production Plants*. In: *International Journal of Mechanical Engineering and Robotics Research IJMERR*, Jg. 10 (Nr. 11), ISSN: 2278-0149. DOI: 10.18178/ijmerr.10.11.583-591.

[KÜF21c] KÜFNER, T.; SCHÖNIG, S.; JASINSKI, R. & ERMER, A. 2021. *Vertical data continuity with lean edge analytics for industry 4.0 production*. In: *Computers in Industry*, Jg. 125 (Nr. 103389), ISSN: 0166-3615. DOI: 10.1016/j.compind.2020.103389.

[KUH06] KUHN, A.; SCHUH, G.; STAHL, B. & BANDOW, G. 2006. *Nachhaltige Instandhaltung. Trends, Potenziale und Handlungsfelder nachhaltiger Instandhaltung – Ergebnisbericht der vom BMBF geförderten Untersuchung: Nachhaltige Instandhaltung*. VDMA VERLAG.
Online verfügbar: www.ifm.com/obj/VDMA_Nachhaltige_Instandhaltung.pdf (Letzter Aufruf: 23.6.2021).

[KUR18] KURIEN, C. & SRIVASTAVA, A. K. 2018. *Condition monitoring of systems in thermal power plant for vibration, motor signature, noise and wear debris analysis*. In: *World Scientific News*, Jg. 91 (Nr. k. A.), S. 31–43.

[LAN15] LANQUILLON, C. & MALLOW, H. 2015. *Advanced Analytics mit Big Data*. In: DORSCHEL, J., Hrsg. *Praxishandbuch Big Data. Wirtschaft - Recht - Technik*. Wiesbaden: Springer Gabler, S. 55–89. ISBN: 978-3-658-07288-9.

[LAN19a] LANGLOTZ, C. P.; ALLEN, B.; ERICKSON, B. J.; KALPATHY-CRAMER, J.; BIGELOW, K.; COOK, T. S.; FLANDERS, A. E.; LUNGREN, M. P.; MENDELSON, D. S.; RUDIE, J. D.; WANG, G. & KANDARPA, K. 2019. *A Roadmap for Foundational Research on Artificial Intelligence in Medical Imaging: From the 2018 NIH/RSNA/ACR/The Academy Workshop*. In: *Radiology*, Jg. 291 (Nr. 3), S. 781–791. DOI: 10.1148/radiol.2019190613.

[LAN19b] LANGS, G. & WAZIR, R. 2019. *Machine Learning*. In: PAPP, S.; WEIDINGER, W.; MEIR-HUBER, M.; ORTNER, B.; LANGS, G. & WAZIR, R., Hrsg. *Handbuch Data Science. Mit Datenanalyse und Machine Learning Wert aus Daten generieren*. München: Hanser, S. 177–198. ISBN: 978-3-446-45710-2.

[LEE95] LEE, J. M.; CHOI, D. K.; KIM, J. & CHU, C. N. 1995. *Real-Time Tool Breakage Monitoring for NC Milling Process*. In: *CIRP Annals*, Jg. 44 (Nr. 1), S. 59–62. ISSN: 0007-8506. DOI: 10.1016/S0007-8506(07)62275-6.

[LES12] LESSMEIER, C.; PIANTSOP MBO'O, C.; COENEN, I.; ZIMMER, D. & HAMEYER, K. 2012. *Untersuchung von Bauteilschäden elektrischer Antriebsstränge im Belastungsprüfstand mittels Statorstromanalyse*. In: *Ant-Journal: anwendungsnahe Forschung für Antriebstechnik im Maschinenbau*, Jg. k. A. (Nr. 1), S. 8–13.

[LES14] LESKOVEC, J.; RAJARAMAN, A. & ULLMAN, J. D. 2014. *Mining of massive datasets*. Second edition, Cambridge: Cambridge University Press. ISBN: 978-1-107077-23-2.

[LI00] LI, X.; DJORDJEVICH, A. & VENUVINOD, P. K. 2000. *Current-sensor-based feed cutting force intelligent estimation and tool wear condition monitoring*. In: *IEEE Transactions on Industrial Electronics*, Jg. 47 (Nr. 3), S. 697–702. ISSN: 0278-0046. DOI: 10.1109/41.847910.

[LI12] LI, Y. Dezember 2012. *Electrical Signature Analysis of Synchronous Motors Under Some Mechanical Anomalies*. Dissertation. Texas A & M University.

[LI17] LI, N.; CHEN, Y.; KONG, D. & TAN, S. 2017. *Force-based tool condition monitoring for turning process using v-support vector regression*. In: *The International Journal of Advanced Manufacturing Technology*, Jg. 91 (Nr. 1-4), S. 351–361. ISSN: 0268-3768. DOI: 10.1007/s00170-016-9735-5.

[LI18] LI, G.; YANG, X.; CHEN, D.; SONG, A.; FANG, Y. & ZHOU, J. 2018. *Tool Breakage Detection using Deep Learning*.
Online verfügbar: www.arxiv.org/abs/1808.05347 (Letzter Aufruf: 23.6.2021).

[LIP10] LIPOWSKY, H. 2010. *Entwicklung und Demonstration eines integrierten Systems zur Zustandsüberwachung von Gasturbinen*. Dissertation. Stuttgart: DOI: 10.18419/opus-3833.

[LIP15] LIPTON, Z. C.; BERKOWITZ, J. & ELKAN, C. Mai 2015. *A Critical Review of Recurrent Neural Networks for Sequence Learning*.
Online verfügbar: www.arxiv.org/pdf/1506.00019v4 (Letzter Aufruf: 11.3.2021).

[LÖF08] LÖFFLER, H. 2008. *Signale*. In: FROHBERG, W. & BLUSCHKE, A., Hrsg. *Taschenbuch der Nachrichtentechnik. Mit 57 Tabellen*. 1. Aufl. s.l.: Carl Hanser Fachbuchverlag, S. 21–41. ISBN: 978-3-446-41602-4.

[LU20] LU, S.; QIAN, G.; HE, Q.; LIU, F.; LIU, Y. & WANG, Q. 2020. *In Situ Motor Fault Diagnosis Using Enhanced Convolutional Neural Network in an Embedded System*. In: *IEEE Sensors Journal*, Jg. 20 (Nr. 15), S. 8287–8296. ISSN: 1530-437X. DOI: 10.1109/JSEN.2019.2911299.

[LUE20] LUENGO, J.; GARCÍA-GIL, D.; RAMÍREZ-GALLEGO, S.; GARCÍA, S. & HERRERA, F. 2020. *Big Data Preprocessing. Enabling Smart Data*. Cham: Springer. ISBN: 978-3-030-39104-1.

[MAI15] MAIER, D. 2015. *Sensorlose online Zustandserfassung von Vorschubantriebskomponenten in Werkzeugmaschinen*. Dissertation. Stuttgart: IMA. ISBN: 978-3-936100-58-7.

[MAR12] MARCELO, C.; FOSSATTI, J. P. & TERRA, J. I. 2012. *Fault Diagnosis of Induction Motors Based on FFT*. In: SALIH, S., Hrsg. *Fourier Transform – Signal Processing*. InTech, S. 157–182. ISBN: 978-953-51-0453-7. DOI: 10.5772/37419.

[MAR13] MARENBACH, R.; NELLES, D. & TUTTAS, C. 2013. *Elektrische Energietechnik. Grundlagen, Energieversorgung, Antriebe und Leistungselektronik*. Wiesbaden und s.l.: Springer Fachmedien Wiesbaden. ISBN: 978-3-8348-1740-2. DOI: 10.1007/978-3-8348-2190-4.

[MAR20] MARINESCU, M. & MARINESCU, N. 2020. *Elektrotechnik für Studium und Praxis. Gleich-, Wechsel- und Drehstrom, Schalt- und nichtsinusförmige Vorgänge*. Frankfurt am Main, Deutschland: Springer Vieweg. ISBN: 978-3-658-28883-9.

[MCC55] MCCARTHY, J.; MINSKY, MARVIN, L.; ROCHESTER, N. & SHANNON, C. E. 31. August 1955. *A Proposal for the Dartmouth Summer Research Project on Artificial Intelligence*.
Online verfügbar: jmc.stanford.edu/articles/dartmouth/dartmouth.pdf (Letzter Aufruf: 20.9.2020).

[MCK10] MCKINNEY, W. 2010. *Data Structures for Statistical Computing in Python*. In: VAN DER WALT, S. J. & MILLMAN, K. J., Hrsg. *Proceedings of the 9th Python in Science Conference*. SciPy, S. 56–61. DOI: 10.25080/Majora-92bf1922-00a.

[MEI17] MEIER, K.-J. & FUCHS, M. 2017. *Quick Response Manufacturing – Eine zeitbasierte Wettbewerbsstrategie*. In: KOETHER, R. & MEIER, K.-J., Hrsg. *Lean Production für die variantenreiche Einzelfertigung. Flexibilität wird zum neuen Standard*. Wiesbaden: Springer Fachmedien Wiesbaden, S. 89–118. ISBN: 978-3-658-13968-1.

[MEI18] MEIER, A. 2018. *Werkzeuge der digitalen Wirtschaft: Big Data, NoSQL & Co. Eine Einführung in relationale und nicht-relationale Datenbanken*. Wiesbaden: Springer Vieweg. ISBN: 978-3-658-20336-8.

[MEI19a] MEIERHOFER, J.; STADELMANN, T. & CIELIEBAK, M. 2019. *Data Products*. In: BRASCHLER, M.; STADELMANN, T. & STOCKINGER, K., Hrsg. *Applied Data Science. Lessons Learned for the Data-Driven Business*. Springer Nature Switzerland AG, S. 47–61. ISBN: 978-3-030-11821-1.

[MEI19b] MEIR-HUBER, M.; PAPP, S. & ORTNER, B. 2019. *Datenarchitekturen*. In: PAPP, S.; WEIDINGER, W.; MEIR-HUBER, M.; ORTNER, B.; LANGS, G. & WAZIR, R., Hrsg. *Handbuch Data Science. Mit Datenanalyse und Machine Learning Wert aus Daten generieren*. München: Hanser, S. 103–124. ISBN: 978-3-446-45710-2.

[MEN04] MENACER, A.; NAIT-SAID, M.-S.; DRID, S. & BENAKCHA, A. 2004. *Stator current analysis of incipient fault into asynchronous motor rotor bars using Fourier Fast Transform*. In: *Journal of Electrical Engineering*, Jg. 55 (Nr. 5-6), S. 122–130.

[MER20] MERTINS, A. 2020. *Signaltheorie. Grundlagen der Signalbeschreibung, Filterbänke, Wavelets, Zeit-Frequenz-Analyse, Parameter- und Signalschätzung*. 4., aktualisierte und erweiterte Auflage, Springer Vieweg. ISBN: 978-3-658-29647-6.

[MEU16] MEUDT, T.; LEIPOLDT, C. & METTERNICH, J. 2016. *Der neue Blick auf Verschwendungen im Kontext von Industrie 4.0*. In: *ZWF (Zeitschrift für wirtschaftlichen Fabrikbetrieb)*, Jg. 111 (Nr. 11), S. 754–758. ISSN: 2511-0896. DOI: 10.3139/104.111617.

[MIC19] MICHALIK, S. 2019. *Automatisiertes Lernen von Neuronalen Netzen zur Objektklassifikation auf heterogenen Systemen*. Dissertation. Technische Universität Carolo-Wilhelmina zu Braunschweig: DOI: 10.24355/dbbs.084-201901221133-0.

[MIC20] MICROCHIP TECHNOLOGY INC. 2020. *SAM E70/S70/V70/V71 Family. Datenblatt DS60001527E*. Online verfügbar: ww1.microchip.com/downloads/en/DeviceDoc/SAM-E70-S70-V70-V71-Family-Data-Sheet-DS60001527E.pdf (Letzter Aufruf: 2.2.2021).

[MIS14] MISHRA, M. & SRIVASTAVA, M. August 2014. *A view of Artificial Neural Network*. In: IEEE, Hrsg. *2014 International Conference on Advances in Engineering & Technology Research (ICAETR - 2014)*. IEEE, S. 1–3. ISBN: 978-1-4799-6393-5. DOI: 10.1109/ICAETR.2014.7012785.

[MÖL17] MÖLLER, F.; SPIEKERMANN, M.; BURMANN, A.; PETTENPOHL, H. & WENZEL, S. September 2017. *Bedeutung von Daten im Zeitalter der Digitalisierung*. In: HOMPEL, M. ten; HENKE, M. & CLAUSEN, U., Hrsg. *Bedeutung von Daten im Zeitalter der Digitalisierung. Future Challenges in Logistics and Supply Chain Management*. Dortmund: S. 1–18. ISBN: 10.24406/IML-N-462115.

[MOU97] MOUBRAY, J. 1997. *Reliability-centred maintenance*. Second edition, Amsterdam u. a.: Elsevier Butterworth-Heinemann. ISBN: 978-0-7506-3358-1.

[MÜL20] MÜLLER, D. 2020. *Predictive Maintenance – Verschleißprognose in Stromprofilen produzierender Anlagen mittels rekurrenter neuronaler Netze*. Betreuer: Thomas Küfner, Universität Bayreuth, Lehrstuhl Umweltgerechte Produktionstechnik, unveröffentlichte Masterarbeit.

[MUN20] MUNDI, A. 2020. *Predictive Maintenance: Dezentrale Anomalie- und Verschleißdetektion in Stromprofilen technischer Anlagen mit Hilfe maschineller Lernverfahren*. Betreuer: Thomas Küfner, Universität Bayreuth, Lehrstuhl Umweltgerechte Produktionstechnik, unveröffentlichte Masterarbeit.

[MUR20] MURPHY, A.; TUCKER, H.; COYNE, M. & TOURYALAI, H. Mai 2020. *GLOBAL 2000. The World's Largest Public Companies*. FORBES MEDIA LLC.
Online verfügbar: www.forbes.com/global2000/#54064dd4335d (Letzter Aufruf: 20.6.2020).

[NEU13] NEUSEL-LANGE, N. 2013. *Dezentrale Zustandsüberwachung für intelligente Niederspannungsnetze*. Dissertation. Berlin: epubli GmbH. ISBN: 978-3-8442-7401-1.

[NIG14] NIGGEMANN, O.; JASPERNEITE, J. & VODENCAREVIC, A. 2014. *Konzepte und Anwendungsfälle für die intelligente Fabrik*. In: BAUERNHANSL, T.; HOMPEL, M. ten & VOGEL-HEUSER, B., Hrsg. *Industrie 4.0 in Produktion, Automatisierung und Logistik. Anwendung, Technologien, Migration*. Wiesbaden: Springer Vieweg, S. 173–190. ISBN: 978-3-658-04681-1.

[NOR02] NORTH, K. 2002. *Wissensorientierte Unternehmensführung. Wertschöpfung durch Wissen*. 3., aktualisierte und erweiterte Auflage, Wiesbaden: Gabler Verlag. ISBN: 978-3-409-33029-9. DOI: 10.1007/978-3-322-94633-1.

[NWA18] NWANKPA, C.; IJOMAH, W.; GACHAGAN, A. & MARSHALL, S. 2018. *Activation Functions: Comparison of trends in Practice and Research for Deep Learning*.
Online verfügbar: www.arxiv.org/abs/1811.03378 (Letzter Aufruf:)

[ODE18a] O'DEA, S. November 2018. *Annual size of real time data in the global datasphere from 2010 to 2025. (in zetabytes)*. STATISTA INC.
Online verfügbar: www.statista.com/statistics/949144/worldwide-global-datasphere-real-time-data-annual-size/ (Letzter Aufruf: 14.6.2020).

[ODE18b] O'DEA, S. Oktober 2018. *Size of the enterprise datasphere worldwide in 2018, by industry. (in exabytes)*. STATISTA INC.
Online verfügbar: www.statista.com/statistics/948851/worldwide-enterprise-datasphere-total-size-by-industry/ (Letzter Aufruf: 14.6.2020).

[OET16] OETTE, C.; KÜFNER, T.; REGER, A. & BOEHNER, J. 2016. *Lean Data Services: Detection of Operating States in Energy Profiles of Intralogistics Systems by Using Big Data Analytics*. In: *Applied Mechanics and Materials*, Jg. 856 (Nr. k. A.), S. 73–81. ISSN: 1662-7482. DOI: 10.4028/www.scientific.net/amm.856.73.

[OHL02] OHLHAUSEN, P.; RUGER, M.; MÜLLER, M. & BUCHER, M. 2002. *Knowledge Management in Deutschland*. In: HANNIG, U., Hrsg. *Knowledge Management und Business Intelligence*. Berlin, Heidelberg und s.l.: Springer Berlin Heidelberg, S. 77–88. ISBN: 978-3-642-62737-8.

[OHN13] OHNO, T. 2013. *Das Toyota-Produktionssystem*. 3., erweiterte Auflage, Frankfurt/Main: Campus-Verl. ISBN: 978-3-593-39929-4.

[PAP19] PAPP, S.; WEIDINGER, W.; MEIR-HUBER, M.; ORTNER, B.; LANGS, G. & WAZIR, R., Hrsg. 2019. *Handbuch Data Science. Mit Datenanalyse und Machine Learning Wert aus Daten generieren*. München: Hanser. ISBN: 978-3-446-45710-2.

[PAT06] PATRA, K.; PAL, S. K. & BHATTACHARYYA, K. 2006. *Drill Wear Monitoring through Current Signature Analysis using Wavelet Packet Transform and Artificial Neural Network*. In: IEEE, Hrsg. *2006 IEEE International Conference on Industrial Technology*. IEEE, S. 1344–1348. ISBN: 1-4244-0725-7. DOI: 10.1109/ICIT.2006.372577.

[PAT16] PATGIRI, R. & AHMED, A. 2016. *Big Data: The V's of the Game Changer Paradigm*. In: CHEN, J. & YANG, L. T., Hrsg. *The Eighteenth IEEE International Conference on High Performance Computing and Communications, the Fourteenth IEEE International Conference on Smart City, the Second IEEE International Conference on Data Science and Systems. HPCC/SmartCity/DSS 2016 – 12-14 December 2016, Sydney, Australia – proceedings*. Piscataway, NJ: IEEE, S. 17–24. ISBN: 978-1-5090-4297-5.

[PED11] PEDREGOSA, F.; VAROQUAUX, G.; GRAMFORT, A.; MICHEL, V.; THIRION, B.; GRISEL, O.; BLONDEL, M.; MÜLLER, A.; NOTHMAN, J.; LOUPPE, G.; PRETTENHOFER, P.; WEISS, R.; DUBOURG, V.; VANDERPLAS, J.; PASSOS, A.; COURNAPEAU, D.; BRUCHER, M.; PERROT, M. & DUCHESNAY, É. 2011. *Scikit-learn: Machine Learning in Python*. In: *Journal of Machine Learning Research*, Jg. 12 (Nr. k. A.), S. 2825–2830. ISSN: 2825-2830.

[PFE06] PFEIFER, T. & SCHMITT, R. 2006. *Autonome Produktionszellen. Komplexe Produktionsprozesse flexibel automatisieren*. Berlin: Springer. ISBN: 3-540-29214-4.

[PIS17] PISCHELTSRIEDER, K. 2017. *TPM – Effektive Instandhaltung nicht nur für die Großserie*. In: KOETHER, R. & MEIER, K.-J., Hrsg. *Lean Production für die variantenreiche Einzelfertigung. Flexibilität wird zum neuen Standard*. Wiesbaden: Springer Fachmedien Wiesbaden, S. 163–184. ISBN: 978-3-658-13968-1.

[PLO15] PLOTLY TECHNOLOGIES INC. 2015. *Collaborative data science*.
Online verfügbar: www.plot.ly (Letzter Aufruf: 3.6.2021).

[POR08] PORZIG, F. 2008. *Elektrische Telekommunikationskabel*. In: FROHBERG, W. & BLUSCHKE, A., Hrsg. *Taschenbuch der Nachrichtentechnik. Mit 57 Tabellen*. 1. Aufl. s.l.: Carl Hanser Fachbuchverlag, S. 132–142. ISBN: 978-3-446-41602-4.

[PRA17] PRAVEENKUMAR, T.; SAIMURUGAN, M. & RAMACHANDRAN, K., I. 2017. *Comparison of Vibration, Sound and Motor Current Signature Analysis for Detection of Gear Box Faults*. In: *International Journal of Prognostics and Health Management*, Jg. 8 (Nr. 2), S. 1–10. ISSN: 2153-2648.

[RAS17] RASCHKA, S. 2017. *Machine Learning mit Python. Das Praxis-Handbuch für Data Science, Predictive Analytics und Deep Learning.* 1. Auflage, Frechen: mitp Verlags GmbH & Co. KG. ISBN: 978-3-95845-423-1.

[RAS19] RASPBERRY PI FOUNDATION. Juni 2019. *Raspberry Pi 4 Model B. Datasheet.* Online verfügbar: www.raspberrypi.org/documentation/hardware/raspberrypi/bcm2711/rpi_DATA_2711_1p0_preliminary.pdf (Letzter Aufruf: 28.2.2021).

[RAU04] RAUSCHER, F. 2004. *Charakterisierung der Druckprüfung und der Schallemissionsuntersuchung im Vergleich zu anderen zerstörungsfreien Prüfungen. DACH – Jahrestagung 2004 Salzburg.* Online verfügbar: www.ndt.net/article/dgzfp04/papers/v58/v58.htm (Letzter Aufruf: 7.8.2020).

[REH05] REHORN, A. G.; JIANG, J. & ORBAN, P. E. 2005. *State-of-the-art methods and results in tool condition monitoring: a review.* In: *The International Journal of Advanced Manufacturing Technology*, Jg. 26 (Nr. 7-8), S. 693–710. ISSN: 0268-3768. DOI: 10.1007/s00170-004-2038-2.

[REI17] REINSEL, D.; GANTZ, J. & RYDNING, J. April 2017. *Data Age 2025: The Evolution of Data to Life-Critical. Don't Focus on Big Data; Focus on the Data That's Big.* INTERNATIONAL DATA CORPORATION & SEAGATE. Online verfügbar: www.import.io/wp-content/uploads/2017/04/Seagate-WP-DataAge2025-March-2017.pdf (Letzter Aufruf: 20.6.2020).

[REI18] REINSEL, D.; GANTZ, J. & RYDNING, J. November 2018. *Data Age 2025 – The Digitization of the World. From Edge to Core.* INTERNATIONAL DATA CORPORATION & SEAGATE. Online verfügbar: www.seagate.com/de/de/news/news-archive/seagate-launches-data-readiness-index-pr-master/ (Letzter Aufruf: 13.6.2020).

[REU01] REUBER, M. 2001. *Prozessüberwachung beim Schlichtfräsen von Freiformflächen.* Dissertation. Aachen: Shaker. ISBN: 3-8265-8433-3.

[ROQ12] ROQUE, A.; CALADO, J. & RUIZ, J. M. August 2012. *Vibration Analysis versus Current Signature Analysis.* In: *IFAC Proceedings Volumes*, Jg. 45 (Nr. 20), S. 794–799. ISSN: 1474-6670. DOI: 10.3182/20120829-3-MX-2028.00286.

[RUS15] RUSSAKOVSKY, O.; DENG, J.; SU, H.; KRAUSE, J.; SATHEESH, S.; MA, S.; HUANG, Z.; KARPATHY, A.; KHOSLA, A.; BERNSTEIN, M.; BERG, A. C. & FEI-FEI, L. 2015. *ImageNet Large Scale Visual Recognition Challenge.* In: *International Journal of Computer Vision*, Jg. 115 (Nr. 3), S. 211–252. ISSN: 0920-5691. DOI: 10.1007/s11263-015-0816-y.

[SAL19] SALOMON, C. P.; FERREIRA, C.; SANT'ANA, W. C.; LAMBERT-TORRES, G.; BORGES DA SILVA, L. E.; BONALDI, E. L.; OLIVEIRA, L. E. L. de & TORRES, B. S. April 2019. *A Study of Fault Diagnosis Based on Electrical Signature Analysis for Synchronous Generators Predictive Maintenance in Bulk Electric Systems.* In: *Energies*, Jg. 12 (Nr. 8), S. 1–16. DOI: 10.3390/en12081506.

[SAM67] SAMUEL, A. L. 1967. *Some Studies in Machine Learning Using the Game of Checkers. II—Recent Progress.* In: *IBM Journal of Research and Development*, Jg. 11 (Nr. 6), S. 601–617. DOI: 10.1147/rd.116.0601.

[SAT17] SATYANARAYANAN, M. Januar 2017. *The Emergence of Edge Computing.* In: *Computer*, Jg. 50 (Nr. 1), S. 30–39. ISSN: 0018-9162. DOI: 10.1109/MC.2017.9.

[SCH06] SCHUH, G.; KAMPKER, A.; FRANZKOCH, B. & WEMHÖNER, N. 2006. *Intelligent Maintenance. Potenziale zustandsorientierter Instandhaltung.* LABORATORIUM FÜR WERKZEUGMASCHINEN UND BETRIEBSLEHRE (WZL) DER RWTH AACHEN & FRAUNHOFER-INSTITUT FÜR PRODUKTIONSTECHNOLOGIE. Online verfügbar: www.docplayer.org/9801015-Intelligent-maintenance.html (Letzter Aufruf: 7.4.2021).

[SCH10] SCHENK, M. 2010. *Instandhaltung technischer Systeme. Methoden und Werkzeuge zur Gewährleistung eines sicheren und wirtschaftlichen Anlagenbetriebs.* Berlin, Heidelberg: Springer-Verlag Berlin Heidelberg. ISBN: 978-3-642-03948-5. DOI: 10.1007/978-3-642-03949-2.

[SCH11] SCHWAB, A. J. & KÜRNER, W. 2011. *Elektromagnetische Verträglichkeit.* 6., bearb. und aktual. Aufl., Berlin: Springer. ISBN: 978-3-642-16609-9. DOI: 10.1007/978-3-642-16610-5.

[SCH15] SCHMIDHUBER, J. 2015. *Deep learning in neural networks: an overview*. In: *Neural networks – the official journal of the International Neural Network Society*, Jg. 61 (Nr. k. A.), S. 85–117. DOI: 10.1016/j.neunet.2014.09.003.

[SCH16] SCHMID, R. 2016. *Prognosen sind schwierig, besonders wenn sie die Zukunft betreffen. (Karl Valentin)*. In: *ReiseRecht aktuell*, Jg. 24 (Nr. 1), S. 1–56. DOI: 10.9785/rra-2016-0103.

[SCH17] SCHWAB, A. J. 2017. *Elektroenergiesysteme. Erzeugung, Übertragung und Verteilung elektrischer Energie*. 5. Auflage, Berlin, Heidelberg: Springer Vieweg. ISBN: 978-3-662-55315-2. DOI: 10.1007/978-3-662-55316-9.

[SCH19] SCHOCK, C. 2019. *CRISP-DM – ein Ansatz zur Systematisierung von Digitalisierungsprojekten in Produktionsumfeldern. Abschlussbericht der Förderung zur internationalen Zusammenarbeit in der angewandten Forschung (PIZ)*. FRAUNHOFER-PROJEKTGRUPPE PROZESSINNOVATION DES FRAUNHOFER IPA.
Online verfügbar: http://publica.fraunhofer.de/eprints/urn_nbn_de_0011-n-5375226.pdf (Letzter Aufruf: 13.9.2020).

[SCH20] SCHUMACHER, J. 2020. *KI in der Produktion – den Einstieg nicht verpassen!* In: *Fabriksoftware*, 2020 (Nr. 3), S. 25–27. ISSN: 2569-7692. DOI: 10.30844/FS20-3_25-27.

[SCH85] SCHNEIDER-FRESENIUS, W.; DECKER, H.-J.; EISENBLÄTTER, J.; GRÜNING, F.; TSCHULENA, R. G.; WEVELSIEP, K. & WEISS, R. 1985. *Technische Fehlerfrühdiagnose-Einrichtungen. Stand der Technik und neuartige Einsatzmöglichkeiten in der Maschinenbauindustrie*. München: Oldenbourg. ISBN: 3-486-29711-2.

[SCR85] SCRUBY, C. B.; BALDWIN, G. R. & STACEY, K. A. 1985. *Characterisation of fatigue crack extension by quantitative acoustic emission*. In: *International Journal of Fracture*, Jg. 28 (Nr. k. A.), S. 201–222. DOI: 10.1007/BF00035216.

[SEI18] SEIFERT, I.; BÜRGER, M.; WANGLER, L.; CHRISTMANN-BUDIAN, S.; ROHDE, M.; GABRIEL, P. & ZINKE, G. Juli 2018. *Potenziale der Künstlichen Intelligenz im produzierenden Gewerbe in Deutschland*. BEGLEITFORSCHUNG PAICE & IIT-INSTITUT FÜR INNOVATION UND TECHNIK IN DER VDI / VDE INNOVATION + TECHNIK GMBH.
Online verfügbar: https://www.bmwi.de/Redaktion/DE/Publikationen/Studien/potenziale-kuenstlichen-intelligenz-im-produzierenden-gewerbe-in-deutschland.pdf (Letzter Aufruf: 24.9.2020).

[SEN20] SENITZ, S. & ADLER, G. Juni 2020. *Einsatz Künstlicher Intelligenz (KI) aus Sicht baden-württembergischer Unternehmen. Auswertung und Analyse einer Unternehmensbefragung der baden-württembergischen Industrie- und Handelskammern im Jahr 2019*. BADEN-WÜRTTEMBERGISCHER INDUSTRIE- UND HANDELSKAMMERTAG.
Online verfügbar: www.bw.ihk.de/medien/publikationen?currentPage=3 (Letzter Aufruf: 24.9.2020).

[SEY18] SEYFERT, S.; SCHLÖMER, L.; SCHIBORR, L. A.; BANGE, C. & KRÜGER, T. Juni 2018. *Zeit für eine neue Kultur durch Business Intelligence & Advanced Analytics. biMA®-Studie 2017/18*. SOPRA STERIA SE & BUSINESS APPLICATION RESEARCH CENTER.
Online verfügbar: www.soprasteria.de/newsroom/publikationen/bima-studie-2017-18 (Letzter Aufruf: 2.7.2020).

[SHA16] SHARMA, V. & PAREY, A. 2016. *A Review of Gear Fault Diagnosis Using Various Condition Indicators*. In: *Procedia Engineering*, Jg. 144 (Nr. 11), S. 253–263. ISSN: 1877-7058. DOI: 10.1016/j.proeng.2016.05.131.

[SHA17] SHAO, S.-Y.; SUN, W.-J.; YAN, R.-Q.; WANG, P. & GAO, R. X. Oktober 2017. *A Deep Learning Approach for Fault Diagnosis of Induction Motors in Manufacturing*. In: *Chinese Journal of Mechanical Engineering*, Jg. 30 (Nr. 6), S. 1347–1356. DOI: 10.1007/s10033-017-0189-y.

[SHA49] SHANNON, C. E. 1949. *Communication in the Presence of Noise*. In: *Proceedings of the IRE*, Jg. 37 (Nr. 1), S. 10–21. ISSN: 0096-8390. DOI: 10.1109/JRPROC.1949.232969.

[SHI08] SHIN, K. & HAMMOND, J. K. 2008. *Fundamentals of signal processing for sound and vibration engineers*. Chichester, England und Hoboken, NJ: John Wiley & Sons. ISBN: 978-0-470-51188-6.

[SIL17] SILVA, I. N. D.; SPATTI, D. H.; ANDRADE FLAUZINO, R.; LIBONI, L. H. B. & REIS ALVES, S. F. d. 2017. *Artificial neural networks. A practical course*. Cham: Springer. ISBN: 978-3-319-43161-1.

[SMI90] SMITH, S. F.; CASTLEBERRY, K. N. & NOWLIN, C. H. April 1990. *Machine Monitoring via Motor-Current Demodulation Techniques*. In: PUSEY, H. C. & PUSEY, S. C., Hrsg. *Current Practices and Trends in Mechanical Failure Prevention. Proceedings of the 44th Meeting of the Mechanical Failures Prevention Group*. Virginia: Vibration Institute, S. 87–96.

[SÖD18] SÖDER, G.; KERNETZKY, T. & KRAMER, G. 28.11.2018. *Lineare zeitinvariante Systeme. Eigenschaften elektrischer Leitungen – Einige Ergebnisse der Leitungstheorie*. LEHRSTUHL FÜR NACHRICHTENTECHNIK (LNT) DER TECHNISCHEN UNIVERSITÄT MÜNCHEN.
Online verfügbar: www.lntwww.de/index.php?title=Lineare_zeitinvariante_Systeme/Einige_Ergebnisse_der_Leitungstheorie&oldid=26700 (Letzter Aufruf: 4.11.2019).

[SON11] SONDERGAARD, P. Oktober 2011. *Gartner Says Worldwide Enterprise IT Spending to Reach $2.7 Trillion in 2012. Analysts Discuss Key Issues Facing the IT Industry During Gartner Symposium/ITxpo 2011, October 16-20, in Orlando*. GARTNER INC.
Online verfügbar: www.businesswire.com/news/home/20111017006470/en/Gartner-Worldwide-Enterprise-Spending-Reach-2.7-Trillion (Letzter Aufruf: 19.7.2020).

[SPE99] SPEKTRUM.DE. 1999. *Empirie. Lexikon der Biologie*. SPEKTRUM AKADEMISCHER VERLAG.
Online verfügbar: https://www.spektrum.de/lexikon/biologie/empirie/21081 (Letzter Aufruf: 19.7.2020).

[SRI14] SRIVASTAVA, N.; HINTON, G.; KRIZHEVSKY, A.; SUTSKEVER, I. & SALAKHUTDINOV, R. 2014. *Dropout: A Simple Way to Prevent Neural Networks from Overfitting*. In: *Journal of Machine Learning Research*, Jg. 15 (Nr. 56), S. 1929–1958. ISSN: 2825-2830.

[STA17] STAHL, R. & STAAB, P. 2017. *Die Vermessung des Datenuniversums. Datenintegration mithilfe des Statistikstandards SDMX*. Berlin: Springer Vieweg. ISBN: 978-3-662-54737-3.

[STR12] STRUNZ, M. 2012. *Instandhaltung. Grundlagen – Strategien – Werkstätten*. Berlin, Heidelberg: Springer Berlin Heidelberg. ISBN: 978-3-642-27389-6. DOI: 10.1007/978-3-642-27390-2.

[STU90] STURM, A. & FÖRSTER, R. 1990. *Maschinen- und Anlagendiagnostik. Für die zustandsbezogene Instandhaltung*. Wiesbaden: Vieweg+Teubner Verlag. ISBN: 978-3-519-06333-9. DOI: 10.1007/978-3-322-99814-9.

[THI90] THIBAULT, C. L. April 1990. *Motor Current Signature Analysis (MCSA)*. In: PUSEY, H. C. & PUSEY, S. C., Hrsg. *Current Practices and Trends in Mechanical Failure Prevention. Proceedings of the 44th Meeting of the Mechanical Failures Prevention Group*. Virginia: Vibration Institute, S. 73–79.

[THO16] THOMSON, W. T. & CULBERT, I. 2016. *Current Signature Analysis for Condition Monitoring of Cage Induction Motors. Industrial Application and Case Histories*. Hoboken, New Jersey: Wiley. ISBN: 978-1-119-02959-5.

[THO20] THOMAS, J. J. & ALI, A. M. 2020. *Dispositional Learning Analytics Structure Integrated with Recurrent Neural Networks in Predicting Students Performance*. In: VASANT, P.; ZELINKA, I. & WEBER, G.-W., Hrsg. *Intelligent Computing and Optimization*. Cham: Springer International Publishing, S. 446–456. ISBN: 978-3-030-33584-7. DOI: 10.1007/978-3-030-33585-4_44.

[TÖN04] TÖNSHOFF, H. K. & DENKENA, B. 2004. *Spanen. Grundlagen*. 2., erweiterte und neu bearbeitete Auflage, Berlin, Heidelberg: Springer. ISBN: 978-3-662-09964-3. DOI: 10.1007/978-3-662-09963-6.

[TOR11] TORIKKA, T. 2011. *Bewertung von Analyseverfahren zur Zustandsüberwachung einer Axialkolbenpumpe*. Dissertation. Aachen: Shaker. ISBN: 978-3-8440-0342-0.

[TOY10] TOYOTA-FORKLIFTS.DE. April 2010. *Das Toyota Produktionssystem und seine Bedeutung für das Geschäft*. TOYOTA MATERIAL HANDLING EUROPE.
Online verfügbar: https://www.tqu-group.com/we-dokumente/Downloads/ToyotaPS (Letzter Aufruf: 19.7.2020).

[TRA17] TRAUTH, D. & HAARMANN, V. 2017. *Assistenzsysteme für die Blechumformung. Presseinformation.* WERKZEUGMASCHINENLABOR WZL DER RWTH AACHEN UNIVERSITY. Online verfügbar: https://www.wzl.rwth-aachen.de/go/id/szgi#aaaaaaaaaaaszgl (Letzter Aufruf: 30.8.2020).

[TRE18] TRENZ, A. G. 2018. *Einsatz maschineller Lernverfahren in der Produktion: Dezentrale Analyse von Stromprofilen auf eingebetteten Systemen mithilfe neuronaler Netzwerke.* Betreuer: Thomas Küfner, Universität Bayreuth, Lehrstuhl Umweltgerechte Produktionstechnik, unveröffentlichte Bachelorarbeit.

[TRE21] TRENZ, A. G. 2021. *Künstliche Intelligenz in der Produktion: Werkzeugverschleißprognose bei Bohrprozessen mittels neuronaler Netze auf eingebetteten Systemen.* Betreuer: Thomas Küfner, Universität Bayreuth, Lehrstuhl Umweltgerechte Produktionstechnik, unveröffentlichte Masterarbeit.

[TUR12] TURNER, M.; BARNOLA, J.; BÄUMER, U.; BAUMGARTNER, U.; BONI, M.; EWALD, K.; FINNEGAN, A.; DEL POYO, R. G.; GARDNER, P.; GOLD, S.; GROOM, S.; JOHNSON, N.; MEYER-SPASCHE, G.; MULLOCK, J.; SAVVIDES, T.; TEDESCHI, E. & WEBBER, M. 2012. *The data gold rush. Growing and protecting your position in the data ecosystem.* Osborne Clarke.

[URB12] URBANSKI, J.; WEBER, M.; BARTEL, J.; BÖKEN, A.; DECKER, B.; FALKENBERG, G.; GUZEK, R.; JANATA, S.; KEIL, T.; KISKER, H.; KONRAD, R.; MAIER, W.; MESTER, A.; MICHAELIS, B.; PALMER-HUKE, M.; PFITZINGER, B.; TOMASCHOWSKI, M.; TRAPHÖNER, R.; VELTEN, C. & YENER, M. 2012. *Big Data im Praxiseinsatz – Szenarien, Beispiele, Effekte.* BITKOM - BUNDESVERBAND INFORMATIONSWIRTSCHAFT, TELEKOMMUNIKATION UND NEUE MEDIEN E. V. Online verfügbar: www.bitkom.org/sites/default/files/file/import/BITKOM-LF-big-data-2012-online1.pdf (Letzter Aufruf: 27.6.2020).

[VAN16] VAN DEN HEUVEL, B. 2016. *Condition Monitoring für eine Instandhaltung 4.0.* In: *WINGbusiness*, Jg. 49 (Nr. 1), S. 37–39.

[VAN95] VAN ROSSUM, G. 1995. *Python reference manual.* Amsterdam: Centrum Wiskunde & Informatica CWI.

[VDI98] VDI VEREIN DEUTSCHER INGENIEURE - GESELLSCHAFT PRODUKTIONSTECHNIK. 1998. *VDI 2889 Einsatz wissensbasierter Diagnosemethoden und -systeme in der Instandhaltung.* Berlin: Apr./1998.

[VDI99] VDI VEREIN DEUTSCHER INGENIEURE - GESELLSCHAFT PRODUKTIONSTECHNIK. 1999. *VDI 2888 Zustandsorientierte Instandhaltung.* Berlin: Dez./1999.

[VER16] VERMA, J. P.; AGRAWAL, S.; PATEL, B. & PATEL, A. Februar 2016. *Big Data Analytics: Challenges And Applications For Text, Audio, Video, And Social Media Data.* In: *International Journal on Soft Computing, Artificial Intelligence and Applications (IJSCAI)*, Jg. 5 (Nr. 1), S. 41–51. DOI: 10.5121/ijscai.2016.5105.

[VIR20] VIRTANEN, P. ET AL. 2020. *SciPy 1.0: fundamental algorithms for scientific computing in Python.* In: *Nature methods*, Jg. 17 (Nr. 3), S. 261–272. DOI: 10.1038/s41592-019-0686-2.

[WAC15] WACHSMUTH, J. 2015. *Analyse der Schallemissionssignale aus Ermüdungsrisswachstum und Korrosionsprozessen.* Dissertation. Berlin: Bundesanstalt für Materialforschung und -prüfung (BAM). ISBN: 978-3-9817502-4-9.

[WAG16] WAGNER, W.-R. Dezember 2016. *„Prognosen sind schwierig, besonders wenn sie die Zukunft betreffen“.* MEDIENBERATUNG NIEDERSACHSEN & NIEDERSÄCHSISCHES LANDESINSTITUT FÜR SCHULISCHE QUALITÄTSENTWICKLUNG. Online verfügbar: www.nibis.de/uploads/1chaplin/Prognosen_Bildtelefon.pdf (Letzter Aufruf: 27.6.2020).

[WAL11] WALTHER, M. 2011. *Antriebsbasierte Zustandsdiagnose von Vorschubantrieben.* Dissertation. Heimsheim: Jost-Jetter. ISBN: 978-3-939890-77-5.

[WAN17] WANG, C.; HUANG, M.; CHUNG, T. T.; YOUNG, H. T. & LI, K. M. Mai 2017. *Tool condition monitoring with current signals for a low-power spindle.* In: IEEE, Hrsg. *2017 International Conference on Applied System Innovation (ICASI).* Sapporo, Japan: IEEE, S. 686–689. ISBN: 978-1-5090-4897-7. DOI: 10.1109/ICASI.2017.7988518.

[WAS21] WASKOM, M. 2021. *seaborn: statistical data visualization*. In: *Journal of Open Source Software*, Jg. 6 (Nr. 60), S. 1–4. ISSN: 2475-9066. DOI: 10.21105/joss.03021.

[WEB17] WEBER, K. & KLOTZ, M. 2017. *Informations- und Datenmanagement*. In: TIEMEYER, E., Hrsg. *Handbuch IT-Management. Konzepte, Methoden, Lösungen und Arbeitshilfen für die Praxis*. 6., überarbeitete und erweiterte Auflage. München: Hanser, S. 187–245. ISBN: 978-3-446-44537-6.

[WEC06] WECK, M. & BRECHER, C. 2006. *Werkzeugmaschinen 3. Mechatronische Systeme, Vorschubantriebe, Prozessdiagnose*. 6., neu bearbeitete Auflage, Berlin, Heidelberg: Springer. ISBN: 978-3-540-32506-2. DOI: 10.1007/3-540-32506-9.

[WEI19] WEIGOLD, M.; METTERNICH, J.; BROCKHAUS, B. & FERTIG, A. 16.09.2019. *Herausforderungen bei Datenerfassung und Datentransport in bestehenden Produktionsumgebungen (Teil 2)*. IN: WERKSTATT + BETRIEB (WB) DES CARL HANSER VERLAG.
Online verfügbar: https://tubiblio.ulb.tu-darmstadt.de/116934/ (Letzter Aufruf: 27.9.2020).

[WEI98] WEISS, S. M. & INDURKHYA, N. 1998. *Predictive data mining. A practical guide*. San Francisco: Morgan Kaufmann Publishers Inc. ISBN: 1-55860-403-0.

[WER11] WERNER, R. 2011. *Störungstolerantes Sensorsystem zur Zustandsüberwachung rotodynamischer Pumpen*. Dissertation. Darmstadt.

[WIE17] WIERSE, A. & RIEDEL, T. 2017. *Smart Data Analytics. Zusammenhänge erkennen, Potentiale nutzen, Big Data verstehen*. De Gruyter Oldenbourg. ISBN: 978-3-11-046184-8. DOI: 10.1515/9783110463958.

[WOL92] WOLF, A.; AMTHOR, W. & FISCHER, K. 1992. *Zustandsabhängige Instandhaltung: Mittel zur Erhöhung der Verfügbarkeit technischer Systeme*. In: *Fertigungstechnik und Betrieb*, Jg. 42 (Nr. 6), S. 252–255.

[WOM90] WOMACK, J. P.; JONES, D. T. & ROOS, D. 1990. *The machine that changed the world. Based on the Massachusetts Institute of Technology 5 million dollar 5 year study on the future of the automobile*. New York, NY: Rawson. ISBN: 0-89256-350-8.

[WÖR05] WÖRN, H. & BRINKSCHULTE, U. 2005. *Echtzeitsysteme. Grundlagen, Funktionsweisen, Anwendungen*. Berlin: Springer. ISBN: 978-3-540-20588-3.

[WÖS19] WÖSTMANN, R.; BARTHELMEY, A.; WEST, N. & DEUSE, J. 2019. *A Retrofit Approach for Predictive Maintenance*. In: SCHÜPPSTUHL, T.; TRACHT, K. & ROSSMANN, J., Hrsg. *Tagungsband des 4. Kongresses Montage Handhabung Industrieroboter*. Berlin, Heidelberg: Springer, S. 94–106. ISBN: 978-3-662-59316-5. DOI: 10.1007/978-3-662-59317-2_10.

[XIO17] XIONG, W.; DROPPO, J.; HUANG, X.; SEIDE, F.; SELTZER, M. L.; STOLCKE, A.; YU, D. & ZWEIG, G. 2017. *Toward Human Parity in Conversational Speech Recognition*. In: *IEEE/ACM Transactions on Audio, Speech, and Language Processing*, Jg. 25 (Nr. 12), S. 2410–2423. ISSN: 2329-9290. DOI: 10.1109/TASLP.2017.2756440.

[XIO18] XIONG, W.; WU, L.; ALLEVA, F.; DROPPO, J.; HUANG, X. & STOLCKE, A. April 2018. *The Microsoft 2017 Conversational Speech Recognition System*. In: IEEE, Hrsg. *2018 IEEE International Conference on Acoustics, Speech and Signal Processing (ICASSP)*. IEEE, S. 5934–5938. ISBN: 978-1-5386-4658-8. DOI: 10.1109/ICASSP.2018.8461870.

[YES07] YESILYURT, I. & OZTURK, H. 2007. *Tool condition monitoring in milling using vibration analysis*. In: *International Journal of Production Research*, Jg. 45 (Nr. 4), S. 1013–1028. ISSN: 0020-7543. DOI: 10.1080/00207540600677781.

[ZHO07] ZHOU, W.; HABETLER, T. G. & HARLEY, R. G. 2007. *Bearing Condition Monitoring Methods for Electric Machines: A General Review*. In: IEEE, Hrsg. *2007 IEEE International Symposium on Diagnostics for Electric Machines, Power Electronics and Drives*. IEEE, S. 3–6. ISBN: 978-1-4244-1061-3. DOI: 10.1109/DEMPED.2007.4393062.

[ZIE08] ZIEGLER, S. & MÜLLER, A. 2008. *Studie zur Bedeutung des Sektors Embedded-Systeme in Deutschland*. BITKOM - BUNDESVERBAND INFORMATIONSWIRTSCHAFT, TELEKOMMUNIKATION UND NEUE MEDIEN E. V.
Online verfügbar: www.bitkom.org/Bitkom/Publikationen/Studie-zur-Bedeutung-des-Sektors-Embedded-Systeme-in-Deutschland.html (Letzter Aufruf: 29.8.2020).

[ZIE17] ZIEGLER, B. 2017. *Einsatz maschineller Lernverfahren in der Produktion: Klassifizierung von Betriebszuständen anhand von Stromprofilen produktionstechnischer Anlagen mithilfe neuronaler Netzwerke*. Betreuer: Thomas Küfner, Universität Bayreuth, Lehrstuhl Umweltgerechte Produktionstechnik, unveröffentlichte Bachelorarbeit.

[ZIK13] ZIKOPOULOS, P.; DEROOS, D.; PARASURAMAN, K.; DEUTSCH, T.; CORRIGAN, D.; GILES, J. & MELNYK, R. B. 2013. *Harness the power of big data. The IBM big data platform*. New York: McGraw-Hill. ISBN: 978-0-07180818-7.

A Ergänzende Informationen zur Entwicklung des Versuchsmodells

A.1 Allgemeine Informationen zum Aufbau des Versuchsmodells

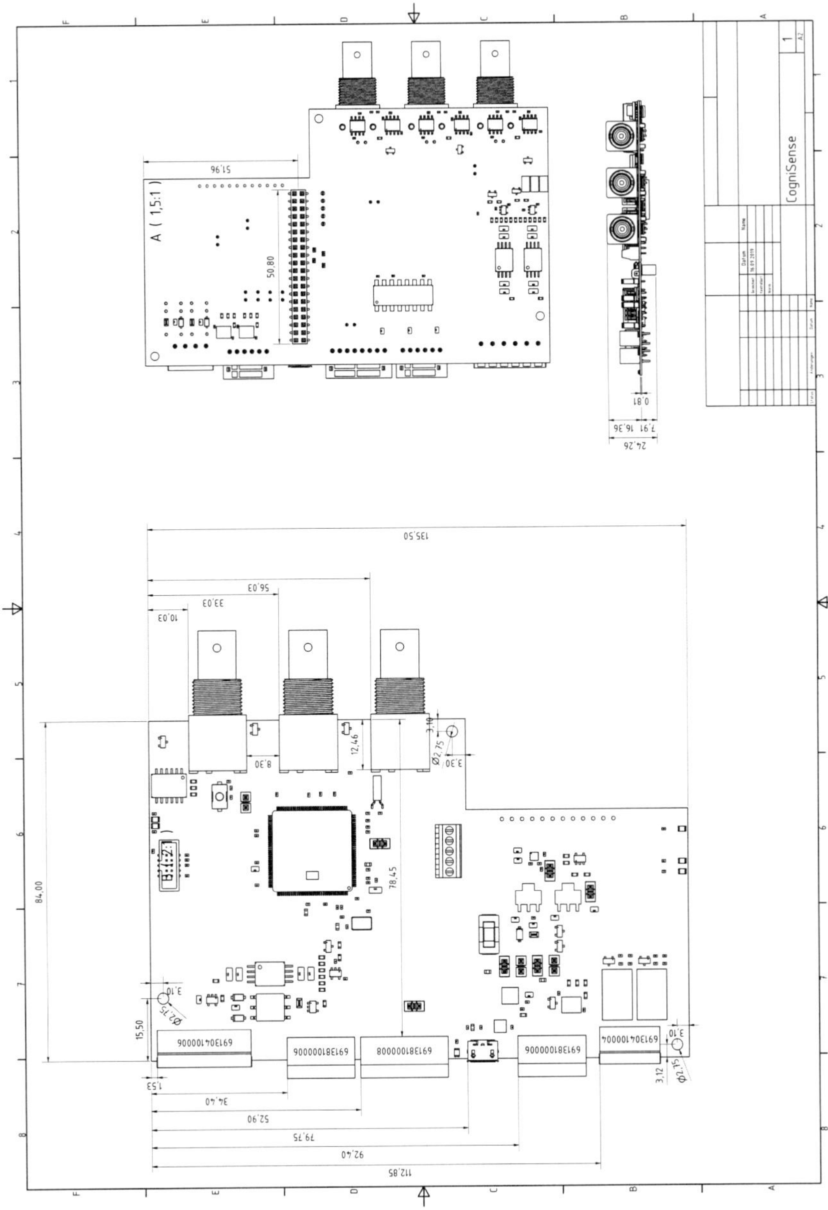

Abb. A1: Technische Zeichnung der Hauptplatine

Abb. A2: Vollständig montiertes Versuchsmodell, bestehend aus Bodenplatte, Einplatinenrechner, Hauptplatine, Lüfter und Gehäusekorpus

A.2 Informationen zum Bremsensystem in Anwendungsszenario II

Komponente	Hersteller/Lieferant	Bezeichnung
Hydraulische Scheibenbremse	Shimano Inc.	BR-MT200
Bremsbeläge	Shimano Inc.	B01S
Bremsscheibe	Shimano Inc.	SM-RT56
Pneumatik-Zylinder	Timmer GmbH	ZTI-RST3016/050
Manometer digital	XZT	1091365
Scheibenbremsenadapter	Shimano Inc.	SM-MA-R-P/S
Schrauben für Bremsscheibe	Shimano Inc.	SM-RT66 / SM-RT56
Schrauben für Bremsadapter	Shimano Inc.	M6x18,7
T-Stück Hydraulik	Magura	721710
Insertpin und Olive	Shimano Inc.	Y-8JA98020
Mineralöl	Shimano Inc.	1574-1-1
Entlüftungskit	Shimano Inc.	43002-1-1
Stehlager	Kugellager-Express GmbH	UCP201
Befestigungsmutter PZ	Timmer GmbH	ZTI-BEF-BM-12/16-M16x1,5
Befestigung Pneumatik-Zylinder	Timmer GmbH	ZTI-BEF-RA1-12/16
Gabelkopf	Timmer GmbH	Z-GKI-E-M6-Stz

Tab. A1: Auflistung der Komponenten des Bremsensystems

A.3 Informationen zur Validierung anhand Anwendungsszenario II

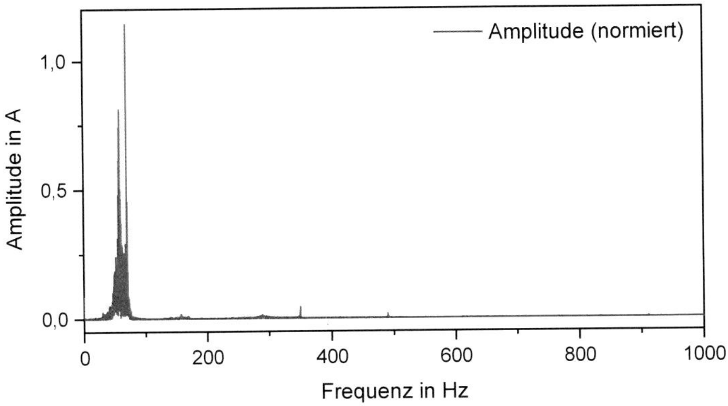

Abb. A3: Frequenzspektrum des Stromprofils einer Bremsbelag-Messreihe

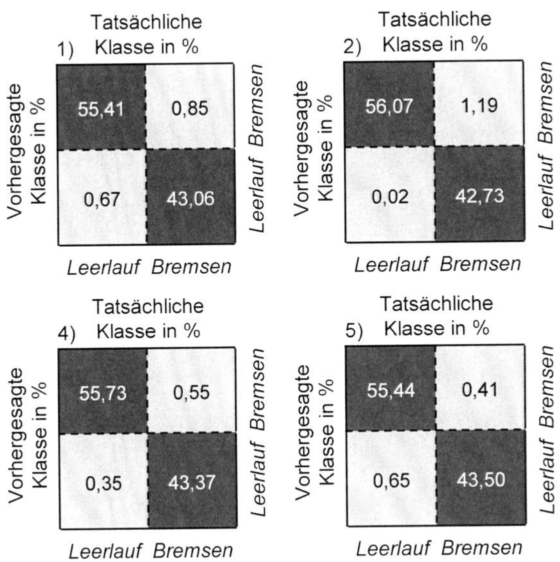

Abb. A4: Konfusionsmatrizen der fünf RNN-Modelle für die binäre Klassifikation

1) Tatsächliche Klasse in % (Spalten), Vorhergesagte Klasse in % (Zeilen)

	s_5	s_4	s_3	s_2	s_1	s_0
s_5	19,09	0,31	0,03	0,14	0	0
s_4	0,01	16,73	0,28	0,71	0,22	0,03
s_3	0	0,18	12,57	0,28	0,13	0
s_2	0	0,19	1,73	14,89	0,33	0,01
s_1	0	0,57	0,72	0,16	14,33	0,18
s_0	0,29	0,37	0,25	0,27	1,16	13,83

2) Tatsächliche Klasse in % (Spalten), Vorhergesagte Klasse in % (Zeilen)

	s_5	s_4	s_3	s_2	s_1	s_0
s_5	19,00	0,30	0,04	0,01	0,01	0,09
s_4	0,03	15,38	0,06	0,07	0,03	0
s_3	0,11	0,93	14,11	0,42	0,01	0
s_2	0	0,18	1,06	15,76	0,32	0
s_1	0	0,53	0,32	0,07	14,59	0,53
s_0	0,24	1,03	0	0,13	1,20	13,43

3) Tatsächliche Klasse in % (Spalten), Vorhergesagte Klasse in % (Zeilen)

	s_5	s_4	s_3	s_2	s_1	s_0
s_5	18,53	0,34	0,01	0	0	0,01
s_4	0,04	15,76	0,07	0,06	0,17	0,02
s_3	0,49	0,33	13,27	0,27	0	0
s_2	0	1,21	1,63	15,98	0,55	0,02
s_1	0,04	0,29	0,37	0,05	14,75	0,43
s_0	0,29	0,41	0,23	0,10	0,68	13,56

4) Tatsächliche Klasse in % (Spalten), Vorhergesagte Klasse in % (Zeilen)

	s_5	s_4	s_3	s_2	s_1	s_0
s_5	18,94	0,58	0	0,18	0,02	0,32
s_4	0	11,15	0	0,18	0	0,01
s_3	0,34	3,52	14,39	1,15	0,31	0
s_2	0	1,25	0,48	14,29	0,57	0,47
s_1	0	1,78	0,30	0,43	13,73	0,42
s_0	0,11	0,07	0,42	0,22	1,54	12,84

5) Tatsächliche Klasse in % (Spalten), Vorhergesagte Klasse in % (Zeilen)

	s_5	s_4	s_3	s_2	s_1	s_0
s_5	19,34	0,37	0,17	0,02	0	0,03
s_4	0	14,74	0,17	0,44	0,05	0,01
s_3	0	0,37	13,81	0,36	0,01	0
s_2	0	0,49	0,26	14,93	0,53	0
s_1	0	1,86	0,58	0,36	14,66	1,12
s_0	0,05	0,52	0,59	0,35	0,92	12,89

Abb. A5: Konfusionsmatrizen der fünf RNN-Modelle

B Ergänzende Angaben zu Autor und Dissertation

B.1 Studentische Arbeiten

Die nachstehend aufgeführten studentischen Arbeiten wurden im Kontext der vorliegenden Dissertation am Lehrstuhl Umweltgerechte Produktionstechnik der Universität Bayreuth angefertigt. Die Definition der Zielsetzung, die Bearbeitung sowie die Auswertung, Interpretation und Visualisierung von Ergebnissen erfolgten unter wissenschaftlicher Anleitung des Betreuers Thomas Küfner. Die erzielten Ergebnisse sind zum Teil in die vorliegende Dissertation eingeflossen.

Bastian Ziegler [ZIE17]
Einsatz maschineller Lernverfahren in der Produktion: Klassifizierung von Betriebszuständen anhand von Stromprofilen produktionstechnischer Anlagen mithilfe neuronaler Netzwerke. Unveröffentlichte Bachelorarbeit. 2017

André Gerhard Trenz [TRE18]
Einsatz maschineller Lernverfahren in der Produktion: Dezentrale Analyse von Stromprofilen auf eingebetteten Systemen mithilfe neuronaler Netzwerke. Unveröffentlichte Bachelorarbeit. 2018

Willi Becker [BEC19]
Konzeption und Aufbau eines Prüfstandes zur Simulation und Analyse von Verschleißzuständen an Bremssystemen. Unveröffentlichte Masterarbeit. 2019

Andreas Mundi [MUN20]
Predictive Maintenance: Dezentrale Anomalie- und Verschleißdetektion in Stromprofilen technischer Anlagen mit Hilfe maschineller Lernverfahren. Unveröffentlichte Masterarbeit. 2020

Daniel Müller [MÜL20]
Predictive Maintenance – Verschleißprognose in Stromprofilen produzierender Anlagen mittels rekurrenter neuronaler Netze. Unveröffentlichte Masterarbeit. 2020

André Gerhard Trenz [TRE21]
Künstliche Intelligenz in der Produktion: Werkzeugverschleißprognose bei Bohrprozessen mittels neuronaler Netze auf eingebetteten Systemen. Unveröffentlichte Masterarbeit. 2021

B.2 Veröffentlichungen

Die nachfolgend chronologisch aufgeführten Publikationen belegen den akademischen Neuheitsgrad der Inhalte der vorliegenden Arbeit.

Cedric Oette et al. [OET16]
Oette, C.; **Küfner, T.**; Reger, A. & Boehner, J. 2016. *Lean Data Services: Detection of Operating States in Energy Profiles of Intralogistics Systems by Using Big Data Analytics*. In: *Applied Mechanics and Materials*, Jg. 856, S. 73-81. ISSN: 1662-7482.

Thomas Küfner et al. [KÜF17]
Küfner, T.; Reger, A. & Schönig, S. 2017. *A PLC-Based Measuring System for Machine Cross-linking and Monitoring*. In: *24th International Conference on Production Research (ICPR 2017)*, ISSN: 2475-885X.

Thomas Küfner et al. [KÜF18]
Küfner, T.; Uhlemann, T. H.-J. & Ziegler, B. 2018. *Lean Data in Manufacturing Systems: Using Artificial Intelligence for Decentralized Data Reduction and Information Extraction*. In: *Procedia CIRP*, Jg. 72, S. 219-224. ISSN: 2212-8271.

Thomas Küfner et al. [KÜF20]
Küfner, T.; Trenz, A. G. & Schönig, S. 2020. *Decentralized current profile analysis on embedded systems using neural networks*. In: *AMA SERVICE GMBH, Hrsg. Sensor and Measurement Science International SMSI 2020 Conference Proceedings*. Wunstorf. S. 271-272. ISBN: 978-3-9819376-2-6.

Thomas Küfner et al. [KÜF21a]
Küfner, T. & Ermer, A. Veröffentlichungstag der Patenterteilung: 17.06.2021. *Verfahren sowie Sensor- und Auswerteeinrichtung zur dezentralen Ermittlung von Diagnoseinformationen über elektrische Verbraucher einer Maschinenanlage*. Patentschrift DE 10 2019 125 873 B4: Deutsches Patent- und Markenamt.

Thomas Küfner et al. [KÜF21b]
Küfner, T.; Müller, D.; Trenz, A. G. & Döpper, F. 2021. *Predicitve Maintenance: Using Reccurent Neural Networks for Wear Prognosis in Current Signatures of Production Plants*. In: International Journal of Mechanical Engineering and Robotics Research IJMERR, ISSN: 2278-0149.

Thomas Küfner et al. [KÜF21c]
Küfner, T.; Schönig, S.; Jasinski, R. & Ermer, A. 2021. *Vertical data continuity with lean edge analytics for industry 4.0 production*. In: *Computers in Industry*, Jg. 125 (Nr. 103389), ISSN: 0166-3615.

B.3 Lebenslauf

Name	Thomas Küfner
Geboren am	15.07.1986
Geburtsort	Bayreuth
Familienstand	verheiratet

Beruflicher Werdegang

seit 03/20	Arbeitsgruppenleiter, Akademischer Rat a. Z. am Lehrstuhl Umweltgerechte Produktionstechnik der Universität Bayreuth
seit 02/16	Laborleiter und Elektrofachkraft bei der Fraunhofer-Projektgruppe Prozessinnovation in Bayreuth
02/16–02/20	Projektingenieur, wissenschaftlicher Mitarbeiter am Lehrstuhl Umweltgerechte Produktionstechnik der Universität Bayreuth
09/15–01/16	Technischer Mitarbeiter bei der Fraunhofer-Projektgruppe Prozessinnovation in Bayreuth
03/07–08/07	Energieelektroniker bei der Firma Hermos Schaltanlagen GmbH in Mistelgau

Studium

10/13–12/15	Master of Science im Studiengang Energy Science and Technology (Ingenieurwesen) an der Universität Bayreuth
08/10–09/13	Bachelor of Science im Studiengang Erneuerbare Energien (Ingenieurwesen) an der Universität Stuttgart

Berufsausbildung

09/03–02/07	Energieelektroniker – Betriebstechnik bei der Firma Hermos Schaltanlagen GmbH in Mistelgau

Schulische Ausbildung & Zivildienst

10/09–06/10	Zivildienst beim Landesbund für Vogelschutz am Umweltschutz-Informationszentrum Lindenhof in Bayreuth
09/08–08/09	Berufliche Oberschule Bayreuth, Abschluss Fachgebundene Hochschulreife in der Ausbildungsrichtung Technik
09/07–08/08	Berufliche Oberschule Bayreuth, Abschluss Fachhochschulreife in der Ausbildungsrichtung Technik
09/99–08/03	Johannes Kepler Realschule Bayreuth, Abschluss Mittlere Reife

Bayreuth, im Juli 2021 — Thomas Küfner

FSC
www.fsc.org
MIX
Papier | Fördert gute Waldnutzung
FSC® C083411

Zeitfracht Medien GmbH
Ferdinand-Jühlke-Straße 7
99095 Erfurt, Deutschland
produktsicherheit@kolibri360.de